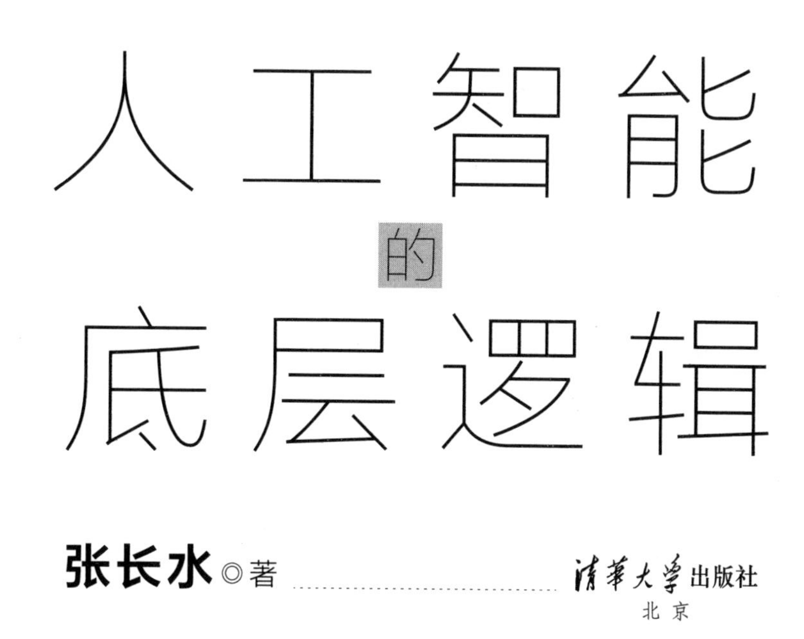

人工智能的底层逻辑

张长水◎著

清華大學出版社
北 京

图书在版编目 (CIP) 数据

人工智能的底层逻辑 / 张长水著. -- 北京 : 清华大学出版社, 2024. 10（2025.3重印）. -- ISBN 978-7-302-67488-7

Ⅰ. TP18

中国国家版本馆CIP数据核字第2024XY1094号

责任编辑：胡洪涛　王　华
封面设计：傅瑞学
责任校对：王淑云
责任印制：宋　林

出版发行：清华大学出版社
网　　址：https://www.tup.com.cn, https://www.wqxuetang.com
地　　址：北京清华大学学研大厦A座　　邮　　编：100084
社 总 机：010-83470000　　邮　　购：010-62786544
投稿与读者服务：010-62776969, c-service@tup.tsinghua.edu.cn
质量反馈：010-62772015, zhiliang@tup.tsinghua.edu.cn
印 装 者：大厂回族自治县彩虹印刷有限公司
经　　销：全国新华书店
开　　本：165mm × 235mm　　印　　张：19.5　　字　　数：307千字
版　　次：2024年10月第1版　　印　　次：2025年 3 月第4次印刷
定　　价：79.00元

产品编号：106285-01

前　言

当前，人工智能受到很多人的关注，很多人想知道“什么是人工智能？”“人工智能都研究什么？”“人工智能发展水平如何？”“人工智能对我的工作和生活有怎样的帮助？”……为此，我在清华大学为全校本科生，包括非工科的学生，开设了这样一门通识课——“走近人工智能”，系统地讲授人工智能。

我从1994年开始为清华大学自动化系学生讲“人工智能导论”。虽然已经讲了这么多年，但是开设通识课“走近人工智能”，对我是一个挑战。

人工智能很多内容非常艰深，需要很好的数学基础和计算机编程基础。而“走近人工智能”的选课学生可能是一年级学生，只有高中数学知识，还没有学大学数学，也可能没有学习过与计算机程序设计相关的课程。因此，讲什么、怎么讲对我来说就是一个难题。

很多大学都开设了人工智能相关的课程，但这些课程通常都只涉及人工智能的几个方面。而要面对没有任何人工智能知识背景，没有大学数学知识和计算机编程知识的学生，要在32学时的时间里介绍人工智能，并没有现成的教材可以借鉴和使用。为此，我对人工智能的内容进行了系统梳理，并总结出一条讲课的主线。

人工智能博大精深。虽然我一直从事人工智能的教学和科研，但仍然只是对其中一些内容知道的多一点，还有一些内容我不熟悉。为此，我阅读和学习了很多书籍、查阅了很多文献资料，然后收集和整理资料，制作PPT，完成了课程内容的准备。

在讲授“走近人工智能”课程的基础上，整理出了一本教材。

我的做科普工作的朋友王京春读了这本教材后，建议我：应该写得再通俗、再“科普”一些，这样让更多喜欢人工智能的读者也能读此书。为此，我改写了原教材，从而形成了本书。本书仍然沿用“走近人工智能”课程的内容主线，但是在文字表述、叙述节奏等方面都重新做了工作。

这本“科普”书具有以下特点。

具备中学数学知识的学生就能够理解课程内容。基本上，书中没有数学公式推导。

比较系统全面地介绍了人工智能的主要内容。虽然内容比较系统和全面，但是比较浅显。希望深入学习和研究人工智能的读者，需要今后继续阅读相关方面的资料、学习相关的课程。为此，在每一章中，列举了相关方向的课程、书籍、数据和资料，以便读者选择和学习。

大量的实际应用举例。这些例子能让读者更容易理解人工智能的相关内容。

当然，人工智能内容繁多。我只是希望能用一本薄书宽泛地介绍人工智能的主要内容。因此，有一些知识只能浅浅提及。

有些大学在开设人工智能通识课，如果使用本书作为教材也是合适的。从教学角度看，大致上，每章内容可以讲 1~2 次的课。其他时间安排学生的讨论、实验、参观。考虑到不同学校不同老师的需求不同，很多章节包含了比较丰富的内容，以供选择。我讲课时使用的 PPT，如果读者需要此课件，请发邮件至 huht@tup.tsinghua.edu.cn 进行索取。

今后，人工智能就会像计算机一样走进千家万户，走进我们的生活和工作中。为此，从事科技工作的研究人员、工程技术人员、工程管理人员、机关管理工作人员，也都需要学习人工智能相关知识。本书为这些读者提供了学习人工智能知识的一个途径。

感谢清华大学出版社的编辑胡洪涛。和胡编辑多次讨论本书的定位、内容的安排、文字的风格、书籍的版式等，这些给我很大帮助。特别是，他给本书起了一个好名字，抓住了本书的特点：聚焦人工智能的基本概念、基本思路和方法等。

为及时出版本书，我的学生给我提供了很多帮助。感谢崔森、肖昌明、洪锐鑫、李子昂、刘浩涤、闫昆达、庞昕宇、吴浩睿、朱宇轩、吾尔开希·阿布都克力木。他们帮我准备了书中的一些插图。

人工智能是正在发展中的学科，很多问题没有定论。人工智能博大精深，笔者才疏学浅，对人工智能所知寥寥。因此，个人的观点以及书中错误在所难免，真心希望读者不吝赐教。

张长水

2024 年 7 月于清华园

目 录

第 1 章

人工智能简史

人工智能的研究源于电子计算机的出现。

电子计算机出现了，这给人们带来很大影响。计算快和记忆力强一向被认为是人类高智商的表现，而像计算机这样的机器居然可以在计算和记忆上有如此好的表现，人们不禁思考：这样一台机器，除了计算和记忆，是否还可以完成其他的“智能”任务？艾伦·图灵对此有过深入思考。他在 1950 年发表了论文《计算机器与智能》和《机器能思考吗？》。在此之前有一些关于人工智能思想的论文，但图灵是第一个从数字计算机角度讨论智能问题的，因此《计算机器与智能》被认为是人工智能方面的第一篇论文。

艾伦·图灵（Alan Turing，1912—1954），英国数学家、逻辑学家、计算机科学家，被称为计算机科学之父、人工智能之父。

他提出的图灵机模型为现代计算机的研究奠定了基础；他是第一个从数字计算机角度讨论智能问题的人；他提出的图灵测试引导了人工智能的发展。

在学术界，计算机领域最高奖以他的名字命名：图灵奖。

艾伦·图灵

1.1 里程碑式的事件：达特茅斯会议

计算机出现之后，一些科学家就开始研究如何让计算机完成智能任务，例如：下棋、证明定理、识别图形。1956 年夏天，约翰·麦卡锡等人在美国达特茅斯学院组织了一个为期两个月的学术讨论班。来自不同领域的十位科学家在这里讨论了一些各自关心和正在研究的问题。

组织这样的研讨会，是学术界的一种传统。这样，位于不同地区但具有相同兴趣的研究人员可以在一起讨论、交流。直至现在，人们仍然沿用这种做法，组织各类学术会议，希望通过交流和讨论，获得灵感，学习知识，促进合作。

这个学术研讨会把当时做人工智能相关研究的一些人召集在一起进行研讨。会议组织者认为应该用充足的时间来进行深入的讨论，因此就把时间安排在暑期，这样可以利用两个月的时间专心开会，而不被学校的工作打扰。在这期间，人们非常自由、充分、深入地开展了报告、交流、研讨。

参加讨论班的10位科学家是：约翰·麦卡锡（John McCarthy）、马文·明斯基（Marvin Minsky）、克劳德·香农（Claude Shannon）、艾伦·纽厄尔（Allen Newell）、赫伯特·西蒙（Herbert Simon）、雷·索洛莫诺夫（Ray Solomonoff）、纳撒尼尔·罗切斯特（Nathaniel Rochester）、特伦查德·莫尔（Trenchard More）、奥利弗·塞尔弗里奇（Oliver Selfridge）、阿瑟·塞缪尔（Arthur Samuel）。其中，马文·明斯基于1969年获得图灵奖；约翰·麦卡锡于1971年获得图灵奖；艾伦·纽厄尔和赫伯特·西蒙于1975年获得图灵奖。图1-1是参会的10位科学家的照片。

他们认为，他们正在从事的是一项全新的研究工作，并给这些研究起了一个响亮的名字"人工智能"（artificial intelligence，AI）。

达特茅斯会议被认为是人工智能的起始点，1956年就是人工智能元年。这个时期，产生了一些人工智能方面的成果。例如：

约翰·麦卡锡发明了LISP（list processing）语言，这是非常适合人工智能研究的计算机编程语言。LISP语言曾经发挥过很大的作用，现在仍然有研究人员在使用这种语言。

IBM的阿瑟·塞缪尔开发了跳棋程序。人们认为下棋是一个很典型的智能任务。他们研发跳棋程序时，使用了很多技术，其中包括在人工智能研究中有重要影响的启发式搜索技术（详见第2章）。注意到棋盘上不同位置的重要性不同，他们给棋盘的不同位置赋予不同的重要性权重，再利用启发式搜

约翰·麦卡锡

马文·明斯基

克劳德·香农

雷·索洛莫诺夫

艾伦·纽厄尔

赫伯特·西蒙

阿瑟·塞缪尔

奥利弗·塞尔弗里奇

纳撒尼尔·罗切斯特

特伦查德·莫尔

图 1-1　达特茅斯会议参会人员（1956 年）

索方法确定走棋路径。他们的跳棋程序在 1962 年曾经和美国的州跳棋冠军比赛并获胜。

艾伦·纽厄尔、赫伯特·西蒙和克里夫·肖（Cliff Shaw）设计和编写了证明数学定理的逻辑理论机（在中文中，“机”通常指物理的机械设备。但英文不一样，英文中一个计算机程序也被称为一台机器（machine））。这个程序可以证明罗素的《数学原理》第二章中的 52 个定理中的 38 个。后来经过改进，其程序可以证明全部的 52 个定理。

“完全没想到，1956 年程序就可以下棋和证明定理了。”

“是。可以想象当时人们激动的心情。当然，人工智能只是在近 10 年才被大众广泛了解，大家不知道这些事也是自然的。”

1.2 繁荣时期：1956 年到 20 世纪 70 年代初

这是人工智能的第一个繁荣时期。这个时期研究人员取得了一系列研究成果，下面列举几个。

（1）问题求解与搜索。人们希望研发一些技术来解决各种智能问题。搜索技术就是这些研究的一系列成果。

（2）计算复杂性理论。这是关于算法计算复杂性方面的理论。这些研究成果告诉我们，有些问题的解决非常困难，而有些问题相对容易。

（3）SHRDLU 系统。该系统意为积木世界操纵程序，即让机器人（机械臂）完成一些简单任务。其考虑的任务环境是，桌上有一些大小不同、形状不同的积木。机器人（机械臂）能把一块积木（其上面没有别的积木）抓起来，放到另一个地方（桌子上或者别的积木上面）。这个系统要完成的任务就是根据用户的要求确定机械臂的先后动作。例如，当前桌上有一块圆柱形积木在一块大长方体积木的上方，旁边摆放着一块小长方体积木，见图 1-2（a）。希望积木的最终状况是：小长方体积木在圆柱体上，圆柱形积木在桌子上，见图 1-2（b）。这个系统要完成的任务就是要自动确定先抓取什么，放到什么位置，然后再抓取什么，放到什么位置。在这个问题中，就是要先抓起圆柱形积木放到桌子上，然后再抓起小长方体放到圆柱形积木上。这是对于真实世界问题简化和抽象后的一个场景。在很长一段时间里，积木世界这样一个简单的几何体环境成为人工智能研究采用的场景。这也是研究人员通常采用的方法：先研究简单情况，做初步的尝试和探索。

SHRDLU 系统使用的是模拟的场景，而不是要解决一个物理世界的桌上的积木的摆放问题。这样做是因为不需要考虑构造一个实际的机器人抓取物体等问题，降低了系统实现的难度。

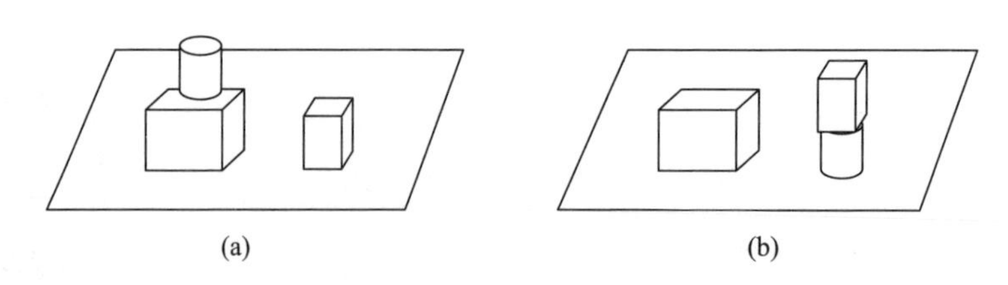

图 1-2 SHRDLU 系统要知道如何移动积木把（a）变为（b）

“这个任务对于人来说易如反掌。但是，让系统自己决定先做什么，后做什么是一大类智能系统要完成的基本任务。这被称作规划（planning）。”

“如果让一个机器人“给我倒一杯水端过来”，就需要机器人自己做好规划：先倒水，再端过来。”

“规划有不同的细致程度。以倒水为例：打开柜子，拿出一个杯子，放到桌子上，倒水。这是一个比较粗略的规划。而对于机器人研究人员来说，就有更细致的规划。以拿起一个杯子为例：确定杯子的位置（坐标），确定杯子的抓取位置，移动机械臂到杯子的抓取位置，抓紧杯子，向上拿起杯子。”

（4）机器人 SHAKEY。和 SHRDLU 系统不同，这是一个可以移动的、真实的机器人。为了让机器人知道周围都有什么物体，它装备有一台摄像机。此外，它还使用激光测距仪来确定与周围物体之间的距离。这个机器人能够自动制定一系列需要执行的步骤从而完成一个给定的任务（这也被称作规划）。为此，研究团队开发了一个用于机器人规划的系统 STRIPS（Stanford Research Institute problem solver，斯坦福研究院问题解决器）。这个系统相当复杂，研究难度很大，需要把感知系统、规划系统、执行系统完整地结合起来，此外还要考虑各种技术和工程问题，是一项了不起的工作。

这个时期，研究人员致力于研发出一套能解决各种智能任务的理论和方法，也就是现在人们所说的通用人工智能研究。毫无疑问，这是非常宏大的理想和目标。但是，当时的计算机硬件水平、软件水平都还比较低，人们对于人工智能的研究深度和广度都还很不够，使得曾经对这一领域盲目乐观的研究人员的很多承诺和预测没能兑现。

后来，对于人工智能研究的资助逐渐被削减。20 世纪 70 年代初，人工智能没有太多有用的核心研究进展，与此同时，人们对于人工智能的批评很多，这些导致了长达十年的人工智能严冬。不仅如此，甚至在其后的几十年里，人工智能都被一些人视为一门“伪科学”。

“这是人工智能历史上最难熬的一段时间。研究人员得不到经费支持，论文无处发表，毕业生找不到工作。”

“兑现不了承诺的确会让人失望，更别提一而再，再而三地食言了。”

1.3 知识就是力量：20 世纪 70 年代末到 80 年代末

这个时期的主要工作是关于知识的研究。研究人员指出，以前研究对于知识的关注不够。获取知识和使用知识应该是人工智能发展的关键。这些思想和观点引导了这个时期的研究，取得了很多成果，繁荣和发展了人工智能的研究。

实际上，对于知识的表示、知识的获取在 20 世纪六七十年代就一直有研究成果不断出现。这些研究成果在这个时期得到重视。这个时期的很多工作是建立由大规模的知识库构成的专家系统。

在人们的生活中，很多专家的工作是智能的集中表现，例如，医生看病、法律咨询等。这些专家掌握了大量系统、深入的专业知识，因而能够解决实际问题。学习这样的知识需要人类花费很长的时间，而具备这样的知识的专家又非常少。因此，研究人员希望计算机系统也能掌握这些知识，从而完成一些智能任务，由此开始了专家系统的研发。

“听起来挺合理的。
学医一学就是八年，太烧脑了。”

“这些专业需要学习大量的专业知识，比较适合作为研究的切入点。”

专家系统是一个比较大型的软件系统。这个系统中包含大量的人类专业知识。系统利用这些知识解决特定的问题，例如：医学专家系统、法律咨询专家系统、设备维修专家系统等。这个时期，研究人员构建了一些专家系统，并取得了成功。下面介绍其中的几个。

专家系统 MYCIN，这是当时一个著名的医学专家系统。该系统对于人类的血液病的诊断可以提供建议。美国斯坦福大学人工智能专家组和医学院专家组用了大约 5 年时间共同开发完成了该系统。这个系统具有很多重要特点，例如：它可以向用户提问，以得到更多的信息；它可以给出其诊断的过程解释，这样人类专家可以知道其为什么给出这样的诊断结果。1979 年这个系统经过了 10 个实际病例的测试。测试结果表明，在血液病诊断方面，它与人类专家相当。

专家系统 DENDRAL，该系统可帮助化学家根据质谱仪的数据确定化合物的成分和结构。20 世纪 80 年代中期，每天有成百上千人使用这个系统。这表明专家系统可以落地使用。

专家系统 R1/XCON，该系统用于帮助人们配置虚拟地址扩展（VAX）系列计算机。使用该系统的美国数字设备公司（DEC）称，该系统为其公司节省了超过 4000 万美元。这表明专家系统可以商用。

“4000 万美元是不小的一笔钱。”

“那还是在 80 年代，而不是几十年后的今天。”

除了上述这些系统，还有一些其他的成功案例。这些研发工作表明，专家系统可以在解决一些具体的问题时达到人类的水平。这是人工智能取得的成就。

这样，知识以软件系统为载体，让知识从抽象和无形变为具体和有形，可以解决实际问题，可以盈利。这些都导致了相关技术、系统研究和开发的繁荣。直到现在，人们有时还希望构建一个小的专家系统解决一些具体、特殊的实际问题。

由于之前“人工智能”的负面影响，这个时期的工作被称为“基于知识的智能系统”，或“知识工程”，而不是人工智能。

“是不想被“人工智能”拖累吧?”

“研究人员知道，以前人工智能的研究失败事出有因。人工智能并不是伪科学。现在探索出了一条新路，这株幼苗不应该被扼杀。”

专家系统看起来更多的是工程技术。因此，一些研究人员思考，基于知识的专家系统的数学基础是什么？这些思考和研究导致了基于逻辑的人工智能的研究范式的形成，逻辑成为了知识表示的基础。在这样的基础上，基于逻辑的人工智能研究得到了快速发展。到了 20 世纪 80 年代初，它成为了人工智能的研究主流。其影响不仅限于人工智能的研究，还影响了整个计算机领域。由此出现了逻辑编程（logic programming）和 PROLOG（programming in logic）语言。

PROLOG 语言由鲍勃·科瓦尔斯基（Bob Kowalski）、阿兰·科尔默劳尔（Alain Colmerauer）发明。这是一个以一阶谓词逻辑为基础的程序设计语言。PROLOG 语言功能强大、代码简洁，虽然最终没有成为一种通用的计算机语言，但是目前仍然被广泛使用。

这个时期取得的这些成就使得人们再次确认，知识是不可缺少的。这让道格·莱纳特（Doug Lenat）给自己的团队进一步设立了一个宏大的目标：建立一个包罗万象的知识库 Cyc，这样就可以实现通用人工智能，解决各种各样的实际问题。遗憾的是，在研究中人们发现，人类的知识非常的丰富、复杂，特别是常识的获取和表示非常的困难（见第 6 章）。经过十年的努力，系统完成了，但是没有达到预期的效果。人们测试系统，发现系统中虽然存在大量知识，但是有些方面的知识非常缺乏，此外有大量的知识碎片。这一次专家又没有兑现之前的承诺。

20 世纪 80 年代末，专家系统的繁荣结束了。专家系统的研究以失败而结束。

虽然 Cyc 工程失败了，但是其观点“通用人工智能的本质是知识体系问

“为什么知识库非要包罗万象、无所不有呢？研究一个一个的专家系统不是挺好吗？”

“一个一个地构建专家系统不够有效，如果能建设一个包罗万象的知识库，岂不是一劳永逸？
科学家总是希望不断地攀登新高峰。因为不知道技术的极限在哪里，所以就会不断探索，当然也会失败。对于科研来说，这是正常的。”

“嗯，更高、更快、更强！”

题”并没有被推翻。人们意识到，这个系统使用的人工输入知识的方法无法成功。而在十几年后，谷歌利用互联网上的大量数据建立了规模很大的知识图谱，并利用知识图谱为人们的搜索提供答案。这也是“知识工程”的成功。当前以 ChatGPT 为代表的预训练语言大模型中包含了更多的知识，特别是常识，并能回答各类问题。回顾当时的研究，虽然 Cyc 工程失败了，但是其思想很超前。

1.4 快速发展、繁荣：20 世纪 80 年代末及之后的 20 年

这个时期出现了一系列重要的研究成果。

在专家系统的研究逐渐走下坡路的时候，一些研究人员开始反思，并对基于知识表示和推理的人工智能提出了批评，其代表人物是罗德尼·布鲁克斯（Rodney Brooks）。他们认为，一个人工智能系统必须要感知环境，并且和环境交互。感知环境是非常困难的，也是非常重要的，而以前的研究都回避和绕开了这些问题。知识和推理并不是智能系统的必备条件，而只是智能的具象和表现，以知识和推理作为人工智能核心是错误的。这些研究被称为基于行为的人工智能。他们采用了新的技术并且在一些简单的机器人任务中取得了成功，如智能扫地机器人。

从当前的研究看，ChatGPT 等大模型通过“阅读”大量文本而获得了大量知识，并具备了一些推理能力。从某种意义上讲，这支持了几十年前的研究思想和观点。

目前，经过几十年的发展，人们对于自然智能和人工智能有了更多的了解和认识。人们发现人工智能包含很多方面内容，如同本书的目录中所列的章节题目一样。人们也发现，很多智能任务也只涉及其中的一个或者几个方面，完成一些简单任务甚至不需要对环境有深入的理解。这在后面第 5 章关于自然语言处理的词袋模型部分有所解释。基于行为的人工智能也是研究人员不断探索和研究的一个成果，丰富了人工智能的研究，加深了人们对于智能的认识。

基于行为的人工智能所采用的技术存在很大局限。当要设计的系统的基础功能组件很多时，厘清这些组件之间的关系，并让这些组件能很好地协调和工作就变得非常复杂。此外，构建某个系统的方法很难用于其他系统的构建。人们只能一个系统一个系统地重新设计、构建、测试。

又遇到新的问题了。

科研就是既不断探索新途径，又不断遇到新问题，然后再探索新途径……

一些人认识到了基于行为的人工智能的重要性，但也认为推理是非常重要的。因此，逐渐将其与推理相结合，由此出现了新的研究方向：构建智能体（agent）。

一个智能体系统应该具有这些特点：它能够完成用户指定的任务，这是它的基本功能；它能够根据所处环境调整自己的行为，这是它对环境的适应性；它还能和其他智能体合作，这是它的协作性。智能体研究更关注系统应该具有完成一个任务的整体性，而不是像以前的想法：孤立地开发系统的各个组成部分（如学习、推理等），然后简单将其组合在一起。这些研究直接受到了基于行为的人工智能的影响。

当前，计算机视觉、听觉、自然语言处理与理解等方面都已经取得了很多成果，也有产品应用于实际。而如何让这些不同方面的技术结合起来从而能够完成更复杂的任务，就是当前受到关注的多模态学习的研究内容。多模态学习并不是把单独的几个模态模块组合在一起，而是要研究它们之间的关系，并将其有机地结合在一起。具体内容见第 9 章。

到现在为止，智能体的研究仍然是人工智能的一个重要方面。

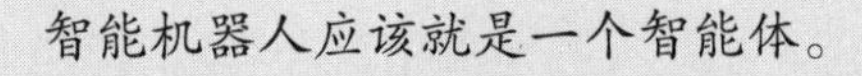

智能机器人应该就是一个智能体。

20 世纪 90 年代末，智能体的研究成为了人工智能的研究主流。

也是在这个时期，人工神经网络的研究经过了一个短暂的快速发展并迅速跌入谷底。

1986 年，戴维·鲁梅尔哈特（David Rumelhart）、杰弗里·辛顿（Geoffrey Hinton）和罗纳德·威廉姆斯（Ronald Williams）合作发表了论文《通过误差反向传播学习表示》（*Learning representations by back-propagating errors*）。这篇文章提出了一个叫作反向传播（back-propagating，BP）算法。利用这个算法，系统就可以自动找到神经网络隐含层的权重参数。

“人们现在还在使用 BP 算法。卷积神经网络、序列神经网络、BERT、ChatGPT 都是用 BP 算法训练出来的。”

“这么牛！”

杰弗里·辛顿（1947—　），加拿大认知心理学家和计算机科学家。他在人工神经网络方面做出了一系列突破性的工作，包括 1986 年提出的 BP 算法，2012 年在图像识别竞赛中提出了深度神经网络模型，并获得远超第二名的冠军。他和杨立昆（Yann LeCun）、约书亚·本吉奥（Yoshua Bengio）一起因深度学习共同获得了 2018 年度图灵奖。

杰弗里·辛顿

BP 算法的提出，引发了人工神经网络的蓬勃发展。很多人受到了鼓舞，加入了对神经网络的研究。神经网络模型和以前的知识、推理等研究采用的方法不一样，人们认为这是一条新途径。一些人甚至喊出口号“人工智能死了”（“AI is dead”）、“神经网络万岁”（“Long live neural networks”）。在这个时期，一些新的模型、方法和技术被提出，如：卷积神经网络（convolutional neural networks, CNN）、循环神经网络（recurrent neural network, RNN）、长短时记忆网络（long short-term memory networks, LSTM）。这些网络模型到现在仍被使用着。

但是人们很快发现，在实验室训练好的神经网络模型应用于实际的时候，性能往往远不如在实验室的测试状况，奇怪的错误频频发生。这种情况不断发生，导致人们对神经网络的研究热情快速减退。当时人们并不知道这种情况发生的原因。直到十多年后深度神经网络取得了成功，人们才认识到是因为当时数据不够多，算力不够强。

这些失败导致神经网络的繁荣很快就结束了，人们纷纷放弃神经网络转而去做别的研究。神经网络研究在 20 世纪 90 年代中期越来越少，迎来了十多年的寒冬。

“这次神经网络的寒冬类似于 20 世纪 70 年代人工智能的寒冬。当然受影响的只是神经网络的研究人员。”

“惨不忍说，是吗？”

也就是在这个时期，机器学习得到了蓬勃发展。

机器学习，听起来好似一台机器像人一样读书、写字、记忆、思考。但实际上，目前的机器学习关注的是如何从数据中抽象和总结出规律，从而更好地解决实际问题。这也是机器学习研究经过不断的尝试最后找到的一条研究路线。

这个时期，机器学习和概率统计相结合，确定了概率统计作为机器学习的理论基础，开始了统计机器学习方向的研究。

“机器学习”太火爆了，现在只要一说人工智能，人们就会提到“机器学习”。

是。

人们发现“学习”可以解决很多以前解决不了的困难问题。

当时采用规则方法的模式识别、图像处理等研究几乎走入了死胡同。统计机器学习发展起来，救了它们一命。后来，计算机视觉、听觉、自然语言处理、模式识别、图像处理等研究纷纷采用统计方法，并得到了迅速发展。

这个时期有两方面的工作产生了非常大的影响。一个是计算学习理论和 AdaBoost 算法，另一个是统计学习理论和支持向量机。

莱斯利·维利昂特（Leslie Valiant，1949 年—　），英国计算机科学家。

计算机科学家莱斯利·维利昂特于 1984 年提出了概率近似正确（probably approximately correct，PAC）学习理论，开创了计算学习理论这个方向。由于一系列重要贡献，他于 2010 年获得了图灵奖。

莱斯利·维利昂特

罗伯特·夏皮尔（Robert Schapire）在研究计算学习理论问题时，提出了 AdaBoost 算法。这个算法首先构建了一系列分类器，然后再把这些分类器集成起来。虽然在此之前，已经有零散的研究发现，把一些分类器集成在一起得到的效果比其中任何单独的分类器性能要好。而罗伯特·夏皮尔的工作让集成学习成为了机器学习的重要方向。在机器学习领域，AdaBoost 算法非常有影响力，涌现出很多相关的研究成果。2001 年的人脸检测算法就是基于 AdaBoost 算法提出的。从那之后，人脸检测算法开始落地应用。

“是不是“三个臭皮匠赛过诸葛亮”的意思？”

“可以这样理解。AdaBoost 算法及其理论研究非常精彩，值得好好学习一下。用 AdaBoost 算法实现的人脸检测系统又快又准，从 2002 年开始逐渐被实际应用。”

另一个有影响的研究工作是统计学习理论和支持向量机。弗拉基米尔·瓦普尼克（Vladimir Vapnik）从 20 世纪 60 年代就开始从统计学的角度研究学习问题，并逐步发表相关研究论文。直到 90 年代，他的统计学习理论逐渐成熟，并发展出了支持向量机。和 AdaBoost 算法一样，支持向量机方法也得到了广泛的重视、研究、发展和应用。

“当时人们像发现了新大陆一样，纷纷用支持向量机解决各自关心的问题。”

“我看到那个时期很多论文都是关于支持向量机的。”

这个时期，机器学习繁荣发展，涌现出了一系列学习范式：半监督学习、主动学习、多任务学习等。这些研究的思想和范式一直影响着后续的研究，

也包括后续的深度学习的研究。

统计机器学习方法在人工智能的各个领域产生了影响。人们纷纷采用这些方法解决各自关心的问题，取得了一系列成果，特别是出现了一些产品，例如光学字符识别（OCR）、自然语言的分词系统等。这些技术的落地，让更多人看到了希望。

此外，这个时期还发生了一件有影响的事件，1997 年 IBM 的国际象棋下棋程序“深蓝”（deep blue）战胜了当时的国际象棋冠军卡斯帕罗夫。这个程序并没有使用机器学习的方法，体现了搜索技术可以取得的成就。

1.5 激动人心的深度学习时代：2010 年之后

2006 年，杰弗里·辛顿和他的学生在《科学》（*Science*）杂志发表了深度神经网络的论文。虽然当时在《科学》《自然》这样的杂志发表人工智能类的文章非常难，但是这篇文章本身并没有引起人工智能界的轰动。

后来，杰弗里·辛顿和学生使用深度学习方法于 2010 年在语音识别方面实现了突破，然后又于 2012 年在图像识别上实现了突破。这两个算法的性能远远超越了当时的其他同类算法和系统。这些算法的出色表现引发了人们对深度神经网络模型的重视。深度学习时代到来了。

随着研究的开展和深入，更多的深度神经网络模型被提出，更多的智能任务性能指标一次次上升到以前没有达到的高度。因此，更多的人开始加入并开展相关的研究。不仅研究如此，很多人也开始考虑用这些技术设计产品，

“以前“人工智能”名声不太好，现在成了“香饽饽”。”

“香饽饽是什么？”

“你不知道？《红楼梦》里都提过这个词。就是特别受欢迎的意思。”

投资界、新闻界也开始关注和参与，使得人工智能再次受到追捧。

经过研究和比较，人们发现，深度学习算法在性能上取得的突破主要是两方面的原因：数据和算力。深度学习时代开始的几年，人们采用的卷积神经网络、循环神经网络等模型的基本模块与 20 世纪 90 年代提出的模型的模块是一样的。但是，因为缺乏数据和计算能力，当时的神经网络方法不断遭遇失败。

由于互联网、手机等技术的发展，人们可以很方便地获得大量的图像、语音和文本。2010 年前，在语音、图像研究领域，已经存在大量标注好的数据。在算力方面，计算机的存储能力、计算速度比 90 年代有了大幅度的提高。这样，杰弗里 · 辛顿和他的学生使用大量数据训练大模型这个技术路线才取得了成功。他们当时使用的大模型，包括神经网络的深度和每层的宽度，都远远超出了人们的常规思维。当然，与 ChatGPT 相比，他们的模型是非常小的。后来，使用大数据和大模型的技术路线一直深深影响着研究人员和产业界。

“突破人们的常规思维是科研中非常困难的。”

“别人都是用机械挖大楼地基，我用手。这是不是突破了常规思维？”

“突破的前提是要有科学依据，不是胡思乱想。”

2012年之后，深度学习成为了研究热点，人们纷纷使用深度神经网络解决各自关心的问题。2015年，自动围棋系统AlphaGo击败了人类围棋冠军。这不仅让学界大为震惊，也让更多的普通大众了解和认识了人工智能。

下棋是人工智能研究中一个重要课题。在人工智能研究初期，搜索算法在跳棋上取得了成功。后来人们开始研制国际象棋的下棋程序，并于1997年击败了国际象棋冠军。而围棋要比国际象棋更复杂。DeepMind公司设计和实现的自动围棋系统AlphaGo，除了使用之前的技术，包括蒙特卡罗树搜索技术，还使用了两项新技术。AlphaGo使用深度神经网络来“感知”棋局，此外还使用再励学习（强化学习）来探索在不同位置放棋子的可能性，并对其结果进行评估。

由于AlphaGo系统中使用了再励学习（见第7章），再励学习很快受到了大量关注和研究。在机器学习领域，再励学习一直在一个小范围内被有限地研究。而这一次，大量的研究人员开始从不同角度对再励学习进行广泛和深入的研究。

“再励学习很酷，很多人动不动就想用再励学习去解决问题。”

“是。
有些问题不必使用再励学习，但是人们也想试一试。可见，这一技术深入人心。”

2017年，为了研究自然语言处理和理解，谷歌提出了新模型Transformer。在此基础上人们又研发出了BERT、GPT-3系统，这两个系统在自然语言的生成和问答方面都取得了令人瞩目的成果。而后OpenAI公司在GPT-3基础上研发了ChatGPT。ChatGPT在自然语言处理和理解上取得了更大的突破。ChatGPT的出现，让更广泛的大众关注和认识了人工智能。

1.6　这个软件系统具有智能吗：图灵测试

如何判断一个系统具有了智能？艾伦·图灵在 1950 年提出了一个测试方法，被称为图灵测试（Turing test）。这个测试是这样进行的：A 和看不见的 B 聊天。聊天是通过文本进行的，也就是通过键盘输入文本，通过屏幕看到文本内容。如果经过一段时间，A 无法判断 B 是人还是计算机程序，那么 B 就被认为具有人类智能。

这个测试不关心 B 的内部结构，也不关心 B 是如何对得到的文本进行“理解和思考”的，只关心其输出的文本。因此，B 被看作一个黑箱。图灵测试关注的是计算机程序和人的不可区分性。

图灵测试简单、易懂。一个系统能够通过图灵测试，是非常引人瞩目的新闻。

“我记得有过一个新闻，说某个系统通过了 6 岁儿童的图灵测试。”

“这大概是说，该系统的输出水平和 6 岁儿童的回答水平是差不多的。
这样的新闻很抓人眼球。”

图灵测试给人工智能的研究树立了一个目标。当然这个目标很远大，很难实现。而实际上，一个系统即使达不到人类的智能水平，如果其能满足实际的应用需求，这个系统就可以应用于实际为大众服务。

1.7　更难的问题：开放世界问题

人工智能的研究基本上是从简单问题开始，随着技术的进步，逐渐研究越来越难的问题。基本上，封闭世界问题是以前人工智能主要研究关注的问题。而实际应用中的很多问题是开放世界（open world）问题。深度学习时代，人工智能技术可以落地变为产品，因此，人们开始关注开放世界问题的解决。

下面举例解释封闭世界问题和开放世界问题的差别。

如果一个图像识别系统能够识别的物体在被测试和应用之前都是系统“见过”的，这个系统就是一个封闭世界的图像识别系统。而一个开放世界的文字识别系统需要能识别新造的文字，当然这个新造的文字是在系统研发阶段没见到过的。

如果一个语音识别系统能够识别系统研发阶段没见过的新词，这就是一个开放世界的语音识别系统。

ChatGPT 允许人们问各种问题。这是一个开放世界的问答系统。而以前研发的很多问答系统是封闭世界问答系统，其仅限于某个方面的问题，如天气、点歌等。

“如果出现一个与以往非常不同的新字体，人往往能够识别其文字，而现在的文字识别算法识别不了。”

“听起来很难的样子。”

“不只听起来，真的很难。”

通常来说，封闭世界问题更容易解决，而开放世界问题更困难。对开放世界的问题解决会成为人工智能研究的一个重要课题。

1.8 到哪里去找人工智能论文？会议和杂志

学术会议和学术杂志在科学研究工作中具有重要地位，在人工智能领域也是一样。人工智能领域很多研究工作都会在相关的学术会议和学术杂志上发表。但是和其他学科（如数学、物理等）不同的是，人工智能方面（也包括计算机领域）的学术会议更受重视。一般来说，一个学术杂志上的文章从投稿到出版见刊需要 1~2 年的时间。而人工智能技术发展太快，人们希望能够通过学术会议快速和高效地交流，了解彼此的研究工作和进展。因此，研究人员通常都把最新的研究成果提交到会议上和大家交流。

下面是人工智能方面一些优秀的学术会议：

国际先进人工智能协会大会（Association for the Advancement of Artificial Intelligence，AAAI）

国际人工智能联合大会（International Joint Conference on Artificial Intelligence，IJCAI）

人工智能中的不确定性国际会议（International Conference on Uncertainty in Artificial Intelligence，UAI）

欧洲人工智能大会（European Conference on Artificial Intelligence，ECAI）

通用人工智能国际会议（International Conference on Artificial General Intelligence，AGI）

当然，学术杂志仍然受到研究人员的关注。有大量的优秀文章发表在学术杂志上。下面是人工智能方面一些优秀的学术杂志：

Artificial Intelligence（《人工智能》）

Nature Machine Intelligence（《自然机器智能》）

Journal of Artificial Intelligence Research（《人工智能研究杂志》）

“上面人工智能会议上的文章通常质量比较高。大家经常参加这些会议，了解最新动向和进展。”

“能感觉到这些研究人员的“迫不及待”。”

人工智能研究内容繁多。而每个人的精力有限，兴趣点也不同。因此，研究人员通常只对会议上的一部分文章感兴趣。历史上，某些方向发展更迅速，成果更丰富，其研究群体就逐渐扩大。这样，这些方向的人就独立出来，成立专门的学术会议，这样就能更深入、更有效地交流和讨论。因此，像计算机视觉、自然语言处理与理解、机器学习等都有专门的会议和杂志。在本书后面章节会单独介绍这些方向的学术会议和杂志。

本书容量有限，无法一一介绍人工智能所有的内容。在本书后面各章中只介绍了一些主要的研究方向，而实际上，还有些方向也非常重要，它们的会议和杂志也很有影响力。例如，图像处理、模式识别、数据挖掘、信息检索、人机交互等都是非常重要的研究方向，也有大量的研究成果。

扫描二维码可以得到相关方向的会议、杂志列表。

1-1

第 2 章

搜索
——人工智能的一项关键技术

在人工智能的研究初期，人们希望找到一套方法能够解决各种各样的智能问题。搜索技术就是这些研究的一个成果。搜索是在解决很多人工智能问题时需要使用的技术。从某一个侧面来看，它是很多智能任务中共性的部分。

研究共性问题是科学研究的通常思路。研究人员倾向于去寻找很多现象背后共同的规律。掌握了这些规律，就更可能从根本上解决相关的一系列问题，而不仅仅是解决某一个问题。

例如：人们研究清楚了轮子的特点、规律和性质，就可以把它安装在不同的车上、设备上，解决一系列的运输、传送问题。再例如：对于一个一元一次方程，如果搞清楚了它的性质，给出了这个方程的求解方法，那么就可以把它用于科学研究、工程设计等各个领域，就能够解决涉及一元一次方程的纷繁多样的实际问题。

“这事容易理解。中学学的牛顿力学定律就是世界上万事万物的共同规律。”

“其实，中学学的物理、化学等知识都是关于现实世界的各种规律的知识。”

在一些智能任务中，如下棋、走迷宫、玩华容道（也叫捉放曹）时存在一些共性问题。本章讨论的搜索技术就是要解决这样的共性问题。这里的“搜索技术”是技术的名称，不是指通过搜索来寻找一项技术。用百度搜索可以在互联网上寻找能满足用户需要的信息，在人工智能中，这被称作信息检索，而不是搜索。

2.1 一个简单的例子：走迷宫

下面从走迷宫这个简单例子开始，来讨论如何通过搜索方法让计算机走迷宫。

图 2-1（a）给出了一个简单迷宫。*S* 点是出发点，*G* 点是终止点，走迷宫就是要找到一条从 *S* 点到达 *G* 点的通路。

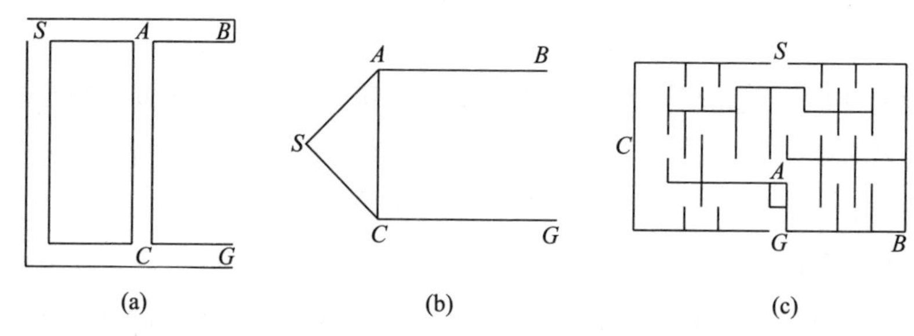

图 2-1　两个迷宫（a）（c）和它们对应的图表示（b）

“这个迷宫太简单了，三岁小孩都会玩。没什么意思。”

“三岁小孩玩的是迷宫，我们“玩”的是规律，是算法，是技术。”

“你这一说，我的感觉“滋”地一下就上去了。”

研究走迷宫有两个好处。一方面，通常来说迷宫很简单。一个简单迷宫便于人们观察和研究。这一点很重要。人们喜欢直观的事物，往往能够在观察中找到解决问题的方法。而对于非常抽象和难以想象的问题，研究起来就困难得多。

另一方面，很多别的问题都等价于一个走迷宫的问题。也就是说，别的很多问题也都可以看成是一个迷宫。能够解决走迷宫的问题，也就能解决那些问题。这在科研和工程实践中非常重要。研究人员往往尝试研究和解决一个基本、共性的问题，由此就有助于解决相关的一系列问题。

迷宫非常简单、具体、直观，很容易被理解，因此适合作为一个代表性的问题进行研究。

对于图 2-1（a）这个迷宫，可以很容易找到从 S 点出发到 G 点的一条路径。

实际上存在各种各样的迷宫（可以在互联网上搜索到非常多的迷宫图案）。观察这些迷宫，虽然有些迷宫表面上非常不同，但是其关键信息都是从哪里出发，中间有一些什么岔路口，最终到达什么地方，需要考虑。如果从出发点出发只有一条路，那么一直往前走就可以了。问题的难点在于到了岔路口该怎么办？

“是。如果在每一个岔路口都知道往哪里走，问题就解决了。”

“这时，迷宫就不“迷”了。”

2.2　让计算机走迷宫：搜索算法

要让计算机走迷宫，首先就要把这个问题的信息输入计算机，以适合计算机的方式来表示这个问题。表示（representation）是人工智能中一个重要问题，这在后面还会介绍。把一个迷宫输入计算机中后，需要给出一个搜索算法，用这个算法找到这个迷宫一条或多条路径。

算法（algorithm）是计算机科学中一个重要概念。通俗地讲，一个算法就像是一个工作流程指示书，按照这个指示书，计算机就知道第一步干什么，第二步干什么……，这样就能完成算法对应的工作。在这里，指示书中的语言都是计算机程序语言，这样计算机就能“理解”其指令，并且知道如何执行。

下面先看看怎么表示迷宫图 2-1（a）。如果只关心这个迷宫的起始点、分岔点、终止点，以及这些点之间的关系，它其实就更像图 2-1（b）。这里要求从 S 点出发，最终到达 G 点。这里只把起始点 S，道路分岔点 A、C，端点 B（死胡同）和终点 G 标了出来，其他的一概简化为点之间的连线。两点之间的连线意味着这两点之间有一条通路。

迷宫图 2-1（c）看起来更复杂一些。如果把它复杂的外表去掉，只考虑其中的起始点、分岔点、终止点以及这些点之间的关系，发现它也和图 2-1（b）是一样的。

把图 2-1（b）中的直线换成曲线、折线，迷宫都是一样的，只是看起来不同。

嗯，如果在节点之间的路上种上花草，看起来会很不一样。小朋友们会比较喜欢。

种上花草也还是同一个迷宫。
图 2-1（b）简化和抽象了这些迷宫。

透彻！

图 2-1（b）的表示具有一般性。对于各种不同的迷宫，需要知道的关键信息就是有哪些重要节点（起始点、分岔点、端点和终点），哪些点和哪些点是连通的。所以，用计算机来记一个迷宫，只要记下这些重要节点，以及哪些点之间是连通的就可以了。

其实可以用一种特别简单的办法来记一个迷宫。用一个文件（比如：word 文件或者 excel 文件），每行记录一个节点的名字。这样一个文件就可以记录所有节点，有多少个节点就用多少行。再使用一个文件，每行记录一条通路（记录通路的两个节点）。

“只记录节点和通路，别的都不要，感觉立刻“清爽”了很多。”

“其他都是浮云。”

下面针对图 2-1（a），先给出一个简单的走迷宫方法。

从出发点开始。从 S 点可以到达 A 点和 C 点，这样我们就画出图 2-2（a）。下面考虑从 S 点到 A 点这条路。到 A 点之后可以到达 B 点和 C 点，所以，在图 2-2（a）基础上添加 B 点和 C 点就得到图 2-2（b）。如果考虑从 S 点到 C 点这条路，到 C 点之后可以到达 A 点和 G 点，在图 2-2（b）上继续添加就得到图 2-2（c）。因为这时已经找到 G 点了，所以，任务完成，搜索过程结束。这样，把整个搜索过程分析一下，可以知道这条路径是从 S 点到 C 点到 G 点。

图 2-2（c）像一棵倒长的树，根在上面，树叶在下面。刚才的搜索过程像是在这棵树上从树根节点 S 出发，一层一层寻找节点 G 的过程。节点旁边的数字是搜索过的节点的序号，代表了对节点的搜索顺序。找到 G 点后，搜索过程就停止了。

上面给出的就是按照宽度优先搜索（breadth-first search）算法的搜索过程。图 2-2 的结构叫作树结构（tree structure）。

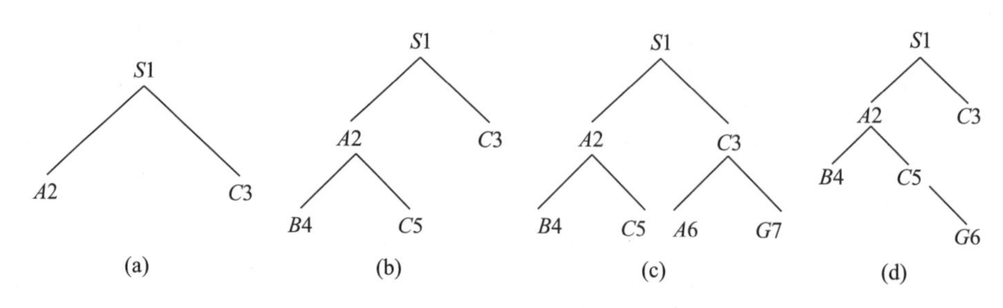

图 2-2　迷宫图 2-1（a）的搜索过程

上面是一种方法。此外，还可以像下面这样搜索，参见图 2-2（d）。从 *S* 点出发，可以到 *A* 点；到 *A* 点后继续可以到 *B* 点；但 *B* 点是一个无路可走的节点（死胡同的端点），所以要返回到分岔点 *A*，走 *A* 点处的另一个分支到达 *C* 点；到 *C* 点以后继续走可以到 *G* 点。找到目标节点了，搜索过程终止。这个搜索过程也可以画成一棵树，就是图 2-2（d）。刚才这个方法不是一层一层地搜索，而是按照一个方向、一条路一直走下去；遇到死胡同，返回；然后从最接近死胡同的分岔点继续搜索。实际上这是按照深度优先搜索（depth-first search）算法的搜索过程。

上面这两个搜索过程不复杂，但是人们一般不太喜欢宽度优先搜索过程，因为这需要在搜索时记录特别多的分岔节点。相比之下，深度优先搜索过程需要记录的分岔节点不多。而且如果是一个现实生活中的迷宫，宽度优先搜索方法就不太容易实现，因为它需要人在各个节点之间走来走去。

“你看这两种方法，对复杂的迷宫，用机械死板的步骤也能走出来！”

“的确。
要解决问题，方法很重要，哪怕机械死板一点的方法也可以。起码可以走出这个迷宫。”

“我不喜欢宽度优先搜索。它需要对几条可能的路径同时一步一步推进。岔路口多的时候，我就顾不过来了。”

“不约而同。”

在一些旅游景点或者娱乐场所也会见到实际的迷宫。这些迷宫使用墙（如圆明园的黄花阵），或者植物围成。要走实际中的迷宫，可以采用一个简单的规则：顺着一边的墙（例如左手边的墙）一直走下去；遇到死胡同时，不要停下来，继续沿着左边的墙走就是往回折返。按照这种方法就能走出迷宫。而实际上，按照这个简单规则走迷宫的过程就是深度优先搜索算法执行的过程。

除了上面的两种搜索算法还有别的搜索算法吗？有，比如：等费用方法、爬山法、A 算法和 A^* 算法。

A^* 算法是一种非常精彩的算法。A^* 算法的特点是，当到了一个分岔点，算法可以对每一个可能的分岔后的路径计算一个函数，也叫作启发函数。这些函数值告诉算法应该往哪里走更容易到达目标节点。这样一来，算法就可以避免尝试和探索那些绕远的路径。A^* 算法已经成为了计算机科学中的一个基础算法，并应用于实际。

“A^* 算法这么神奇，突然我有种想了解的冲动。”

“这个算法略微有点复杂。
不过，你看看后面的重排九宫那个例子，就会对 A^* 算法有更多了解。”

在一些迷宫例子上，上面提到的这些算法都能走出迷宫。读者可能会问，对于任何一个迷宫，这些算法性能怎么样？技术上说，这个疑问涉及下面三个问题。

第一个问题：算法能找到问题的解吗？如果从起始点到目标点一定有一条通路，算法能找到这条通路吗？

如果从出发点到目标节点是连通的，也就是说，从起始点到目标点一定有一条通路，那么上面列出的算法都能找到通路。如果不只有一条通路，那么不同的算法找到的通路可能是不同的。如果它们之间没有通路，算法也会告诉没有通路。

第二个问题：算法找到的解是最优解吗？这里最优解就是指在所有的通路中，算法找到的通路是最短的。

刚才列出的宽度优先搜索算法、等费用搜索算法、A^* 算法都可以保证找到最优解。而深度优先搜索等算法不能保证做到这一点。在用深度优先搜索方法走实际迷宫时，往往会遇到死胡同，然后往回折返。这就说明走了一些错路，有时候可能走的恰恰是一条最远的通路。

第三个问题：这些算法执行时快吗？宽度优先搜索算法虽然能找到最优解，但是需要尝试搜索非常多的节点。相比之下，这个算法比较慢。

上面三个问题都是一些理论问题。这些理论问题的研究成果告诉人们，这些算法具有什么样的性质、特点和局限，从而指导人们更好地使用这些算法，改进这些算法。

“理论分析可以揭示一些更为本质的东西。”

> 嗯。这样能避免一些不必要的尝试和失败。

2.3　用搜索算法解决实际问题

在日常生活中，我们从一个地方去另一个地方，可以用一些软件（如百度地图、高德地图）来提供一条路径。这样的路径可以通过搜索算法给出。下面再举一些搜索算法可以解决的游戏的例子。

独粒钻石游戏

图 2-3（a）显示的是这个游戏的情况：一个棋盘上，黑色的是棋子，只有横竖线交叉点位置可以放棋子。走棋规则是：一枚棋子只能沿着棋盘上的横线或者竖线隔着另一枚棋子跳到一个空着的位置上。这枚棋子跳过以后，被它跨过的棋子被拿走。图 2-3（a）中箭头所指棋子跳到中心空着的位置。这样，被跨过的棋子就可以被拿走，因此得到了图 2-3（b）的状态。这个游戏的任务是，从图 2-3（a）状态开始，经过若干步走棋，最后在棋盘上只留下一枚棋子。

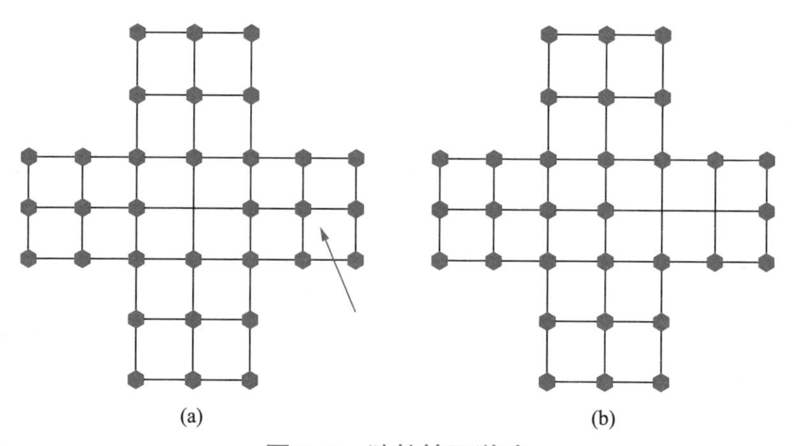

图 2-3　独粒钻石游戏

使用搜索算法玩这个游戏的时候，首先要设计一种方法记录这个游戏的任何一个时刻的状态。对于这个游戏来说，在某个时刻，哪些位置有棋子、哪些位置是空的就是一个状态。有些位置上的棋子发生了变化，也就是棋盘状态发生了变化。因此，棋盘的任何一种状态就可以被看作一个节点。根据走棋规则移动一枚棋子后，就会从一个棋盘状态转变为另一个状态。这样，这两个状态对应的两个节点之间就可以用一条边连接起来。实际上，这些边是带方向的，因为反向走棋是不允许的。棋盘上的棋子只会越来越少，反之是不允许的。

用上面的方法就清楚定义了什么是节点，什么是节点之间的连接。这就确定了这个游戏的表示。

下面就可以使用宽度优先搜索算法、深度优先搜索算法，或者其他搜索算法寻找一条从初始状态［图 2-4（a）］到目标状态（棋盘只剩一枚棋子）的路径。搜索算法完成这个搜索过程非常快（在目前的台式计算机、笔记本电脑上用时小于 1s）。

在写程序来玩这个游戏的时候，所有节点及其连接不需要提前全部写出来。也就是说，这个游戏对应的类似图 2-1（b）的图是不需要画出来的。在每一个棋盘状态下，根据走棋的规则，如果有 m 个下一步走棋的可能，那这个节点也就存在 m 个分岔。走棋的规则决定了哪两个状态（节点）之间有连接。

“我玩了好几天独粒钻石游戏，棋盘上最少的时候还剩 3 枚棋子。这个游戏太难了。”

“计算机可以自己玩这样复杂的游戏，是不是挺神奇的？”

华容道

这个游戏也叫“捉放曹”，是一个很受欢迎的游戏。图 2-4（a）是这个游戏的初始状态。这个游戏允许向上下左右各个空白位置滑动这些大小不同的积木块。例如：图 2-4（a）下方有空白区，这时，左侧的小积木块可以向右移，右侧的小积木块向左移，或者上面的小积木块向下移。积木块移动以后，积木块的布局发生了变化。该游戏的任务是从图 2-4（a）开始，通过移动积木块把最里面的最大的积木块移到图 2-4（b）的位置［这时，其他积木块的位置不一定和图 2-4（b）相同］。

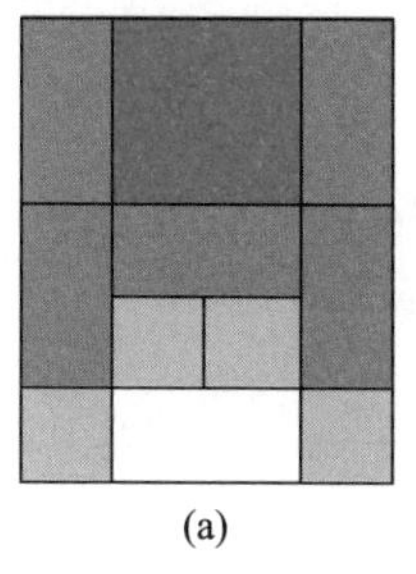
(a)

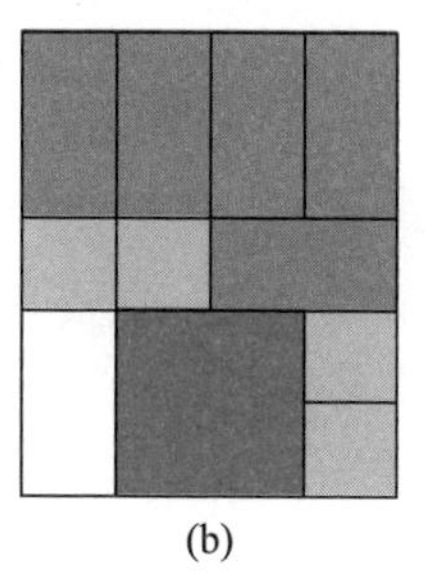
(b)

图 2-4　华容道

使用搜索算法玩这个游戏的时候，第一步也是要考虑如何表示这个问题。也就是要确定，什么是这个游戏的状态，哪些状态之间有连接。

在这里，在任何一个时刻，积木块的任何一个布局（每块积木块在什么位置）可以看成一种状态（节点）。根据积木移动规则可以确定哪两个节点之间有连接：一个状态（节点）通过移动一块积木块成为了另一个状态（另一个节点），那么这两个节点之间有一条边连接起来。在这里，这些边是没有方向的，也就是说，积木块可以移过来，还可以移回去。

确定了这个游戏的表示后，就可以使用前面提过的搜索算法寻找一条从初始状态到目标状态的路径，也就是寻找积木移动顺序，从而把最大积木块移动到指定的出口位置。搜索算法完成这个搜索过程非常快（在通常的台式计算机、笔记本电脑上小于 1s）。

上面两个游戏很受大家欢迎，但是也很难玩。其困难就在于，每一次走棋（或者移动积木块）后，有好几种后续的选择，即分岔很多。而这两个游戏通常都需要走几十步才能完成。所以，很多人玩起来感觉非常困难。

依据上面的分析，这两个游戏都等价于一个迷宫。只不过这些游戏对应的迷宫比较复杂，而且没有把它的所有节点和节点之间的连接都提前画出来。

实际上，还有很多问题可以使用搜索算法解决。在使用搜索算法时，需要明确什么是问题的状态（节点），什么是状态之间的连接，然后就可以使用搜索算法求解了。

“看计算机玩游戏的过程，感觉计算机很智能。
但是知道了计算机玩游戏的机制，就觉得它没那么智能了。”

“主要是计算机和人玩游戏的思路不同。
这也给我们以启发：完成这样的智能任务可以有和人不一样的方法。”

重排九宫

重排九宫也是一个有趣的游戏。这个游戏是这样的：把数字为 1~8 的 8 张扑克牌，随机地摆到一张 3×3 的九宫格上，例如，图 2-5（a）就是一个随机摆放的状态。因为其中有一个位置没有放置扑克牌［如图 2-5（a）第二排的左侧空格］，这样空格位置上下左右的扑克牌就可以向这个位置移动一步。这个游戏规定：扑克牌只能横竖移动，不能斜向移动。例如，在图 2-5（a）中，可以 4 往下移，3 往上移，或者 8 往左移。其任务是把随机摆放的 8 张扑克牌按照上面的规则移动，变为图 2-5（b）或图 2-5（c）的状态。

4	6	1
	8	2
3	7	5

(a)

1	2	3
8		4
7	6	5

(b)

2	1	3
8		4
7	6	5

(c)

图 2-5　重排九宫

根据上面两个例子，就可以采用类似的方法玩这个游戏。任何时刻，8 张牌的布局（每张牌在什么位置）看作一个状态（节点）。根据扑克牌移动规则可以知道每两个节点之间是否有连接：通过移动一张牌把一个状态（节点）变为另一个状态（另一个节点），那么这两个节点之间就存在一条边。在这里，这些边是没有方向的。这样，就可以利用搜索算法来求解了。

而对于该游戏，还可以采用下面的有趣的方法解决。

“下面方法有点复杂。你需要静下心来。
不过，看完之后，你会觉得这是值得的。”

“嗯。我吃块巧克力，补充一下能量。”

首先设计一个函数 $P(n)$，n 代表某一个牌局，也就是状态，显示各张牌在什么位置。在某一个状态，每一张牌 i 与其目标位置的距离为 $P(i)$。例如：图 2-5（a）中左上角第一张牌 4 与图 2-5（b）中 4 所在的位置距离为 3（向右移动两步，再向下移动一步）。把 8 张牌所有的 $P(i)$ 求和，这个和就是当前节点 n 的函数 $P(n)$ 的值。

再设计一个函数 $S(n)$，n 仍然代表某一个状态。先看一看图 2-5（a）这个状态。其非中心牌的顺序是 4612573，如果和目标状态图 2-5（b）中这些位置的牌的顺序 12345678 相比，其中 4 和 1 的顺序反了［目标状态图 2-5（b）中，1 在 4 前面］，这叫作 1 个“逆序”。实际上，4 和 1，2，3 都反了；6 和后面的 1，2，5，3 都反了；5 和 3 反了；7 和 3 反了。然后计算出所有逆序数 9，每个逆序算 2 分，求和算出所有逆序数的得分 18。如果中心有牌记分 1，中心没有牌记分 0；这样逆序数得分 18 加上中心有牌得分 1，其和就是 $S(n)$ 为 19。

最后设计一个函数 $g(n)$，$g(n)$ 是从初始状态到当前牌局所移动过的牌的次数。也就是说走过多少步，$g(n)$ 就是多少。

有了前面的三个函数，就可以得到指导算法运行的函数 $f(n)$：

$f(n)=g(n)+h(n)$,

$h(n)=P(n)+3S(n)$,

函数 $h(n)$ 叫作启发函数（heuristic function），需要按照下面的思路使用这个函数。以图 2-5（a）为例，这时，存在 3 种移牌的选择：把 4 往下移、把 3 往上移，或者把 8 往左移。分别对这 3 种移动后的牌局计算其 $f(n)$，这样就得到 3 个 $f(n)$ 的得分，然后从中选择最小得分。这个最小得分对应的是哪一种移牌，那就移动哪张牌。反复这个过程，直至移动到目标状态为止。

可以实际玩一玩这个游戏，验证一下上述方法的有效性。这里，函数 $f(n)$ 起了很重要的作用。它告诉算法在每个分岔节点，应该选择哪个分支。也就是说，在移动牌的时候，虽然有多种选择，但这个函数告诉算法应该移动哪一张牌。因此，这个函数引导了移动的方向。函数 $h(n)$ 带有该游戏的很多信息，可以引导算法向目标方向移动。使用启发函数进行的搜索叫作启发式搜索（heuristic search）。好的启发函数能很快找到解决方案，而差的启发函数则没有什么价值。

如果没有启发函数，那么在岔路口没有信息引导向哪个方向走。为了保险起见，就只好每一个分岔都走一遍，这就是宽度优先搜索的思路。因为每个分岔都要走，所以效率就很低，算法就很慢。

> 看宽度优先搜索算法的时候，就觉得有点机械、死板。
> 现在有了启发信息，搜索就变得有了“灵气”。

2.4 用搜索算法下棋

下面看看下棋游戏。

这里说的下棋，是指两人对垒的某些棋类游戏，包括跳棋、中国象棋、国际象棋、围棋等，但不是指所有的棋类游戏。这类棋有如下的特点：

两人对垒，轮流走步；双方走棋历史彼此都知道，下一步所有可能的走棋彼此也知道。例如在中国象棋中，是两人对垒，轮流走步。此外，在两人下棋的任何阶段，在此之前双方走过的所有棋子彼此都知道，当然，下棋高手能够记住这些走棋历史。根据当前的棋局，双方都知道有哪些走棋的可能。不属于这类游戏的棋有：掷骰子决定谁走棋；一方有哪些棋子对方不知道。

和前面的例子类似，如果把下棋过程中遇到的任何一种棋局状态（就是哪个位置上有什么棋子）都看成一个节点，根据规则，走棋之后就出现了一个新的棋局状态；因此，下棋规则就建立了一个节点到另一个节点的连接。

以中国象棋为例。开始棋局是一个状态，这时，棋手可以去拱卒（5 种选择），还可以出车、跳马、走炮……，所以从初始状态开始就有几十种选择。当一方走棋以后，对方棋手也有几十种选择。它就类似一个迷宫，每走一步棋，就有一些分岔来选择，只是这里的分岔特别多。当然一个最大的不同就是两个棋手轮流走棋。

当分岔特别多，即走棋的选择特别多的时候，要想在短时间给出好的走棋选择，使用一般的搜索算法就比较困难。因此，就需要考虑所玩的这种棋的特殊性，例如，中国象棋的开盘就拱卒通常不是一个好的选择。这样可以去掉一些不必要的分支，从而提高了搜索算法的速度。

另外，两个选手轮流走步时，每个选手总是选择对自己最有利的走棋。这个走棋当然对于对手是最不利的。这是下棋这类游戏的特点。因此，在使用搜索算法时，就要考虑这种特殊性。

在下这类棋的时候，为了避免盲目的搜索，通常需要对每一个棋局状态给一个估值。这个估值表示这个棋局状态对棋手（例如棋手甲）是否有利。例如：100 表示对棋手甲非常有利，–10 则表示对棋手甲不太有利。如果这个估值比较准确，就可以只关注估值比较大的节点，而忽略对自己不利的小估值的节点，从而大大减少不必要的搜索。这时，就可以修改一下前面的搜索算法：算法每一次搜索的时候总是选择对棋手最有利的走棋。该棋手甲走棋时，选择估值最大的走棋；该棋手乙走棋时，选择估值最小（这个估值对甲最小就意味着对乙最有利）的走棋。这个算法非常适合解决下棋这类问题，被称作最大最小搜索（min-max search）算法。也就是说，下棋双方都在选择对自己最有利的走棋。棋手双方在博弈（game）。

当然，如何对一个棋局估值，如何估计得更好，这是另一个重要问题，也是一个比较困难的问题。

“有点累了。吃点樱桃休息一下吧。”

“好呀。”

“我们做个游戏吧，好吗？
我们轮流拿这里的 7 个樱桃，每人一次可以拿 1 个或者 2 个。谁拿了最后一个谁输。”

“好啊。那我先拿。”

“如果采用类似下棋的搜索技术，我就能保证一定赢。”

“啊？这都可以用搜索算法？”

“每次你拿一个我就拿两个；你拿两个，我就拿一个。这样你肯定输。”

“这样啊。”

阿瑟·塞缪尔（1901—1990），于1952年在IBM研发了跳棋程序。在这个程序中，他使用了启发式搜索技术，给棋盘的各个位置赋予不同的重要性权重，再利用启发式搜索方法确定最佳的走子路径。这个程序在1962年战胜了美国康涅狄格州的跳棋冠军。

阿瑟·塞缪尔

研究计算机下棋程序有一个简短的历史，感兴趣的读者可以扫描二维码阅读相关内容。

2-1

2.5　算法运行速度与计算量：搜索算法的关键问题

搜索算法的一个关键就是运行时间，这决定了该算法是否可以解决实际问题。

在玩独粒钻石、华容道、重排九宫时，搜索算法执行得很快。而对于象棋这样复杂的棋类，就需要非常高性能的硬件设备支持以提高算法的执行速度。在实际应用时，往往会对算法的执行时间有限制，不允许用户有长时间的等待。

但是，在搜索过程中，如果要解决的问题涉及的节点特别多，每个节点的分岔特别多，这时算法的计算量就特别大，需要的时间就特别长。

例如在下象棋时可以拱卒，也可以跳马，还可以走车，这时的选择就特别多。如果下围棋，对于19×19的棋盘，刚开始随便在哪儿放棋子都行，开始的“分岔”就达到了361个，而对手放棋子的选择位置也有360个，所以选择空间特别大。这就是在使用搜索算法解决实际问题时的困难。那么如何解决呢？

使用更快的计算机可以解决问题吗？

当然，提高计算机硬件的性能，可以提高算法的运行速度。但是，如果算法A只需要1000次加法运算，而算法B需要1000万次加法运算，一般来说，算法 A 比算法 B 要快。因此，我们就可以单独考虑算法需要的运算次数，而暂时把计算机硬件因素分离出去。这样，只要想办法让算法的计算量变小就可以了，从而避免编程技术和计算机硬件方面的不确定性，简化要研究的问题。

因此，我们需要估计一个算法大概需要多大规模的计算量。下面通过几个例子来讨论算法的计算量的问题。

找出一群人中最年长的人

写一个算法完成这个任务并不难。下面是这个算法的核心代码片段。

```
for (i=0; i<n; i++ )
…;
```

其中 n 是这群人的数量，也称为问题规模。

这段代码的工作流程是这样的：对 n 个人，一个一个地比较其年龄。每次比较的时候把较为年长的人记下来，再用这个年长的人和下一个人比。当把 n 个人都比了一遍时，就可以把最年长的人找出来了。这个算法需要的计算量和问题规模 n（这里指人数）呈线性关系，计算量在 n 这个量级上。专业的说法是：其计算复杂度函数为 $O(n)$。所谓在 n 这个量级上，是指实际计算量和 n 最多差一个倍数关系。

> 可以把规律性的、重复性的事情编写成计算机程序，让计算机完成。

> 是。比年龄大小就是一个一个重复比较。宽度优先搜索也是：一个分岔一个分岔地走，每一层分岔走完后，下一层又是一个分岔一个分岔地走。

找出一群人中相同生日的人

写一个算法完成这个任务也不难。下面是这个算法的核心代码片段。

```
for (i=0; i<n; i++)
for (j=0; j<n; j++)
…;
```

其中 n 是要比较生日的人的数量。

这个算法的思路就是：首先第一个人和所有人比对一遍，第一个人和所有人比的计算量为 n 这个量级；然后第二个人和所有人比对一遍；再然后第三个人和所有人比对一遍……和找最年长者的算法相比，这个算法多了一层循环。如果 n 是这群人的数目的话，那么计算量在 n^2 这个量级 $O(n^2)$。

当然上面这个方法有一些重复计算。第一个人和第二个人比过了，第二个人就没有必要再和第一个人比了。后面的比较也是这样。这样可以减少大概一半的计算量。但是，简化后的计算量仍然在 n^2 这个量级上。前面也说过，这里的计算量是在一个量级范围内讨论，可能会和 n^2 差一个倍数关系。

一群人的组合

有一项工作需要一群人中的一组人参与，但是这群人中每一个不同的组合都会出现不同的工作效果。现在希望分析每一种可能的工作效果。

既然需要考虑每一种组合下的工作情况，那么使用排列组合知识，可以知道有 2^n-1 种可能性（去掉都不工作的情况）。所以如果把这个画成一棵树，就是如图 2-6 这样。图 2-6 考虑了所有人都不工作的情况。两个人有 3 种可能，3 个人有 7 种可能……就这样，如果有 10 个人，就会有 1023 种可能。

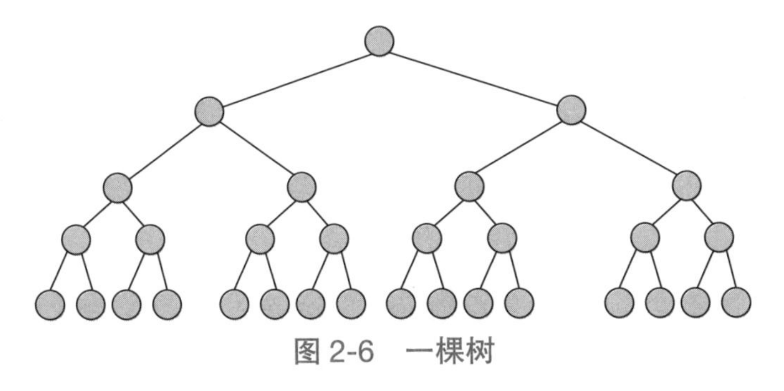

图 2-6　一棵树

上面这三个例子中的算法在执行过程中的时间花费如何呢？表 2-1 给出的是其时间比较。可以看到，假设有 10 个人比年龄（看第 1 行），某台计算机 0.00001s 能找到 10 个人中年龄最大的，那么 40 个人的时候就需要约

0.00004s。还是这台计算机，如果要找同一天生日的人（看第 2 行），那么对于 10 个人来说需要 0.0001s，对 40 个人就需要 0.0016s。

表 2-1　不同算法复杂度的时间比较

复杂度	人数 / 人			
	10	20	30	40
n	0.00001s	0.00002s	0.00003s	0.00004s
n^2	0.0001s	0.0004s	0.0009s	0.0016s
2^n	0.001s	1.0s	17.9min	12.7d
3^n	0.059s	58 min	6.5a	3855 世纪

下面考虑 n 个人的组合情况（第 3 行）。10 个人时需要 0.001s；40 个人时需要 12.7d。

如果每个人的工作有三种可能：全时工作、半时工作和不工作，那么这样总共有 3^n 种可能（第 4 行）。10 个人的时候需要 0.059s，40 个人的时候则需要 3855 世纪，远远超出很多人的想象和预期，这就是问题所在。

“天哪。我知道时间会很长，但是没想到有这么长。我咬着牙猜是 1 万年，没想到还是……”

“人们往往没意识到会有这么长时间。”

这引发了人们的思考，问题出在哪儿？

问题就出在指数函数上。

如果计算复杂度函数是多项式函数（例如第 1、2 行），那么计算时间增长得会比较慢。而对于指数函数，计算时间增长得非常快。人们称之为“指数爆炸”（exponential explosion）。有时，它也被称为“组合爆炸”，因为这往往是多个因子的组合导致的。指数爆炸这个词看起来很普通，但它是一个专业术语。

其实，我们生活中已经涉及指数爆炸这一知识。例如下面这个故事：古印度国王要奖励一位国际象棋发明人。国王问他想要什么，他说：在这个象棋棋盘第一个格子放 1 粒米，第二个格子放 2 粒米，第三个格子放 4 粒米……，直到放满 64 个格子，我只要这些米。国王一开始认为他要的米太少了，但是后来发现，整个国家的粮食都不够奖励他。

此外，我们每天都要使用的二维码，因为组合爆炸，所以其容量巨大，这样才能在二维码中容纳非常多的信息，便于我们的使用。人们觉得围棋的魅力在于棋局非常复杂，变化无穷，这也是因为组合爆炸。音乐是人们生活中的一个重要部分，音乐能这么吸引人，其有限音符的组合形成的流畅乐曲是其中一个重要因素。

（来到指数爆炸酒店）

“这个酒店真漂亮。”

“进去看看。”

“我们酒店有各种价位的房间：第一层房间每天 1 分钱，第二层房间每天 2 分钱，第三层房间每天 4 分钱……；你们想住哪一层？”

“哇，好便宜啊！住最高层 30 楼吧，高一点视野好。”

“不行，不行，不行，太贵了。
第三十层楼一晚就要上千万元，住一晚就破产了！”

如前面所提过的，使用更快的计算机是不是可以解决指数爆炸问题？请看表 2-2。

表 2-2　同样的时间内计算机速度与可解决问题的规模之间的关系

规模	速度为 x 的计算机	速度为 $100x$ 的计算机	速度为 $1000x$ 的计算机
n	N_1	$100N_1$	$1000N_1$
n^2	N_2	$10N_2$	$32.6N_2$
2^n	N_3	$N_3+6.64$	$N_3+9.97$
3^n	N_4	$N_4+4.19$	$N_4+6.19$

根据表 2-2 可以知道，如果今后的计算机速度是现在计算机速度的 100 倍，那在同样时间内一群人组合的算法只能在人数上增加 6.64 个人。如果今后的计算机速度是现在计算机速度的 1000 倍的话，再考虑每个人有全时工作、半时工作和不工作三种情况，那么在同样时间内只能在人数上增加 6.19 个人。也就是说，靠提高计算机运算速度不可能解决所有问题。

根据前面的内容可以知道，如果一个算法的计算复杂度函数是指数函数，当问题规模较大的时候，算法运行需要太长时间。因此寻找能解决实际问题的多项式时间算法，就成为人工智能的研究课题。

但是，当前的很多人工智能问题非常复杂。如果要保证算法找到的一定是全局最优解，那这样的算法本质上都是要遍历所有的可能性然后选出最优解。所以，这些都是指数时间算法。

后来，人们采取了另一条研究思路：设计一个算法，这个算法虽然找到的解比最优解差一些，也就是一个次优解，但它是一个多项式时间算法，因此可以在人们可接受的时间内完成运算。也就是说，在解的好坏和运行时间上找一个平衡点。

总的来说，指数爆炸是一个根本性的难题。人工智能很多研究都卡在这个地方。

所以，人工智能中存在这样一类问题，理论上存在解决该问题的算法，但是无法实施。原因就是算法的计算量太大，或者存储量太大。这在计算机视觉、计算机听觉、自然语言处理和理解、推理、多智能体系统研究中大量存在。

“没戏了吧。计算机再快也不行。”

“那就靠聪明的科学家设计好算法吧。”

“其实，为什么一定要最优解？次优解也挺好的。”

“就是，得不到 100 分，99 分也很优秀啊。”

当然，人工智能中还有一类难题是人们都不知道有什么解决方法（即使是很慢的方法）。这在后面会介绍。

2.6　使用知识：人工智能的一个原则

减少算法的计算量的另一个方法就是使用知识。每一个任务往往有其特殊性，利用这一特殊性就有可能提高算法的速度。在搜索算法设计中，这种知识叫启发式信息（heuristic information）。

在重排九宫问题中，函数 $h(n)$ 就是一个启发函数。它包含了重排九宫这个任务的特殊信息。使用这个函数引导搜索，算法需要搜索的节点就很少，算法执行的效率很高。

重排九宫的这个启发函数设计得很精巧。实际上，玩多了，你可能会发现，牌的顺序是一个关键因素。如果牌的顺序是对的，则游戏一会儿就完成了。如果没想这一点，那么就是乱移牌。牌的顺序包含了这个游戏的重要知识。把这个知识放在函数 $h(n)$ 里，搜索就会很有效，计算量会很小。

使用要解决的任务的特殊知识来解决问题成为了人工智能的一个原则。

"老师总说让我们多读书，多学习知识。看来，不只是人，计算机算法也需要知识。"

"知识就是力量嘛。"

既然如此，如何才能找到，或者设计一个好的启发函数呢？对此，有两个方法。

设计一个启发函数

这是一种传统的做法。使用这种方法，需要研究人员对要解决的问题很熟悉，成为解决问题（如重排九宫或者国际象棋）的专家。一般来说，算法设计人员要学习和了解要解决的实际问题，如反复玩重排九宫这个游戏，研究和寻找其中的规律；或者，掌握了基本知识后，进一步请教相关领域专家，如 IBM 团队在研发国际象棋程序“深蓝”的过程中，就邀请了国际象棋大师级的人物共同进行讨论。

学习一个启发函数

要设计一个好的启发函数，常常很难。因为这通常需要研究人员花费大量时间学习和了解要解决的问题。在深度学习时代，人们在考虑是否可以让算法自己去找到这个函数。也就是说，启发式函数不是人自己设计出来的。

如果采用这样的思路，就要先获取大量的数据，例如：程序自己反复尝试玩重排九宫、象棋这样的游戏，或者由人提供给机器大量数据，然后通过一个学习算法从这些数据中学习这个函数。这在机器学习一章中还会讨论。

前面这两种方法体现了人工智能的两个原则——使用知识、使用数据。在后面章节中还会提到这一点。

“两个原则——使用知识，使用数据。这个记住了。”

“如果没有数据，也没有知识，凭什么你就能很好地解决这个问题？”

“设计一个启发函数就是让人把知识“告诉”计算机。”

“那学习一个启发函数当然就是让计算机自己从玩游戏过程中“总结”知识喽。”

像独粒钻石、重排九宫、华容道这样的智力游戏是挺难玩通的。很多人在玩智力游戏时表现得特别聪明，他们往往“灵光”一现，找到了别人想不到的路径。这让“智能”变得很神秘。而搜索算法是“机械死板”地考虑了各种可能，最终找到可能的路径。虽然看不到搜索算法中的“灵光”，但是它也能玩通很难的智力游戏。

这给我们以启发。有些困难的事情，如果我们按照一定的条理、流程、范式去执行（就像一个死板的计算机程序一样），那么这些困难的任务也有可能完成。因此，在遇到困难的时候，寻找合适的流程和方法，有条理地实施，有助于解决问题。实际上，很多的工程，包括企业的生产以及大的建筑工程，都是这样完成的。

这也给人们以思考。对于上面这些智力游戏，感觉上，搜索算法和人们玩的“机制”是不一样的。两者都能完成智力游戏。我们能说搜索算法具有智能吗？

当很多人了解了搜索算法的流程，了解了计算机程序玩智力游戏的机制，往往会说，其中没有什么智能可言。不只是搜索技术，对于人工智能其他技术也是一样。了解技术细节后，人们往往会认为其中没有什么智能。那什么是智能?

第 1 章介绍的图灵测试就是解决这一争议的一种方法。

虽然如此，“什么是智能？”仍然是一个需要认真思考和研究的问题。

2.7 相关内容的学习资源

搜索是人工智能的传统内容，在很多的人工智能教材中都有相应的章节。

有很多人研究算法复杂性。计算复杂性（computational complexity）是一个专门术语，其“复杂性”和我们常说的“这个问题很复杂”“这个推导很复杂”有关系，但又很不一样，有专门的含义。计算复杂性理论是计算机科学中一个专门的研究方向，有专门的教材和课程。

扫二维码，可以看到有关进一步学习的资料列表。

2-2

第 3 章

计算机视觉

——给机器装上眼睛

人可以通过眼睛观察和感知这个世界。人们也希望给计算机装上眼睛，希望计算机通过“看”能够知道什么东西在什么地方，或谁在什么地方做什么。例如，给计算机输入一张照片，计算机可以知道，桌子上有一个苹果；或者根据一段视频可以知道：学生们在教室上课。

一个计算机视觉系统通常由摄像头和计算机构成。摄像头用来获取图像，计算机用来分析和感知图像。例如：在机场安检处的刷脸验证、在火车站的刷脸进站都是这样，有一个摄像头拍摄人脸图片，背后有一台计算机做人脸验证。

除台式计算机、笔记本电脑外，其他能计算和存储的设备实际上都是计算机。例如：人们使用的手机，具有比较强的计算和存储能力，就是计算机。为方便人们阅读，手机的屏幕设计得比较大。而为了给屏幕供电，手机又配备了很大体积的电池。如果不需要大屏幕，计算机可以设计成拇指或小指大小。这样，计算机可以浓缩在一个小小的芯片上。实际上，人们办公中使用的打印机、复印机、智能台灯、智能音箱内部都嵌入了微小的计算机。

智能手机既有摄像头，也有比较强的计算能力，所以用手机就可以实现视觉系统，例如：美图秀秀就是用手机摄像头获取人脸图像，并对图像中人脸进行美化。这样的计算机视觉系统比较小巧和紧凑。

3.1　一些计算机视觉任务

在现实生活中，可能需要计算机视觉系统完成下面的一项或者几项任务。

物体确认。这个任务是要对图像中的物体进行确认（verification）。以

图 3-1　一张图像

图 3-1 为例，可能需要系统确认图片后面的建筑是清华大学大礼堂。人们在火车站“刷脸”进站时，系统会先读取身份证中的人脸图片，再和“刷脸”的图像比对，确认是否同一个人。

物体分类。这个任务是要对图像做物体分类（object classification）。以图 3-1 为例，可能需要计算机视觉系统对图片不同区域分类为人、建筑、天空、树木、草地。手机里识别花卉的小应用程序（App）就是在完成物体分类的任务，这里的物体就是指图片中的植物。人们常说的人脸识别是物体分类中的一个子任务。生活中，有时需要对整张图片进行场景分类（scene categorization）。以图 3-1 为例，该图片可以归类为室外场景、校园场景。有些手机能够将大量照片自动整理成室内、室外等类别，有助于用户方便找到自己拍过的照片，这就使用了场景分类的技术。

物体检测和定位。这个任务是要给出图像中的物体所在的位置。人们在火车站“刷脸”进站时，摄像头每抓取一张图像，计算机系统就要判断里面是否有人脸，人脸在什么地方。前面的问题是人脸检测（detection），需要系统回答是或否。后面的问题是人脸定位（location），需要给出人脸的位置。在人脸定位中，需要给出包含人脸的长方形边框，也就是给出该边框的坐标。有时检测和定位也被简称为检测。

图像深度信息计算。这个任务是要计算图像中的每一个像素（图像的最小单位）和摄像头之间的距离，这个距离被称为图像的深度信息。人能够大致估计一个物体距离自己的远近。一个双目视觉系统（由并排的两个摄像头和计算机构成的视觉系统）也可以计算物理世界的物体到摄像头的距离。一般来说，一个视频或者单张图像上都或多或少带有一些深度信息。设计算法计算深度信息有助于机器人进行下一步的决策和行动。例如，自动驾驶汽车会根据视野中物体深度信息决定是否要减速、刹车、拐弯。

图像生成。有时候需要生成一些新图像。例如：根据一些图像元素生成一张海报；对图像进行编辑，改变其中人的发型；把拍摄的图像转换成水彩画风格等。

信息补全。有时候我们需要把黑白图像转换成彩色图像；或者把其中部分区域（被遮挡、被涂鸦的部分）还原为原来的图像。从某种意义上说，这也是图像生成。

扫描二维码，看图像生成和信息补全的图像示例。

3-1

物体跟踪。这个任务是要对输入视频中某一个物体进行跟踪。例如，跟踪足球比赛中的某个运动员。这时需要给出每一帧图像中该运动员所在的边框或者运动员的轮廓。有了物体跟踪功能，就可以聚焦体育视频中某个运动员的运动和动作，或者聚焦一个事件中关键人物的行为和动作。

动作和事件分类。动作分类是指对于视频中人的动作进行分类，如识别篮球运动中的投篮动作、足球运动中的射门动作。而事件是由一系列动作构成的更抽象的概念，如搀扶老奶奶过马路，这包含了搀扶、迈步、拿东西等一系列动作。动作和事件分类有助于对电影、电视、视频进行分析。这样就可以对这些内容做摘要，根据用户的需要迅速定位到相应的位置。

3.2　计算机视觉的统计方法

在计算机视觉研究中，发展过很多方法，有两大类方法产生过比较大的影响：统计方法和深度学习方法。深度学习方法是当前使用最为广泛且有效的一种方法。但是在一些简单的计算机视觉任务中，统计方法更简单并且也更有效。不仅如此，学习统计方法有助于理解很多重要概念、思路，也有助于理解深度学习方法。

计算机视觉中的统计方法也因任务不同而不同。而物体分类和识别任务最具有典型性，也被研究得最多。下面以这个问题为例，进行方法的介绍和分析。

在统计方法中，输入一张图像（或者一段视频），然后经过特征提取（feature extraction）和分类（classification）两个阶段，最后输出图像分类的结果。图 3-2 显示的就是输入一张小丑鱼的图像识别流程图。下面分别讨论特征提取和分类这两个阶段。

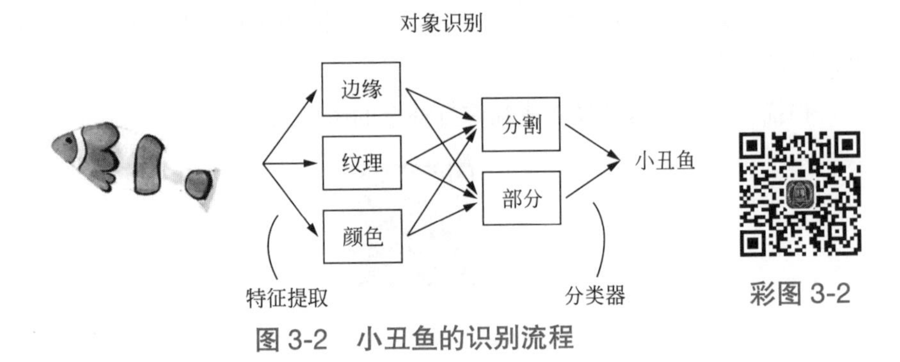

图 3-2　小丑鱼的识别流程

1. 特征提取

一般来说，一幅图像主要由下面这些特征构成：边缘、颜色、纹理。例如，图 3-2 中小丑鱼主要是由橙色、白色、黑色这三大类颜色构成。这三类颜色之间会有一些比较平缓的弯曲的边缘。每一类颜色内部区域有一些渐变的纹理。图 3-3 中的三色神仙鱼也是由橙色、白色、黑色这三大类颜色构成。但是这三类颜色之间很多是比较直的边缘，很少有明显的弯曲。每一类颜色内部区域也有渐变的纹理。

彩图 3-3

图 3-3　三色神仙鱼图片

虽然这两种鱼都由这三类颜色构成，但是这三类颜色的取值是不同的。利用这些不同的取值信息就可以区分这些物体。比如小丑鱼中橙色所占的比例约为 60%，三色神仙鱼中橙色所占的比例约为 20%。此外，也可以计算各类颜色之间的边缘的平均曲率值等。当然，如果找到这两种鱼的头、尾、身体、鱼鳍部分，会发现各个部分的差异也很大，例如，三色神仙鱼的身体更宽，而小丑鱼的身体更细长。

“特征提取”这部分，在统计方法中是根据人的观察、经验设计完成的。也就是说，研究人员对于要分类的物体进行观察，并总结出经验规律，从而设计算法把特征提取出来。例如：一些教材中的Canny算子就是在提取边缘特征。此外，教材和文献中的方向梯度直方图（HOG）特征、尺度不变特征变换（SIFT）特征也都是图像中的某类特征。使用 Canny 算子可以计算出，一张图像在什么位置有怎样的一小段边缘。得到这些特征后，就可确定哪个区域是物体的哪个部分或部件（比如鱼的头、尾、身体），之后进入分类阶段。

2. 分类

在得到物体的特征或者部件后，下一步需要判断这张图片是什么。这被称作分类或者识别。下面通过一个例子来解释分类过程。

小丑鱼和三色神仙鱼的分类。假设有三张小丑鱼的图像，其橙色所占的比例分别为 58%、60%、62%；还有三张三色神仙鱼的图像，其橙色所占的比例分别为 18%、20%、22%。

第一步，计算这两类图中橙色所占的比例的平均值 P。小丑鱼的橙色所占的比例 P_1=（58%+60%+62%）/3=60%，而三色神仙鱼的橙色所占的比例 P_2=（18%+20%+22%）/3=20%。参看图 3-4。计算 P_1 就是计算 3 个小 × 的平均值，即右侧向上的箭头位置；计算 P_2 就是计算 3 个小圆点的平均值，即左侧向上的箭头位置。

第二步，计算 P_1、P_2 的平均值 P_t=（60%+20%）/2=40% 作为一个阈值。参看图 3-4，这一步是根据两个向上的箭头位置计算竖线的位置。

第三步，对于一张新图像，计算其橙色所占的比例 P，如果 $P<P_t$，就判断该图像为三色神仙鱼，否则就为小丑鱼。可以看到，图 3-4 中这条竖线能够把小圆点代表的三色神仙鱼和 × 代表的小丑鱼分开。

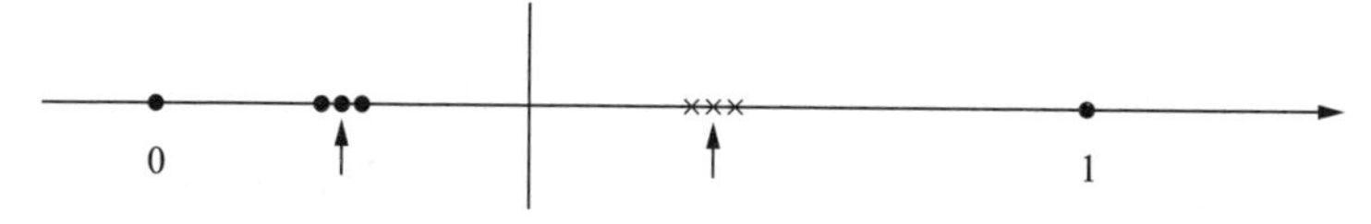

图 3-4　对小丑鱼和三色神仙鱼分类过程的计算图示

在上面例子中，当给出一些（可以很多，也可以比较少）小丑鱼的图像和一些三色神仙鱼的图像，就可以计算所有图像的橙色所占的比例值。根据这些数值，就可以按照上面三个步骤分别计算出小丑鱼和三色神仙鱼的橙色所占的比例平均值，然后根据这两个平均值计算阈值 P_t 并进行分类。这里的阈值是根据每次给定的图像由计算过程自动算出来的，并不是提前人为确定的，这个过程叫作学习（learning）过程，阈值是从给定数据中学习出来的。

“哇。这么简单的一个流程就能识别两种鱼的图像！”

“这个例子比较简单而已。”

““学习这个阈值”，这很神奇。”

“学习有两个特点：第一是程序自动寻找，不是由人来确定；第二需要有数据，是从数据中学习，而不是凭空捏造。”

在更早期的研究中，像阈值 P_t 这样的数值是人为确定的。当然，这时不需要计算第一步和第二步。但是人为确定参数值在很多情况下是比较困难的，这需要算法设计人员对要解决的分类问题有深入了解。例如，对于小丑鱼和三色神仙鱼分类问题，就需要算法设计人员知道橙色所占比例这个参数能够区分两种鱼，并根据经验估计出 P_t 的大小。这样做的好处是不需要为设计算法提供很多图像，因为算法设计人员已经对两种鱼有过深入了解。这减轻了图像采集、图像标注等压力，但是其缺点也是明显的。在实际应用中，大量的图像分类任务十分复杂，算法设计人员并不具有足够的经验估计出每一个参数值。不仅如此，当分类问题改为小丑鱼和金鱼的分类任务时，还需要重新确定数值。

在上面的统计方法中，阈值 P_t 参数（parameter）是通过学习得到的，是算法从图像数据中计算出来的。这样做的好处是，当要提取的特征（如橙色所占比例）确定下来后，第一步到第三步的计算过程，可以用于鱼的分类，也可以用于建筑的分类等，只要这个特征有助于解决分类问题就可以。这个过程就与具体应用问题无关了，可以抽象出来用于解决很多图像分类问题。当然，这样做的前提是需要获取两类物体的图像数据，并计算好特征。在一些复杂的图像识别任务中，需要收集和标注的图像可能非常多。

“人为确定参数，需要大量经验，适合简单问题；学习方法对人的依赖性减少了，但是对数据的依赖性增加了。”

“经验就是知识，学习需要数据，这不就是第 2 章说过的“人工智能的两个原则：使用知识，使用数据”嘛。”

前面这个例子中只使用了橙色所占比例这个特征。对于很多图像识别问题，单独的特征远远不够，这时就需要使用多个特征。一个做法是从图像中得到多种特征后，把它们组合在一起。组合这些特征的方法可以给每一个特征一个“权重”，“权重”的绝对值越大就表明这个特征越重要。这些特征的加权求和就是一个新特征，其包含了每一个特征的信息。最后，再对这个综合特征确定一个阈值。

例如，在识别多种鱼类时，不同的鱼每种颜色所占比例不一样，边缘的多少和边缘的曲率也不同，鱼身体的纹理也会有差别。这样，就需要把每种颜色所占比例、边缘的多少、边缘的曲率、各种纹理都提取出来，然后对它们加权求和。在这里，每一个特征的权重，以及综合特征的阈值都是需要确定的参数。这些参数都可以通过学习来确定。下面这个例子是特征组合的一个具体计算过程。

假设小丑鱼的平均橙色所占比例 P_1=0.6，其平均的边缘弯曲程度 Q_1=0.3；三色神仙鱼的平均橙色所占比例 P_2=0.2，其平均的边缘弯曲程度 Q_2=0.1。通过下面的计算可以得到一个组合特征 S。

$S_1=2P_1+1Q_1=1.5$

$S_2=2P_2+1Q_2=0.5$

组合特征 S 的阈值 $S_t=(S_1+S_2)/2=1.0$

在上面的计算中，S_1 和 S_2 就是综合特征，其中橙色所占比例特征的系数 2 和边缘弯曲程度特征的系数 1 就是特征的权重。在上面的组合中，橙色占比权重更大，因而对于综合特征 S 的贡献也更大。这里的权重系数 2 和 1，以及组合特征的阈值 1.0 都可以通过学习得到。

“几个特征组合起来区分不同的物体的能力就更强了。”

“对。怎么组合不是人来指定的，是可以学习的，这很重要。”

使用学习参数的方法时，就需要从已经提供的数据中学习这些参数。这被称为训练（training）过程、训练模型或者训练分类器。在小丑鱼和三色神仙鱼的分类中，第一步到第二步就是使用 6 张给定图像的特征数值的训练过程，这也被称为训练一个分类器（classifier）。在特征的组合例子中，权重参数以及 S_t 的确定也是训练过程的结果。而在对图像分类时，只需要把实际图像和阈值参数相比较（第三步）就可以了，实际使用的过程叫作测试（test）。

通过使用大量数据进行测试可以评价（evaluate）分类器的性能。测试的结果就是分类器的性能指标。例如：测试了 100 张图像，只有一张识别错了，分类器的识别率就是 99%。如果觉得这个性能能够满足实际需求，那就可以实际使用这个分类器识别图像了。

“图像识别算法的研发有两个阶段：训练和测试。测试的结果好，就……”

“哈哈，结果好，就可以实际应用了。赶快销售。”

“测试的结果不好，就比较麻烦了，就……”

“就找原因，改方法，再训练，再测试。”

3.3　计算机视觉的深度学习方法

在统计方法中，需要由人来设计和提取特征。然而，在有些情况下，这是很困难的一件事。一方面，人自己并不知道应该提取什么特征。例如：看到一个人满面春风地走过来，图像的什么特征可以让人感到他很高兴？有时候特征并不明显，因此就没有办法设计算法来提取特征。另一方面，当分类问题变化了的时候，就需要重新设计新的方法提取适合新问题的特征。例如：识别花和识别鱼所要使用的特征就会不一样，特征提取算法也会不同。这些都给计算机视觉的研发带来困难。

学习特征（learning features）是特征提取的重要方法。其思路是：算法设计人员给出特征提取的基本操作方式，算法从数据中学习出具体的特征数值，后面介绍的神经网络的卷积特征提取就是这样。因为特征是通过从数据中学习得到的，所以对不同识别任务的适应性更强，方法更灵活。其缺点是需要提前收集和标注图像，对数据的依赖性更强。

在这种情况下，特征和分类器都是通过学习得到的，这两个部分可以采用不同的模型来实现，也可以采用相同的模型实现。当前对于大多数的图像识别问题，采用的都是多层神经网络，也就是采用多层神经网络提取特征和分类器。学习深度神经网络的方法也叫作深度学习方法。

“深度学习？我以为是嫌以前的学习不认真、太浅薄，现在要认真、深度地学习呢。”

“不不不。深度学习是指对深度模型进行学习。神经网络层数多所以叫深度神经网络。深度是指模型的结构有很多层。”

1. LeNet：图像识别深度神经网络模型

下面介绍一个简单的深度神经网络模型：LeNet。LeNet 结构如图 3-5 所示。下面先对结构中的关键部分一一解释。

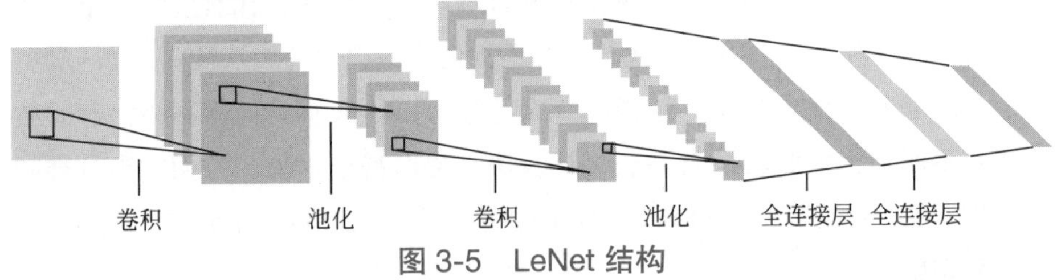

图 3-5　LeNet 结构

扫描二维码可以阅读因深度学习获得图灵奖的三位科学家的简单介绍。

3-2

2. 计算机中的图像

在计算机中，一张单色图像（俗称黑白图像）是由一个二维矩阵表示的。图 3-6（a）是一张 16×16 的图像，图 3-6（b）是这张图像在计算机中的表示。

这个二维矩阵中元素的取值为 0~255，称为灰度。一般来说，灰度值越小对应图像上的像素越黑。图 3-6（a）中小狗的眼睛、鼻子和嘴巴在图 3-6（b）中对应的位置灰度值比较小。

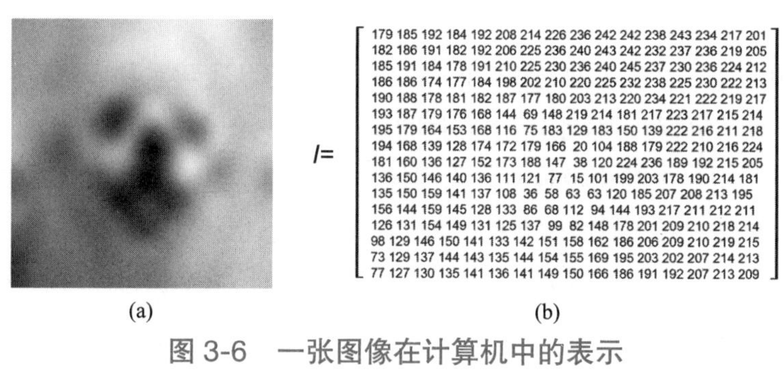

(a)　　　　(b)

图 3-6　一张图像在计算机中的表示

（a）原始图像；（b）二维矩阵表示

一张彩色图像是由 3 个矩阵表示的。这 3 个矩阵分别对应图像中红、绿、蓝 3 个成分，也被称作 3 个通道（channels）。每个通道也是一张单色图像。如果红色通道的一个像素取值为 255，就说明这个像素的红色成分达到最大，饱和了；如果其取值为 0，就说明这个像素没有红色成分。

3. 卷积

卷积是深度神经网络中的一个基本操作。下面介绍卷积操作的细节。

图 3-7（a）是 3 × 3 的一小块图像，用图 3-7（b）所示的 3 × 3 的卷积模板（template），也叫作卷积核（convolutional kernel），做卷积就等于做如下操作：

$$a \times w_1 + b \times w_2 + c \times w_3 + d \times w_4 + e \times w_5 + f \times w_6 + g \times w_7 + h \times w_8 + k \times w_9$$

也就是用卷积模板和图像对齐，然后把对应的像素值相乘，再把所有的乘积求和。

图 3-7（d）左侧是 4 × 4 的小块图像，用图 3-7（c）所示的 3 × 3 的模板做卷积就等于做如下操作。

先把图 3-7（c）所示的卷积模板和 4 × 4 的图像块左上角对齐，然后做卷积运算，把计算结果保存到一个新的图像的左上角，见图 3-7（d）左上图。

把图 3-7（c）所示的卷积模板在 4 × 4 的图像块上右移一个像素，然后做卷积运算，把计算结果保存到新图像的右移的新位置，见图 3-7（d）右上图。

把图 3-7（c）所示的卷积模板向下移动一行，与 4×4 的图像块左侧对齐，也就是和图像的左下角对齐，然后做卷积运算，把计算结果保存到新图像的左下角，见图 3-7（d）左下图。

把图 3-7（c）所示的卷积模板在 4×4 的图像块上再右移，然后做卷积运算，把计算结果保存到新图像上右移的新位置，见图 3-7（d）右下图。

所以，用一个卷积模板对一张图像做卷积，就等于让这个模板在图像上从左上角开始，对齐然后做卷积；然后右移再做卷积，继续右移做卷积，直到这一行结束。然后卷积模板下移一行，从最左端开始卷积，然后右移再做卷积……。这样就能得到一个新的图像。这个新图像比原来的图像小。如果用 3×3 的模板卷积，结果得到的新图像上下各少一行，左右各少一列。

因此，用图 3-7（c）所示的卷积模板对图 3-7（e）做卷积就得到图 3-7（f）。

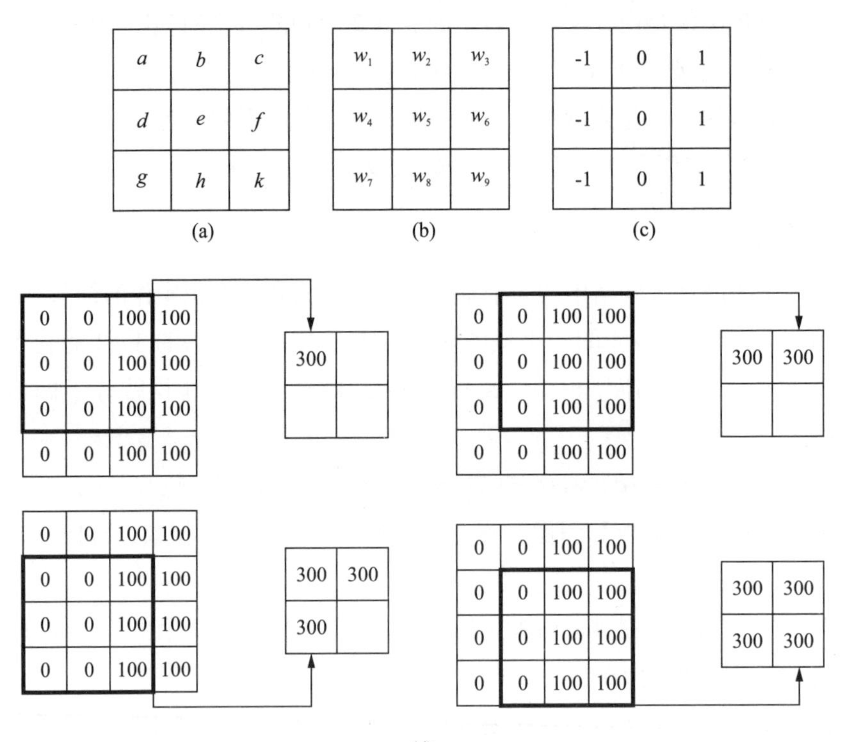

图 3-7 卷积示例

0	0	0	0	0	100	100	100	100	100
0	0	0	0	0	100	100	100	100	100
0	0	0	0	0	100	100	100	100	100
0	0	0	0	0	100	100	100	100	100
0	0	0	0	0	100	100	100	100	100
0	0	0	0	0	100	100	100	100	100
0	0	0	0	0	100	100	100	100	100
0	0	0	0	0	100	100	100	100	100
0	0	0	0	0	100	100	100	100	100
0	0	0	0	0	100	100	100	100	100

（e）

0	0	0	300	300	0	0	0
0	0	0	300	300	0	0	0
0	0	0	300	300	0	0	0
0	0	0	300	300	0	0	0
0	0	0	300	300	0	0	0
0	0	0	300	300	0	0	0
0	0	0	300	300	0	0	0
0	0	0	300	300	0	0	0

（f）

图 3-7 （续）

因为图 3-7（c）所示的卷积核比较特殊，用它在图像中某个位置做卷积就等价于用图像中该像素右侧相邻的 3 个像素的灰度值分别减去左侧相邻的 3 个对应像素的灰度值，然后把 3 个差求和。用这个模板做卷积就能够提取到一张图像的竖方向的边缘，参见图 3-7（f）。

由此，可以类似地提取图像的横向、45°、135° 等方向的边缘，只要设计不同的卷积核就可以了。当然，这里的卷积模板的大小不限于 3 × 3，也可以是 5 × 5、7 × 7 等。设计不同模板可以得到不同类型的边缘特征。

通过卷积运算得到的新的图像叫作特征图（feature map）。

图 3-8 就是对图 3-1 进行了边缘提取得到的边缘图。

图 3-8 对图 3-1 进行边缘提取得到的边缘图

“原来一张图像的边缘可以用这样的方法得到，好玩。”

“我可以偷着笑吗？”

边缘是图像的一种特征，前面的卷积核是在对图像提取边缘特征。纹理也是图像的特征，例如：一小块图像灰度从深到浅的过渡就是一种特征，可以使用别的卷积核提取这样的特征。这些特征都可以通过卷积来实现，只是卷积核不同。

在 2012 年之前，卷积核基本上是人工设计的。这也是早期图像处理研究的一项内容。在深度学习时代，这些特征可以通过学习方法自动得到。

在人工神经网络模型中，卷积相当于给图像的特征提取确定了基本操作，然后通过学习过程得到具体的特征数值。在本小节的前面段落对此做过解释。

“各种特征都能通过卷积操作得到，很有趣！”

“重要的是，这些都可以通过学习得到，而不用专门人工设计出来。”

4. 激活函数

卷积之后得到的和可能很小，也可能很大。如果很大，则表明这一小片图像和卷积核很匹配，非常“符合”模板对应的特征；如果很小，则表明这一小片图像和卷积核不匹配，不“符合”模板对应的特征。在此之后，需要把这个和进行非线性映射。这就需要一个函数：激活函数（activation function）。

图 3-9 给出了 4 个常用的激活函数的函数图像。图 3-9（a）是一个阶跃函数。使用这个函数时，如果卷积后的数值大，其对应的神经元就激活，输出为 1；否则就不激活，输出为 0。通俗说就是有或者没有模板对应的特征。这类似动物的某些神经元，只有得到了刺激，该神经元才被激活，否则不被激活。激活函数就是在模拟神经细胞这个功能。

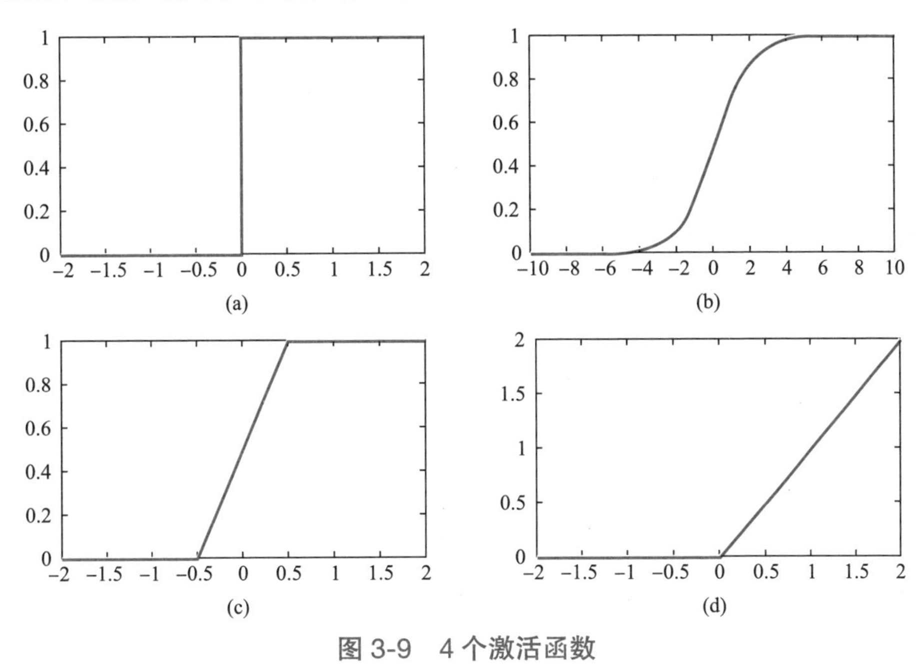

图 3-9 4 个激活函数

但这个输出太生硬了，丢失了很多细节：一个图像片段可能在一定程度上“符合”模板对应的特征。如果能把“符合”模板对应特征的程度传递出去就更好了。图 3-9（b）就是这样一个函数，称为 Sigmoid 函数，或 S 型函数。这个函数的中间部分，神经元可以输出被激活的程度。当然，当卷积的结果数值比较大时，输出变化不大，都接近 1，相当于神经元接受的刺激比较饱和，逐渐接近极限。当卷积的结果数值比较小和非常小的时候，输出变化也不大，都接近 0，相当于神经元接受的刺激太小了，不足以引起神经元的足够兴奋。这个函数的缺点是计算起来比较复杂，涉及指数函数的计算。

图 3-9（c）是图 3-9（b）的一个分段线性近似。它把图 3-9（b）的 S 型函数分成三段，每段使用一条直线近似原来的曲线。这样一来，这个函数的计

算就比图 3-9（b）简单很多。图 3-9（d）更简单，被称作 ReLU 函数。在实践中人们发现这个函数用起来效果很好，所以在深度神经网络中用得很多。

上面列举的函数都是非线性函数。它们都是把输入值在某些区间进行了放大，而在别的区间进行了缩小或抑制。理论分析结果表明，如果没有非线性激活函数，或者激活函数都是线性函数，这样的神经网络模型就太简单，没有能力解决大量的现实问题，因为大量的现实问题都是非线性问题。所以，非线性激活函数非常必要。图 3-9（c）所对应的分段线性激活函数如图 3-10 所示。

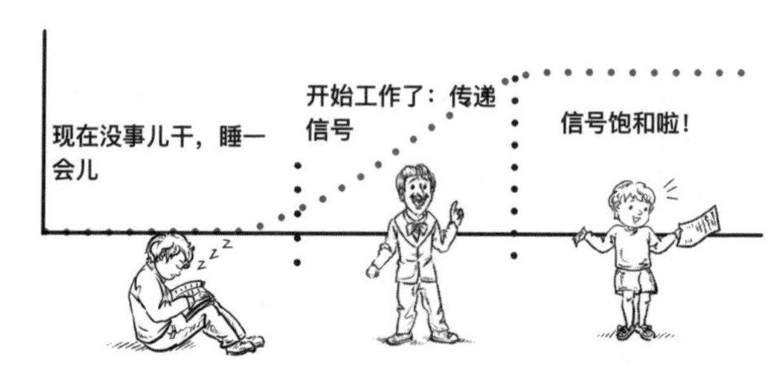

图 3-10　图 3-9（c）所对应的分段线性激活函数

5. 池化（降采样）

池化（pooling）就是把一张图像缩小。池化也被称作降采样。把 2×2 的图像小块缩小为一个像素的做法通常有两种：一种是对 2×2 的 4 个像素的灰度值求平均，作为缩小后图的像素的灰度值，这种操作叫作平均池化（average pooling）；另一种是取 2×2 的 4 个像素的最大值，作为缩小后图的像素的灰度值。这种操作叫作取最大池化（max pooling）。这两种池化方法如图 3-11（a）所示。

把图 3-11（b）左上角 2×2 的图像小块通过平均池化操作变为图 3-11（c）的左上角像素，对图 3-11（b）其他 2×2 的图像小块重复上述过程，得到图 3-11（c）缩小后的像素。

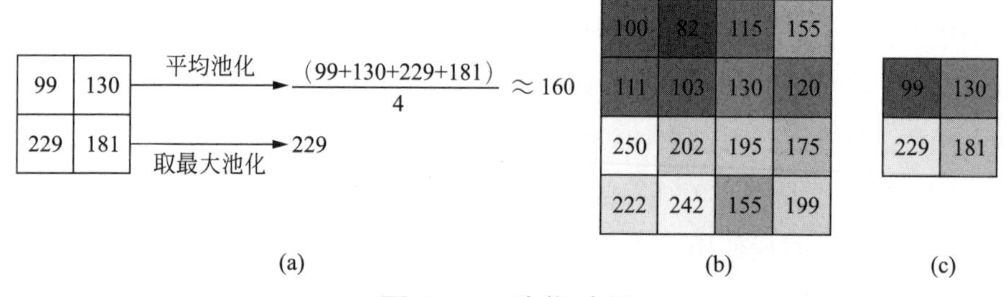

图 3-11　池化过程

当卷积操作抽取到了某类物体的一个明显特征，例如：猫耳朵的尖，其对应的特征取值可能就如图3-11（b）中的250。如果采用平均池化，那么这个明显的特征被其他特征取值“平均”后会变得不明显。而如果采用最大池化，则能很好地保留这个明显特征。反之，当图像因为噪声（雨、雪等干扰）而出现了某个不该出现的很大的特征取值时，如果采用平均池化，噪声就能被“平均”掉，而如果采用取最大池化，则会留下噪声。所以，实际应用时，使用哪种池化操作，需要人工选择。

通常情况下，图像中的信息是冗余的。例如，一张树叶的图像，一个像素是绿色的，其周边的像素也基本上是绿色的。实际上，用一个点来代表周围2×2的4个像素就够了。因此，池化操作也是在去除冗余信息。从另一个角度看，池化操作把图像分辨率降低了，去除了图像的细节，这类似于人远距离观察图像的效果（图3-12）。

图3-12　对图像进行“池化”

6. 全连接层

图3-13（a）是一个三层的全连接网络。从左到右是输入层、隐含层和输出层。每个圆圈代表一个神经元。

一个神经元的结构如图3-13（b）所示。其作用就是把输入的信号x，加权求和（乘以每条连线代表的权重w），然后经过一个激活函数f后输出最后的结果。

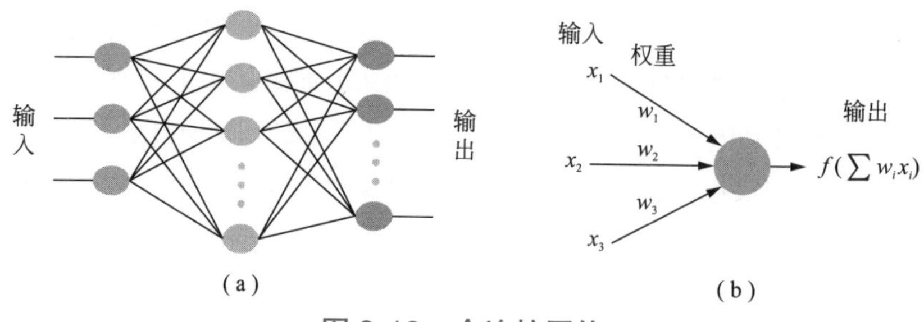

图 3-13　全连接网络

人工神经元是对人的神经元工作机制的计算抽象和模拟。人的神经元通过树突接收来自外界或其他神经元的信号，如图 3-14 所示。这些信号对神经元产生刺激的强弱依赖于信号本身的强弱，以及接收信号的神经元树突的“敏感”程度。在人工神经元中，对不同信号进行加权求和，就可以建模和模拟生物神经元的过程。

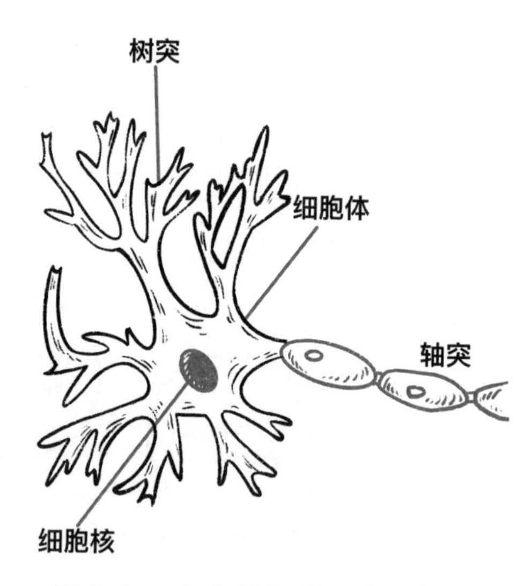

图 3-14　生物神经元细胞示意图

在生物体中，输入信号对细胞核刺激的程度不同，会导致其激活程度不同。在人工神经元中，使用激活函数来建模这个过程，然后被激活的神经元把信号通过轴突传递到其他地方。

单一的神经元对信号进行了收集（加权求和）、加工（激活函数）和传递。当很多神经元构成全连接神经网络后，其加工信号的功能就更明显。

它可以把输入的各个信号组合成新特征，并对这些特征“耦合”。在计算机视觉中，它可以把各个图像特征（形状、颜色、纹理）组合构成新特征，并且对其“耦合”以达到分类的目的。考虑对小丑鱼的识别，如果“长宽比 ≈3”并且“橙色占比 ≈60%”“边缘弯曲度 ≈0.3”，那么这就是“小丑鱼”。在这条规则中，涉及“长宽比”“橙色占比”“边缘弯曲度”三个特征。全连接网络可以线性组合出包含这三个特征的新特征，也可以非线性组合出包含这三个特征的新特征。利用新的组合特征就可以区分小丑鱼、三色神仙鱼、橙色锦鲤、金鱼等多类鱼。特征的“耦合”对于图像分类很重要，它可以把在输入特征上纠缠在一起的各类图像分离，参见图 3-15。

它也可以把输入的“耦合”的信号“解耦”，分离出各个单独的特征。这是和上述相反的功能。特征的“解耦”对于分离和分析图像的特征很重要。各类图像在解耦后的特征空间中会纠缠在一起，参见图 3-15。

总之，特征“耦合”了，有利于图像分离；特征“解耦”了，图像就缠绕在了一起。适时地使用全连接网络，可以很好地解决实际问题。

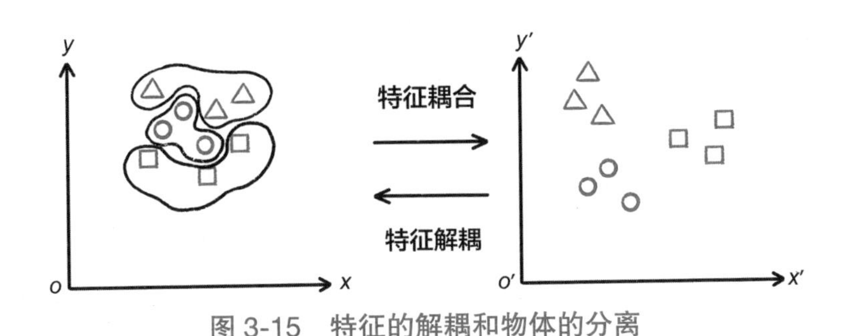

图 3-15　特征的解耦和物体的分离

7. LeNet 模型结构

下面以图 3-5 为例，解释 LeNet 结构的工作过程。

输入给模型的是一张 32 × 32 的图像，然后使用 6 个卷积核对其做卷积，卷积后的结果再经过激活函数后就得到 6 个特征图（feature maps）。这里的卷积核大小是 5 × 5。卷积后上下左右各少了两个像素，最后的特征图的大小是 28 × 28。

下面一层对这 6 个特征图分别做 2 × 2 的池化。池化后图像在长宽方向上都缩小到原来的一半。这样就得到 6 个 14 × 14 的特征图。

下面一层继续对这 6 个 14 × 14 的特征图用 16 个 5 × 5 × 6 的卷积核做卷积，然后经过激活函数。注意这里的卷积核是三维的，也就是说，需要 6 个特征图同时参与卷积。因为周边的像素无法做卷积，所以得到 16 个 10 × 10 特征图。

下面一层继续池化操作，得到 16 个 5 × 5 的特征图。

下面一层继续对这 16 个 5 × 5 的特征图使用 120 个 5 × 5 × 16 的卷积核做

卷积，得到 120 个 1 × 1 的特征。然后把这 120 个特征输入一个全连接网络。

在 LeNet 中，每一层的卷积核的大小和数目，采用什么池化方式（平均池化或取最大池化），全连接层的层数，每层节点个数，以及卷积层、池化层、全连接层的先后关系都是提前定好的。这些就是模型的结构参数，都确定下来后，模型结构就确定了。人们常说的设计一个网络结构，就是在做这件事。每一个卷积核的取值，全连接层中权重系数的取值都需要在训练阶段学习得到的。

“模型的每一部分结构我都清楚了，但是合在一起还是觉得挺复杂。”

“是的。需要花一点时间消化。下面继续解释。”

上面介绍的是这个模型的结构和工作过程。为什么它可以识别图像呢？

卷积层是在提取特征。输入图像经过第一个卷积层，得到的是原图像的底层特征（low level features）。一般来说，卷积模板是 3 × 3、5 × 5 这样的大小。在这样大小的图像片段中提取的特征是横向或竖向等不同方向的边，以及图像从左向右（或者其他方向上）灰度逐渐变亮等。这些都是图像局部的一些特征，它们反映了图像在某些局部的特点。每一个卷积核对应一种特征，这样，使用各个卷积核得到的特征图就能体现对应位置各个特征的强度。这里用了 6 个卷积核，因此它提取了 6 个特征。在一些复杂的图像识别问题中，卷积核可能非常多，可以是几千、几万，甚至几百万、几千万。

经过池化操作，图像变小了。因为是对 2 × 2 图像片段的池化操作，所以池化后的一个像素对应上一层图像的 4 个像素。池化的功能就是对上一层图像做抽象和概括。这样做是因为图像里很多像素包含的信息是冗余的，比如图像是一朵红花，其中每个小块中的像素都是红的，那么实际上用一个点代表就够了。由于图像像素的信息密集度没那么高，比较稀疏，所以可以对它抽象和概括。人们观察图像时可以距离图像近一点，或者远一点，池化操作有点类似让图像距离人稍微远一些。这样，人的注意力范围就扩大了，非常细枝末节的东西就被忽略了。

在经过了抽象和概括的图上继续做卷积得到的就是更大范围、更综合、更抽象的特征。在第一次池化后，特征图上的 5×5 的区域对应原图 10×10 的区域。可以说，每个像素包含了 10×10 的图像片段的信息。而第二次用 5×5 的模板做卷积，相当于在 10×10 的图上提取特征。这一层所得到的特征涉及原图的范围更大。可以想象，5×5 的图像小块上可以体现直线片段，而 10×10 的图像片段则可以体现一些曲线片段。因此，这里的特征更综合、更抽象。

在把特征输入到全连接层之前，每张原始图像被抽象为一个像素。这个像素包含了整张图像的某些信息，这些信息有利于对图像做分类。因为这里的每一个像素都对应原始图像的整张图，因此人们有时候说，从最后这个像素能够“看到”原始的整个图像。

如果输入是一张手写数字“0”的图像，在第一层卷积后，得到的是图像外围有一些横向、竖向、45°、135° 等不同方向的小的线段，参见图 3-16（a）。通过池化和再卷积，这些很小的不同方向片段连起来，构成了长一点的弧线，参见图 3-16（b）。继续池化和卷积，这些长一点的弧线连起来，构成了一个圆圈，参见图 3-16（c）。最终的像素包含了这个圆圈的信息。而这个圆圈信息就足以把数字“0”和其他数字区分开来。

图 3-16 手写数字“0”的特征（从局部到整体）示意图

“明白了。人工神经网络就是从局部到整体，一层一层提取特征，最后根据特征的特异性识别各类物体。”

“是的。不同物体的特征也不同，神经网络能提取到用于区分各个物体的差异性特征。”

“不过，我做实验发现，算法学习到的特征有的挺复杂的，不是简单的直线、曲线。”

“是的。算法学习到的特征有的很复杂。有些特征很难理解，但是对图像识别很有用。”

原始图像各个像素点的灰度是对图像的一种表示，而特征其实也是对图像的一种表示。在机器学习和人工智能中，好的表示是问题解决和任务完成的关键。这里“好”的表示是指这个表示有利于后面的数据分析。因此，当特征可以通过学习得到时，表示学习（representative learning）就受到了广泛重视。2013 年创建了一个新的专门的会议：表示学习国际会议（International Conference on Learning Representations）。只经过几年的时间，这个会议已经成为人工智能、机器学习领域最好的会议之一了。

3.4 目标函数与优化

前面介绍过，神经网络的卷积核的取值和神经元的连接权重是通过学习得到的。这是怎么实现的？

对于一个神经网络，没有办法通过公式推导确定适合某一个图像识别任务的一组参数。通常的做法是：对于给定的神经网络，首先随机给出一组参数。当然，这时的神经网络性能一般不太好。然后下面就需要对神经网络的参数逐步调整，让这个网络越来越好。

这里需要面对的第一个问题是如何评价一个神经网络的性能，也就是神经网络好的标准是什么，第二个问题是如何调整参数使得这个神经网络的性能变得更好。

一般来说，可以用一个函数来表示神经网络性能。这个函数称为目标函数（objective function）。

假设现在要使用LeNet网络识别小丑鱼和三色神仙鱼。因为只有两个类别，所以这时神经网络的输出节点只有两个。可以规定：输出节点取值为 [1,0] 时对应小丑鱼，取值为 [0,1] 时对应三色神仙鱼。[1,0]、[0,1] 分别是小丑鱼和三色神仙鱼的正确标号。这样，当把一张小丑鱼图像输入给一个网络时，经过该网络后输出节点如果是 [0.8,0.2]，而它的正确标号是 [1,0]，那么对这张图像来说，当前网络与理想的网络的误差（也就是网络对于小丑鱼的预测误差）为：

$$(1-0.8)^2+(0-0.2)^2=0.08$$

所有图像都经过这样的计算过程就可以得到对于每一张图像的误差。所有误差的平均值就可以作为当前网络性能的一个指标，也就是目标函数值。这些误差的平均值反映了这个网络对于所有图像的识别后的综合性能。我们的目标是让这个综合性能比较好。

“哦。网络好不好，是让数据来说话的。
对这张图像识别得好，对另一张图像识别得不好是常有的事。综合所有的图像的识别结果就是一个挺好的指标。”

“从这种意义上看，每张图像都是平等地投票，很“民主”。”

确定了目标函数，就需要使用优化算法让网络变得越来越好。根据当前网络的输出和正确标号之间的差异，如对于小丑鱼的预测误差为 0.08，调整网络参数，让网络变得好一点。然后再次度量网络的输出和正确标号之间的差异，再次调整网络参数，让网络变得更好一点。这个过程会一直迭代下去，直到网络的预测误差比较小了，就可以说，网络已经比较好了。

目前优化神经网络参数的迭代算法叫反向传播算法（BP 算法）。虽然 BP 算法比较复杂，但是其采用的优化思想还是比较容易理解的。

“BP 算法名气太大了。我要认真学。”

“这个算法很复杂。这里只能简单介绍其思想。”

考虑求图 3-17（a）所示的函数的极小值。如果在自变量 x_i 处的函数值为 $f(x_i)$，那么计算函数在 x_i 处切线的斜率 k［也就是函数在 x_i 处的导数 $f'(x_i)$］。可以知道，x_i-k 就在往极小值的方向移动。

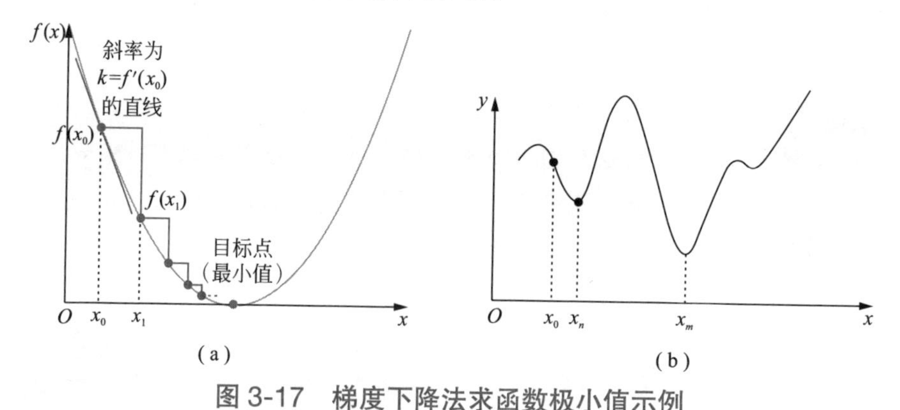

图 3-17　梯度下降法求函数极小值示例

直观来看，当 x_i 在极小值左侧时，斜率 k 是负值，x_i-k 会变大；当 x_i 在极小值右侧时，斜率 k 是正值，x_i-k 会变小。因此，经过一次这样的计算，x_0

就变成了 x_1，离极小值近了一些。重复这个过程，自变量就会逐渐离极小值越来越近。当然，随着迭代的进行，每次会在斜率前乘以一个越来越小的系数，让自变量更新的步伐越来越小，这样可以保证这个过程收敛。

神经网络的目标函数涉及很多参数，所以，在每次迭代时，就要按照上面思路一个参数一个参数地调整。这种方法叫作梯度下降法。BP 算法之所以复杂，就是它需要对要调整的每一个参数求导数。由于网络结构很复杂，所以计算误差函数在每一个参数值处的斜率就变得很复杂。其公式推导比较烦琐，这里就不介绍计算细节了。

梯度下降法能让目标函数变得越来越小。但是如果初始点位置不好，如图 3-17（b）所示，算法只会到达局部极值 x_n，而不是全局最优 x_m。所以，一般来说，这种方法找到的是次优解。遗憾的是，要优化的目标函数中往往有大量的局部极值，因此很多研究人员在研究和设计新算法，从而能取得比简单的梯度下降法更好的性能。

在人工智能中，研究人员往往会把一个要解决的问题建模成一个目标函数的优化问题，而这个优化问题又往往不能简单地给出最优解。所以，经常采用上述迭代优化的思想来寻找次优解。

我经常用迭代优化方法。

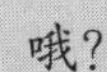

哦？

要写作文，我就先写一个草稿，然后一遍又一遍地修改。这就是迭代优化嘛！

是的，是的。这次改语法，下次改用词，再下次改标点。这是多参数迭代优化！

在神经网络的参数的学习过程中，它可以对网络从输入端到输出端的所有参数在每一轮的学习中调整和优化，这个过程叫“端到端”（end-to-end）的学习。

在统计方法中，特征提取和分类器设计是两个分离的阶段。由于特征提取和分类器设计都很难，所以，这两个阶段一般是由不同的团队完成的，往往导致这样的现象发生：特征提取虽然做得很好，但是不适合后面的分类器。而要把这两个阶段联合起来一起设计，对于人来说太难了（图 3-18）。

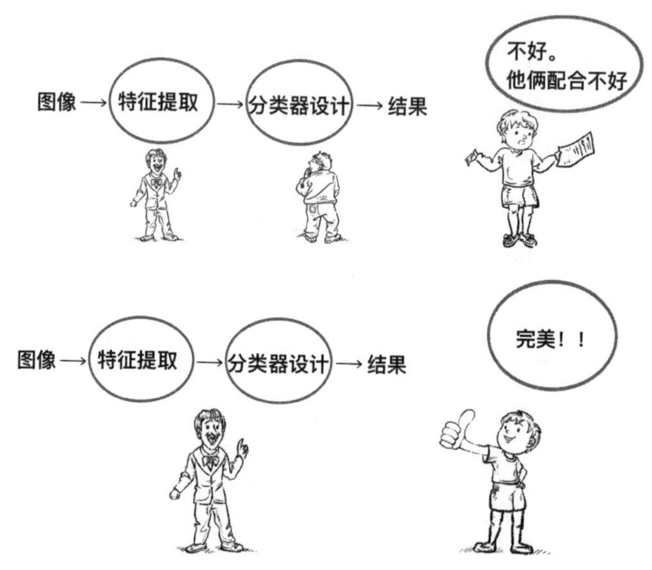

图 3-18　联合设计

端到端优化的好处是能够很好地把特征提取和分类器设计这两个阶段联合起来。对每一个参数的每一次调整，其目标都是使得网络的性能更好。而当应用问题发生了变化，例如，不是识别鱼，而是识别花，端到端就会显示出其简单灵活的特点。即使都是在识别鱼，而当数据集发生了改变，需要重新调整网络参数时，端到端也会很简单、很灵活。

实现端到端训练的前提是，模型在输出端能够把误差信号传递到所有要调整的参数上。对于深度卷积神经网络来说，就意味着，能够实现误差函数对每一个参数求偏导数。当特征提取和分类器设计分成两个阶段时，最终的分类错误如何指导特征提取阶段的参数调整？这就是一个难题。

对于一个现实生活中的大工程，人类专家仍然是把大工程分解成一些子任务，然后由不同的团队分阶段完成不同的子任务。因此，现实中的很多大工程，如大楼、铁路、舰船的设计和修建，通常不是端到端的。

“是，人在设计一座大楼时，没法在设计之前就知晓在哪间房屋的哪面墙上的什么位置会钉几颗钉子。”

“即使知道了这些信息，在设计和施工阶段都要考虑这么细就太难了。”

3.5　其他神经网络模型

LeNet 是 20 世纪 90 年代提出的模型。从 2012 年之后，研究人员提出了一些具有广泛影响的模型。下面列举几个。

（1）AlexNet。

（2）VGG。

（3）Inception。

（4）ResNet。

（5）DenseNet。

（6）U-Net。

（7）ViT（Vision Transformer)。

除了 ViT，上面这些模型的基本操作都是卷积、池化、全连接，只是这些操作的先后顺序、连接方式不一样。之所以有这些差别，是因为视觉任务的多样性，以及每个具体任务的特殊性。因此，只要深入理解了卷积、池化、全连接这些基本操作，也就不难理解上面这些模型以及其他衍生出来的各种模型。

2017 年一种新的模型 Transformer 被提出，这是针对自然语言处理提出的模型。后来，人们把 Transformer 模型用于解决计算机视觉问题。ViT 就是基于 Transformer 的视觉模型。

“论文里有各种网络模型：A-net、B-net、C-net……学不完，根本学不完。”

“理解了卷积、池化、全连接操作，就能很快理解这些模型了。”

3.6 计算机视觉成功应用案例

2012 年以后，随着计算机视觉研究的深入和广泛，图像识别算法性能也越来越好，一些计算机视觉产品也在实际中发挥作用，例如：火车站刷脸进站、刷脸打开手机、微信中检测并识别图像中的文字、二维码扫码识别、视觉工业产品检测等。下面再举几个例子。

视网膜病变筛查。这是谷歌完成的一个图像识别系统。该系统可以识别视网膜图像是不是病变图像，以及是哪类病变图像。评测结果表明，该系统已达到眼科医生的判断水平。

皮肤癌识别。这是斯坦福大学完成的一个图像识别系统。该系统识别皮肤癌图像，输出的是该图像对应的是哪一种皮肤癌。报告说，在最常见和最致命的皮肤癌的诊断上，该算法能达到皮肤科医生水平。

围棋。DeepMind 完成的围棋程序 AlphaGo 在 2016 年战胜了韩国名将李世石。在这个系统中，研发人员采用深度卷积神经网络来“感知”围棋棋盘“图像”。这一感知模块在 AlphaGo 中发挥了重要作用。

3.7 深度神经网络方法成功的原因

深度神经网络在图像识别这类任务取得突破大致有如下几个原因：

大量数据。下面以文字识别任务为例进行解释。如果当前的任务是要识别文字“清”，这就需要把“清”的不同字体、不同倾斜、不同背景噪声等图像都提供给神经网络进行训练，参见图 3-19。训练时它“见”过这个字各种不同的变化情况。所以应用时，见到一个“清”，它就能识别出来。这里的“大量数据”意味着训练数据有足够的量和足够的变化。如果只是把一个“清”字图像大量复制是没有意义的。如果应用时出现了一个训练数据中没有的，并且很特别的字体，那么它可能也识别不出来。之所以能够收集大量的图像用于训练模型，是因为图像采集设备（如廉价的相机和智能手机具有方便的拍照功能）的普及和方便，以及互联网发达（人们可以把拍摄的照片放到互联网上）。这是图像识别取得成功的一个重要因素。

图 3-19　变化多样的大量数据

模型特别大。对于一个复杂图像识别任务来说，性能特别好的神经网络不仅层数深，而且每层网络都宽。从机器学习的角度说，模型够大，因此有足够的“能力”学会解决复杂的任务。在 20 世纪 90 年代神经网络的研究中，网络一般不会超过 4 层，中间隐含层节点数一般在 100~200。而 2012 年获得图像识别冠军的模型，有 7 层，前面几层的节点数达到几十万。这大大突破了早期研究人员的思维限制。后来，人们逐渐开始使用更深更宽的模型。研究结果表明，模型大也是图像识别取得成功的一个重要因素。

学习特征。这在图像识别中非常关键。在图像识别中，很多特征可能不是人能够设计出来的，或者不能设计得那么好。前面也讨论过，类似于“这名学生很阳光”“这个人满面春风”的图像，人们现在还无法手工设计和提取针对其描述的特征。

计算机的能力。在 20 世纪 90 年代，计算机硬件水平还远远不能支持目前神经网络模型的计算。在深度神经网络时代，计算机硬件水平已经大幅提高。特别是 GPU 的高性能，为图像识别性能的突破起到了关键作用。

“总结一下就是：大数据、大模型、大算力。”

“还有“学习特征”。”

3.8 计算机视觉任务的困难

根据前面描述可以知道，当前实现一个高识别率的图像识别系统，需要大量标注好的数据。因此在解决实际问题时，就存在不同程度的困难。

有时可以获得大量的数据，但是要标注这些数据需要花费大量的时间、人力和费用。例如，要实现一个高识别率的人脸识别系统，可以聘请很多人，拍摄人脸照片，然后标注这些图片是谁，以及人脸在图像中的位置。这需要花很长时间和很多钱。但在条件允许的情况下，还是可以很好完成的。类似的任务如交通标识识别、花草树木的识别等也是这样。

而在有些情况下，存在大量的数据，但是要收集和使用这些数据存在困难。例如，很多医院都保存了大量的医学图像，如 CT 图像、癌症病理图像、磁共振图像等。由于隐私等各种因素，使用这些图像是存在限制的。一般来说，医院不允许未经批准使用这些图像，也不允许把这些数据移出医院。

对于有些图像识别任务，则不存在大量的数据。毫无疑问，这是图像识别任务中最难的部分。例如：医学中罕见病的图像数据，科学研究中少量的实验图像。有些罕见病，世界范围内的病例和图像都非常少；而一项新的科学研究获得的新图像也非常有限。

“数据！数据！我要大量的数据！”

在计算机视觉任务中，图像确认、分类和识别都已经有了比较多的应用产品。但是，还有很多视觉任务做得不好。根据计算机视觉的问题性质来看，其困难主要来源于下面几个方面。

三维。人们生活在三维的现实世界。而图像则是三维物体在二维空间的投影。在投影过程中，有很多信息丢失了。图像识别任务就是需要根据很多信息缺失的二维图像识别原来的三维物体。这就是其困难所在！图 3-20（a）是一个简单图像。几乎所有人都会认为这是一个立方体，见图 3-20（b）。但实际上，在三维空间中其他一些物体也会投影成图 3-20（a）的图像，如图 3-20（c）所示物体。

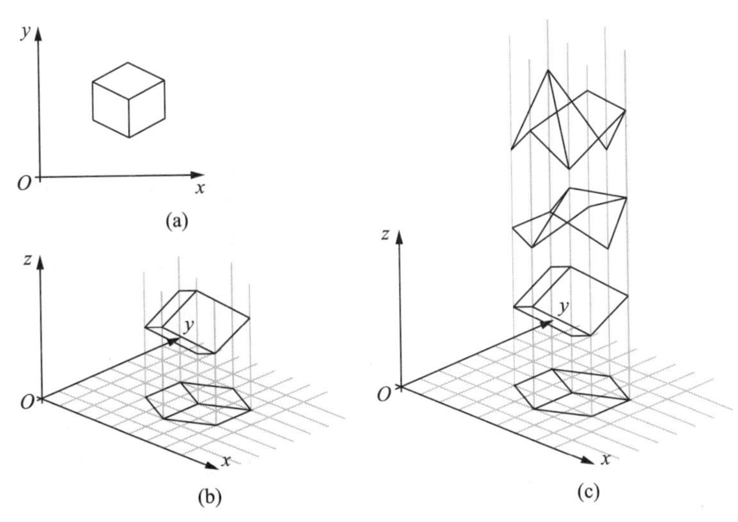

图 3-20　三维物体向平面的投影

为什么人看到图 3-20（a）时，会自然地认为这是一个立方体，而不会想到是别的物体？日常生活中大量类似图 3-20（a）的图像都是立方体投影的结果，几乎不存在其他物体。因而，大脑在图 3-20（a）和立方体之间建立了一个简单映射。这样，人一看到图 3-20（a）就可以判断这是一个立方体。其好处是人们可以快速做出判断，从而大大方便了人们的生活。根据图 3-20（c）可以知道，人们这样的简单映射也会出错。实际上，人类还会犯很多其他的视觉错误，这里不再一一赘述。

姿态。很多物体会有不同的姿态。一方面，树木、河流一类的事物会有不同的形态，另一方面，有固定形态的人或者动物，因为运动也会呈现不同的姿态。从图像呈现出的物体的外观来看，站立的人、坐着的人、奔跑的人、舞蹈中的人姿态非常不同。目前的计算机视觉模型都是在识别图像本身，也就是在识别物体的外观。因此，同一物体不同的姿态会给一些计算机视觉任务（如动作识别）带来困难。

有时人们希望智能系统能够把一场篮球赛中投篮动作的视频片段都找到，这就是动作识别任务。在这个任务中，不同运动员的皮肤、所穿的衣服、投篮动作都可能不同，视频的拍摄角度、现场光线也会不同。此外，一个动作通常是由一个图像序列决定的。由于投篮动作涉及的因素很多，所以在使用上述深度神经网络模型做投篮动作识别时，就需要更大量的数据的收集和标注。这是一个非常困难的问题。

光照。图像离不开光照。同样的物体在不同的光照下会呈现不同的样子，如图 3-21 所示。当做图像识别时，要求训练数据中包含实际使用时所涉及的不同的光照情况。这一要求在很多工业产品检测中往往是可以满足的。因为在生产线上，光照系统可以保持相对稳定不变。光照变化少，所需收集和标注的数据也少。这样，工业产品的检测系统就可以取得很好的性能。在车站的刷脸进站，也可以适当控制周围的照明情况，保证使用时不会有特殊的光照出现。这样一来，就可以在现场不同的光照情况下收集人脸图像并且训练神经网络，从而保证系统使用时可以达到好的识别效果。但是在自然场景，光照状况千差万别，这时图像识别就会比较困难。有些特殊的光照条件很少出现，这就给数据收集带来了困难。

图 3-21 光照的影响

遮挡。在通常情况下，三维世界的物体不存在叠加，每个物体占据空间中的一块区域。但是二维图像中会出现物体之间的遮挡问题。在有遮挡情况下，需要图像识别系统根据物体没有被遮挡的那部分来识别物体。如果被遮挡部分很多，那图像识别就很困难。与计算机听觉、自然语言处理和理解研究相比，这是计算机视觉问题的一个特点，也是图像识别的一个难点。

在一些实际需求中，上述几个因素可能同时存在，这就给视觉任务的完成带来了挑战和困难，例如：自然场景下人体动作的识别涉及三维、遮挡、光照、姿态等情况。这就是这个问题很难的原因。

“怪不得计算机视觉还达不到人的水平，原来是这几个因素在捣鬼呀！”

“要达到人类的视觉水平，还需要技术上的新突破。”

3.9　计算机视觉系统适合哪类任务

目前看，人类视觉和计算机视觉存在一些差异，也因此各有所长。

人看一个物体是一个感知过程，而计算机“看”图像是一个测量过程。人会认为图 3-22 中的两条蓝线（粗实线）长度完全不同。人在观察这张图片时，不仅是看这两条蓝线，而且把蓝线和场景一起感知。在这个过程中，加入了人的生活经验。这个场景呈现出右侧蓝线距离人更远，而左侧蓝线距离人更近的特征。“近大远小”这一生活经验告诉我们，右侧的蓝线会更长，而左侧蓝线会更短。但是，计算机“看到的”是每个位置的红绿蓝的数值，并计算出这两条线的长度是相同的。因此，有些工作适合由人来做，而有些任务特别适合计算机来做。

基本上，计算机视觉系统适合完成的任务具有如下一些特点。

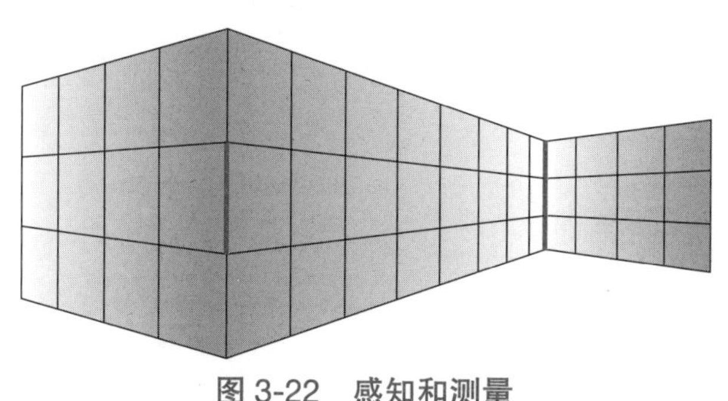

图 3-22　感知和测量

观察图像中的细节。有时候需要根据图像中非常细节的差异来识别图像，这些任务适合计算机来完成。例如：指纹识别、虹膜识别，就是依赖图像中的细节差异来判断图像是来自哪一个人。指纹识别需要寻找纹线的端点，并根据各个端点之间的关系来判定两张指纹图像是否相同，参见图 3-23。而人的手指都比较小，要想看清楚手指的每一条纹线就是比较困难的任务，更不要说找到图像中纹线的端点了。虹膜识别也是这样。虹膜识别需要提取图像中细小的纹理，并根据纹理差异来判定虹膜图像属于哪个人。

图 3-23　指纹图像

重复做同一件事。有的任务需要长时间重复做同一件事情，这类任务非常适合计算机来做。如工业产品的质量检测、视频监控等。人在做这类任务时，不只会疲劳，还往往会“熟视无睹”。例如：房间里的盆栽少了一片叶子，书架上多了一本书，桌子上的物品位置变了，这些一般都不足以引起人的注意。

“熟视无睹”是人的一个重要特点，在很多情况下有助于人更好地生活。多数情况下，人们生活在一个熟悉的环境中，包括周围道路、植物、房屋建筑、房间内的布置等。一幅图像中往往包含了大量的信息。人不可能对周围的每一个场景（人眼获得的图像）都仔细地观察所有的细节，而只需要观察和注意“重要的”部分。例如，人们去熟悉的教室上课，只需关注要坐的座位，而不必关注墙上是否换了一幅画、窗户是否打开、天花板上是否换了新的灯。

“去上课的路上，我怎么可能注意哪棵树是不是长了新枝，少了树叶。“熟视无睹”挺好的。”

“你女朋友发型变了，衣服变了，这可不能“熟视无睹”。”

计算机具有存储量大和计算速度快的优势，因此可以对输入图像的每一个部分都进行分析。不仅如此，计算机不知道疲倦、不会心烦意乱，只是机械地按照指令执行任务（进行计算），即使这些任务是重复性的。

需要精细计算和操作的任务。有些任务是需要对图像做精细计算和操作的。这类任务适合计算机来完成。图 3-24（a）、（b）是人站在不同位置从不同角度拍摄的同一建筑。算法可以将其拼接成图 3-24（c），对这两张图像拼接就不是人擅长的任务。类似的任务还有很多，例如，把一张图像中的动物剪贴到另一张图像中，但不希望有明显的剪贴痕迹；工业产品检测时，对图像中的物体测量其大小等。

(a)

(b)

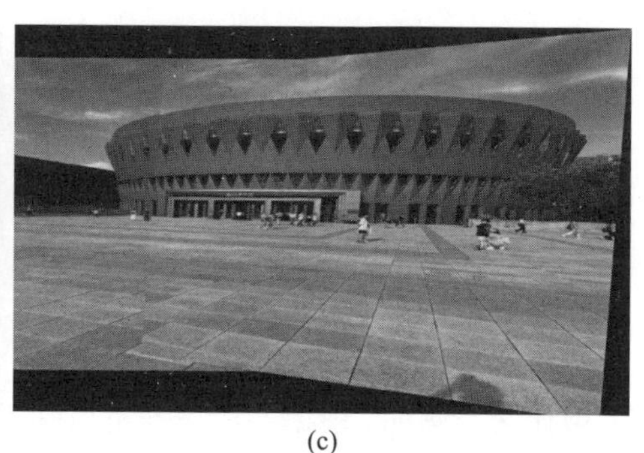

(c)

图 3-24　图像拼接

3.10　相关内容的学习资源

图像的边缘提取、灰度调整、图像去噪等内容一般会放在“图像处理”或“数字图像处理”等课程中讲解。可以搜索“图像处理”找到相关的教材、课程和资料。

很多大学都开设了计算机视觉课程，也有很多计算机视觉方面的书籍。这些都会系统地介绍计算视觉的理论、方法等内容。

此外，计算机视觉方面的论文也会在专门的国际学术会议和杂志上发表。

扫描二维码可以读取关于计算机视觉方面的课程、教材、会议等信息。

3-3

第4章

计算机听觉
——给机器装上耳朵

人的耳朵在感知环境时起到了重要作用。人们通过声音感受环境，享受音乐，和他人进行语言的交流。人类曾经对与声音有关的事物做过探索、实践和研究。例如，人们制造、演奏乐器，制造喇叭放大声音，建造剧场改善音效，设计制造录音设备，设计制造通信系统（如电话）传播声音。而计算机听觉研究的则是对声音的自动理解。与计算机视觉相对应，计算机听觉就是希望计算机能够通过“听”来知道什么东西在什么地方，或者谁在什么地方做什么。例如：根据一段声音可以知道有孩子在奔跑嬉笑；根据另一段声音可以知道是一群人在唱《黄河大合唱》。人们也希望给计算机装上“耳朵”，让计算机能够理解声音，与人沟通和交流。

4.1 计算机听觉的研究任务

计算机听觉有两个基本任务，一个是声音定位，另一个是声音分离。

声音定位：就是根据声音，确定声源的位置。人们在街上行走时，能判断出汽车鸣笛声响的位置和方向；也能判断出呼叫自己名字的人的位置和方向。有了声音定位算法，无人驾驶汽车就能够听到周边汽车的鸣笛。同样，有了声音定位算法，在会议室里，就能自动确定说话人的方向和位置，这样就可以让视频会议系统的麦克风指向发声（如说话人）的地方，同时，摄像头也可以转向说话人。

“人有两只耳朵，利用声音到达两只耳朵的差异可以确定发声物体的位置。”

“这个差异是怎么造成的？”

“声音的大小、听者耳朵的相对位置，以及听者的头、身体、耳朵的形状都会造成这种差异。”

声音分离：当多个声音同时发出时，就会发生声音的混叠现象。人能够在嘈杂的环境中听到别人的对话。同样，人们也希望计算机系统能够把混叠的声音分离，这样才能理解噪声环境下或者有音乐伴奏下人说话的内容，另外还可以把多个乐器的合奏分离成各个乐器的单独的声音。

计算机听觉的其他一些任务则与声音的类型有关。基本上，计算机听觉涉及三类不同类型的声音：语音、音乐、环境音。针对不同类型的声音，要完成的任务也会不同。

1. 语音

语音指人说话的声音。对于这类声音，会有下面一些任务。

语音合成：就是把文字转变成对应的声音。例如，人们去银行，会听到类似“请 16 号顾客到 8 号柜台”的声音，这就是语音合成的结果。一些短视频的配音也是根据已有的文字合成的。实际上，语音合成技术在 2000 年后就已经开始应用于实际了。而在深度学习时代，语音合成技术发展到了更高的水平，也得到了比较广泛的应用。

语音识别：就是把语音转变为对应的文字。语音识别和语音合成是两个相反的过程。利用深度学习方法实现的语音识别算法已经达到了很高的水平，可以被广泛应用。例如，人们可以在微信中通过语音输入一段文字，也可以把以前的录音转换成文字稿。

语言识别：就是要确定给定的语音是在说什么语言。例如一个语音识别系统，可以先进行语言识别，知道是在说什么语言后，再启用对应的语音识别系统进行语音识别。这时，语言识别是语音识别的第一步。

说话人识别：就是要根据语音确定是谁在说话。例如在一个门禁系统中，通过让人说一句话，来判断说话人是不是某个人。这个功能类似于指纹识别和人脸识别，都属于个人身份认证的范畴。把人脸识别和说话人识别等几种方法联合使用，可以提高个人身份认证的识别率，可以用于安全度要求比较高的场景。

语音的情绪识别：就是要确定说话人的情绪。使用这个功能，一个自动语音问答系统，就能知道说话人的情绪是满意还是愤怒，从而进行适当的对话。

“不就是说了一句话嘛，怎么出现了这么多“识别任务”？真复杂。”

“其实还有很多别的“小众”任务，例如：听声音可以知道一个人鼻塞感冒了；知道一个人在用假声说话；还可以知道一个人边走路边说话……”

2. 音乐

如果声音是音乐，那么会有下面一些任务。

乐器识别：确定一段音乐的演奏乐器是什么。例如确定这是古筝演奏的乐曲。

作曲家识别：确定一段音乐的作曲人是谁。例如确定这是冼星海的作品。

音乐作品识别：确定一段音乐是哪个作曲家的哪部作品。例如确定这是李焕之的“春节序曲”。

和弦的识别：和弦是音乐里的一个概念，是指有一定音程关系的一组声音。钢琴键上几个键同时按下时，会发出一个叠加的声音。不同键的叠加声音听起来具有不同的效果。这个任务可以理解为需要确定一个叠加的声音是钢琴上哪几个键同时按下去的声音。比如，同时按下“do、mi、sol”，会听到一个丰富、和谐的声音。根据这个声音来判断这是“do、mi、sol”3 个键，而不是其他键的组合发出的声音。这个任务对于自动记谱、音乐分析很有用。

自动记谱：就是把一段演奏的音乐转变成对应的五线谱。听到一段好听的音乐，希望能够记下它的谱子，这样将来可以研究、改编、演奏。相对来说，音乐方面的专业人员更需要这个功能。

音乐生成：根据需要生成一段音乐。

“我特别喜欢音乐。我想起小时候熟悉的一小段曲子，可是不知道曲子的名字。”

“你可以通过“哼唱”来检索这首曲子，已经有这样的软件了。

音乐检索、语音检索也都是单独的任务。”

3. 环境音

对这类声音，需要完成的任务叫作声音的事件检测和识别（acoustic event detection and recognition）。比如根据一段声音可以知道一架飞机飞过去了，外面下雨了，有婴儿在啼哭。有了这个功能，计算机可以更好地理解环境。

4.2 与声音有关的几个概念

不管是音乐、语音，还是环境音，都涉及两个基本概念：振幅和频率。要介绍这两个概念，先从正弦波开始，参见图 4-1。

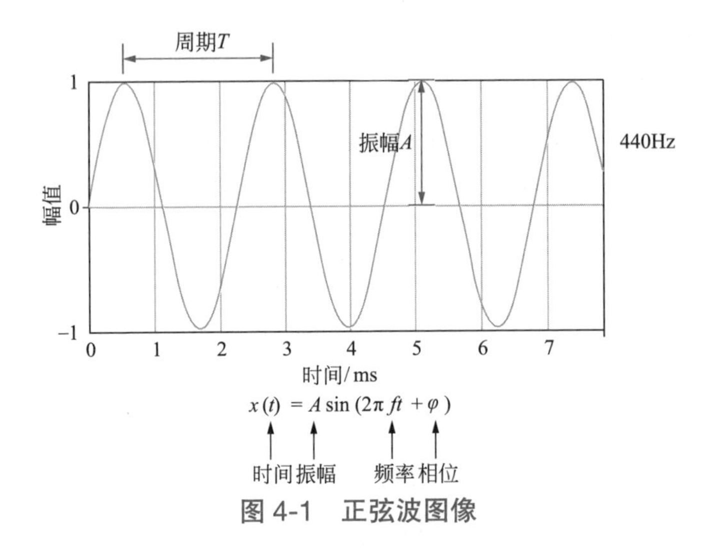

图 4-1　正弦波图像

敲击音叉时发出的声音就对应于这样一个正弦函数，也称为正弦波。图 4-1 中的 A 是振幅（amplitude）。A 对应的是波形在纵坐标方向上的最大值。A 越大，声音就越响。图中 T 是周期（period）。T 是正弦波从一个最大值到下一个最大值所用的时间，对应于横坐标时间轴上的跨度。函数中的 f 是频率（frequency），也就是 1 秒钟内重复的周期个数，单位是赫兹（Hz）。所以有：$T=1/f$。

频率和音高关系密切。例如，一个频率为 440Hz 的声音就对应钢琴上的 A4 音（琴键上的某一个白键发出的声音）的基频，这是一个国际标准。音高和日常说的“音太高了，我唱不上去”中“音”的含义是类似的。音高和响度没有关系。响度和日常说的“说话小点声”里的“小点声”的含义是类似的。

“高音听起来更尖细，低音听起来更浑厚。”

“那既有高频又有低频的声音听起来是怎么样的？”

“往下读。”

人们知道，声音可以叠加。图 4-2 给出的就是把频率为 220Hz、660Hz、1100Hz 的信号叠加在一起，最后得到的波形（第 4 行）。如果听这个叠加的波形的声音，感觉不像单一的 220Hz 信号，或 660Hz 信号，或 1100Hz 信号那么单调，而是更丰富。（扫描二维码感受一下这个混叠的声音。）

4-1

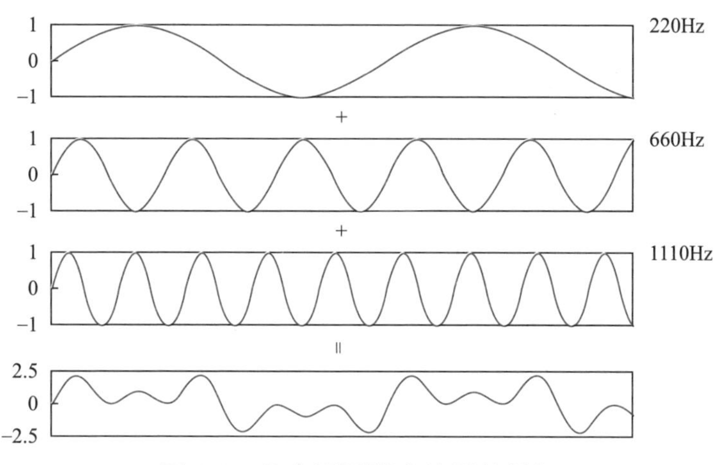

图 4-2 几个不同频率波形的叠加

对于类似图 4-2 中的单个正弦波，从图上就比较容易“读”出它们的频率。但是图 4-2 第 4 行叠加的波形很复杂。如何得到它的频率呢？因为这个函数是多个正弦函数的叠加，它的频率就由各个正弦函数的频率构成。如果波形更复杂，就需要复杂的方法。数学上，可以通过傅里叶变换（Fourier transform）（注：傅里叶变换是大学数学里的内容，涉及对函数做积分运算）得到函数中包含的所有频率成分。在现实工作和生活中的单个信号也对应一个函数，因此，也可以对单个信号做傅里叶变换，得到其中的频率成分。

图 4-3 给出的就是对简单函数做傅里叶变换的图示。左侧是对一个正弦函数做傅里叶变换的结果，在 440Hz 这个位置上有一个脉冲，别的地方都是 0。右侧是对 3 个正弦波的叠加信号做傅里叶变换的结果，在 220Hz、660Hz、1100Hz 这些位置上有脉冲，别的地方都是 0。

如果对一个任意的信号做傅里叶变换，其结果是怎样的一种表现？如果信号很短，那直接对其做傅里叶变换就可以了。但是如果信号比较长，就需要把它切分成一系列短的信号，然后对短的信号做傅里叶变换，最后把变换的结果拼接起来。图 4-4（a）显示了这个过程。

可以对几秒钟的小提琴演奏的音乐信号［图 4-4（b）上图］做傅里叶变换，得到的结果见图 4-4（b）下图。其横轴是时间，纵轴是频率。虽然这段声音只有几秒钟，但是对于傅里叶变换来说，还是有点长。在技术上，把这段音乐切分成一个一个 50ms 的音乐片段，然后对每个 50ms 的信号做傅里叶变换，最后把各段的傅里叶变换结果拼接起来。图 4-4（b）下图中颜色深的地方表示该频率点信号比较强，颜色浅的地方表示该频率点信号比较弱。图上的某一个像素的灰度表示在某一个时间点（x 坐标）某个频率（y 坐标）的信号强或者弱。注意，图中纵轴每一个格子对应的频率跨度是不一样的，越往上，对应的跨度越大。实际上，这里对纵轴做了对数变换。这张图的每一

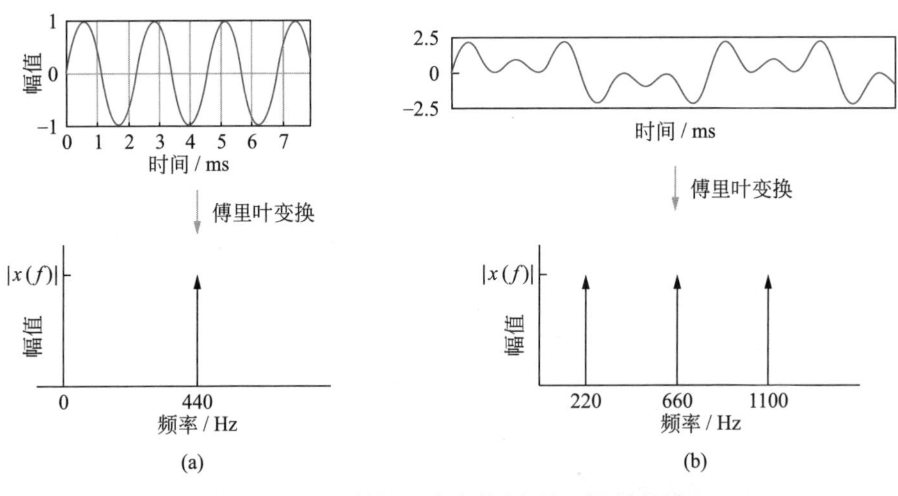

图 4-3　通过傅里叶变换得到函数的频率

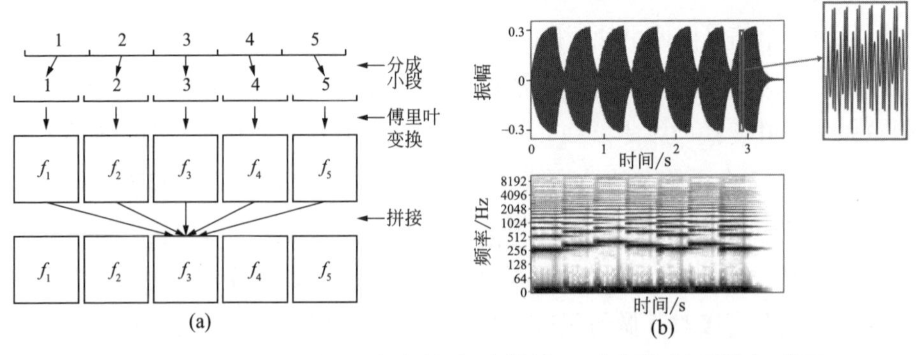

图 4-4　对一段小提琴演奏的音乐做傅里叶变换得到的频谱图

竖条就对应一小片段声音的傅里叶变换结果。观察最左边一条频谱图，发现在 260Hz 频率附近，信号比较强；在 520Hz 频率附近信号也比较强……

图 4-4（b）下图中因为包含了各个频率点的信息，所以被称为频谱图（spectrogram）。

傅里叶变换的结果有助于对声音做自动分析。有意思的是，认知科学研究结果表明，在人的听觉系统中，有一个部分就是对听到的声音做频率分析。

“你知道吗？人的声音频率在 40Hz（成年男性）到 600Hz（儿童或者成年女性）之间。钢琴声的频率为 27~4186Hz。”

“人声最高才 600Hz？知道钢琴声可以很高，没想到能这么高。”

“人耳能听到的声音频率为 20~20 000Hz，超出这个范围的声音人是听不到的。20 Hz 以下的声音叫次声波，20 000Hz 以上的声音叫超声波。”

“这个我知道。大象可以感受到次声波，蝙蝠可以听到超声波。”

让·巴普蒂斯·约瑟夫·傅里叶（Jean Baptiste Joseph Fourier，1768—1830），法国著名数学家、物理学家。傅里叶变换就是以他的名字命名的。

傅里叶

如果声音信号是音乐，就会涉及几个重要的音乐基本概念。

1. 和谐的声音

“和谐的声音”（harmonious sound）是音乐中的一个重要概念。什么样的声音是和谐的？一段声音包含的主要频率如果都是一个基本频率的整数倍，听起来这个声音就比较和谐。例如，图 4-2 呈现的叠加的声音包含 220Hz、660Hz、1100Hz 三个频率，这几个频率都是 220Hz 的整数倍。这个叠加的声音听起来就比较和谐。但如果是频率为 220Hz 、375Hz 、770Hz 的声音的叠加，那么听起来就有一些不和谐的成分。这是因为其中包含了不是 220Hz 整数倍的频率。

大部分乐器发出的声音都是和谐的。例如，图 4-4 的频谱图中，小提琴演奏的声音中的主要频率成分（深色的横线）都是基频（最下面的深色横线）的整数倍。但也并不是所有的乐器发出的声音都是和谐的，例如：敲锣打鼓中的“锣”的声音就是不和谐的。

一般来说，和谐的声音是乐器发出的，但不是所有和谐的声音都是乐器发出的。

4-2

如果随机地选择一些频率来形成声音，这样的声音就是噪声，听起来不舒服。可以扫描二维码，听一听这样的噪声。

“人们喜欢听乐器演奏，就是因为它发出的声音是和谐的吗？”

“不一定。人们的喜好涉及因素很多，因此是一件复杂的事。“锣”的存在就说明这一点。”

一般来说，人的声音中有和谐的成分，也有不和谐的成分。图 4-5（a）是一段人的语音的频谱图。从一小段时间的频谱看，有些主要频率（颜色比较深的曲线状的分布）不完全是某一个基频的整数倍。

人的声音中包含了很丰富的频率。除主要频率外，次要频率（颜色比较浅的像素）有什么意义吗？例如，把图 4-5（a）中比较深的频率留下来，浅的部分去掉就得到了图 4-5（b）。但图 4-5（b）对应的声音听起来是很刺耳的。因此，对于人声来说，主要频率和次要频率对于人类的听觉系统都是重要的。

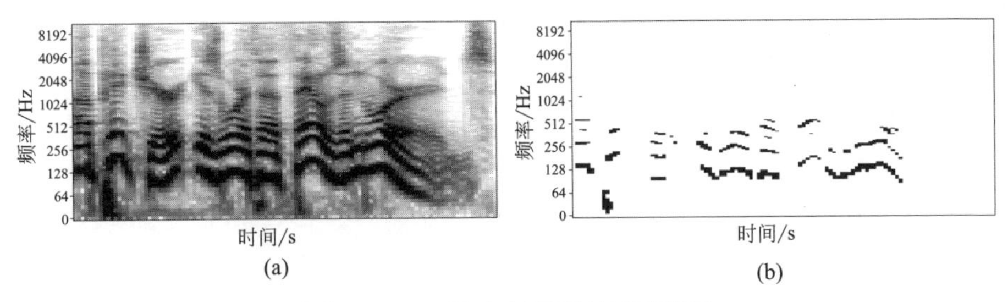

图 4-5　一段人的语音的频谱图

其实，人们已经在一定程度上知道这件事。例如，人们会在照片或者视频里看到音响师推动调音台上的键。这就是在调整和补足人的声音的频率。有的人的声音比较单调，通过调整可以让录制的声音更丰满、悦耳。对声音进行不同的调整可以达到不同的目的。某些调整可以取得非常特殊的效果，这是在“美化”人的声音。

“有很多受大众喜爱的配音演员，他们声音的频谱是怎样的？”

“不知道。
这个问题很有趣，你可以尝试研究一下。”

2. 音高

音高（pitch）也是人们常提到的概念。“这首歌的音太高了，唱不上去”就和音高这个概念有关。音高是针对和谐的声音来说的。例如，钢琴上每一个键都对应一个唯一的音高。而人的语音不完全是和谐的，因此，通常情况下，一段语音不对应某一个音高。

前面介绍了，和谐的声音的主要频率都是某一个基本频率的整数倍，这个基本频率叫基频（fundamental frequency）。一般来说，这个基频就对应一个音高。但是，基频和音高还不完全是一回事，它们之间有很小的差异。只不过，这个差异一般情况下不会表现出来。

“一般来说，乐器的弦越细越短，发出的音就越高，像二胡、琵琶、吉他、小提琴、竖琴都是这样。”

“哦。那是不是管子越细越短，发出的音也就越高？像笛子、号？”

“你试一试就知道了。”

3. 音色

人们常说二胡、小提琴、钢琴的音色不同，也常说播音员的音色很好听。因此，音色（timbre）是人们常常提到的一个术语。但是，关于音色并没有一个准确的定义。

人们大概知道音色和哪些因素有关。我们观察两个乐器演奏对应的频谱。图 4-6（a）是双簧管演奏的频谱，横坐标是不同的频率点，纵坐标是频率的强度。其在 259.7Hz 处有一个尖峰，这就是它的基频。另外，在基频的多个整数倍处的频率都比较高，都出现了尖峰，1 倍频处最高。图 4-6（b）是单簧管演奏的频谱。它在 261.0Hz 处有一个尖峰，对应其基频。在这个基频很多整数倍的频率点也都有尖峰。比较一下，这两张图中尖峰高低排列很不一样。观察发现，同一种乐器这样的排列很相似，而不同的乐器，这样的排列差异比较大。因此，这些尖峰的排列方式就能把双簧管和单簧管区别开来。所以，音色和声音的频率分布有关。

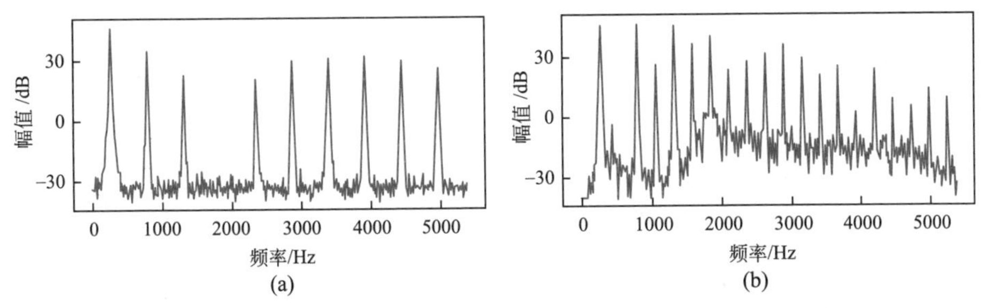

图 4-6　双簧管（a）和单簧管（b）演奏乐曲的频谱

4.3　计算机听觉采用的方法

和计算机视觉类似，有两大类方法产生过比较大的影响：统计方法和深度学习方法。

计算机听觉任务有很多。在统计方法中，各个任务都采用非常不同的具体方法。下面介绍语音识别采用的统计方法。

1. 语音识别的统计方法

图 4-7 给出的是采用统计方法做语音识别的一个工作流程。首先对给定的一段语音做傅里叶变换，这样就得到了一张频谱图。下面需要进一步提取特征。经过很多年的研究，人们发现一种被称作梅尔倒谱系数的特征对语音

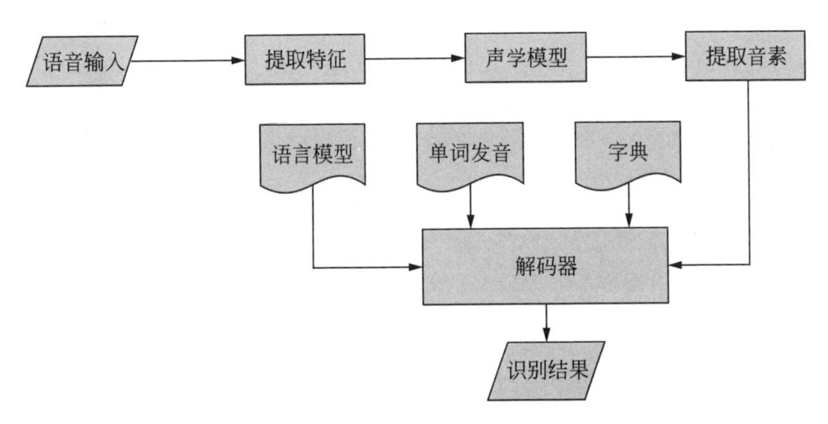

图 4-7　语音识别的传统工作流程图

识别比较有效。因此，需要根据频谱图提取梅尔倒谱系数。

在提取特征以后，需要通过一个声学模型来获得语音中的音素。音素通常是比一个字、词的读音更小和更基本的部分，是语音的最小单位。比如，在汉语拼音中，每一个元音字母，“a［阿］o［喔］e［婀］i［衣］u［乌］ü［迂］”都是单一的音素。在普通话中，“爱”就是由“a-i”两个音素构成的；“百”就是由“b-a-i”三个音素构成的。

每一个音素在语音中的特殊表现会体现在所提取的特征上。声学模型就是要从这些特征中确定其对应的音素。而每一个说话人在说同一个音素的时候，可能因其性别、年龄、音色，或者说话环境的不同而表现不一样的特征。同样是“爱”，男女老幼说出的就会不同，甚至于一个人感冒了，声音也和健康时不同。这是声学模型研究的困难之一。

汉字字词很多，但它们都是由非常少量的音素构成的，因此先分析语音中的音素会使问题变得简单一些。事物大量复杂的外在表现往往是由少量简单的基本元素构成的。通过研究简单的基本元素，从而了解和认识整体复杂的外在表现是科学研究和工程领域通常采用的一种方法。

“嗯。计算机图片的颜色成千上万，但都是由红绿蓝三原色构成的；复杂的高楼大厦也都是由基本的几种建材构成的。”

“不过，你学习一下后面的多智能体系统，就会发现有时候仅仅使用这种方法还远远不够。”

“哦？”

提取音素后就会得到音素序列。下面需要把这个序列转换成其对应的词。例如，得到一个音素序列“b-a-i-h-e”，把它转化为“百合”。为了实现这样的转换，需要提前建立一个字典，这个字典中要包含“百合”这个词，单词发音部分告诉系统这个词对应的音素序列“b-a-i-h-e”。这样，算法通过“查”这个字典，就知道音素序列“b-a-i-h-e”，对应“百合”这个词。解码器这个模块就是要实现这个功能。

当然事情往往没有这么简单。有可能某人发音不标准，这导致前面模块确定的音素序列不一定是“b-a-i-h-e”，而可能是“b-a-i-h-e-i”，还可能是“b-a-i-h-o”，因此简单的查字典方法就行不通了。

仅仅有上面的字典还不够。字典中“b-a-i-h-e”可能对应有好几个词，系统怎么判断对应的词是“百合”“白鹤”，还是“白盒”？如果这段语音是完整的句子，或者还有前后语音，就能更容易地确定其对应的词是“百合”。例如，如果说的句子是“院子里开满了百合花”，这里就比较唯一地确定了是“百合”而不是其他词。实现这一功能的就是语言模型的模块。它研究各个词之间的搭配关系，利用了上下文从而完成整个转换过程。

图 4-7 中的每一个模块都很复杂，也都很难。一般来说，每一个模块都由专门的团队研究和开发。对于不同的语言，流程中的声学模型、语言模型、单词发音、字典都会不同，因此一个语音识别系统通常只能识别一种语言，如汉语普通话。一旦需要识别另一种语言，如英语或法语，这些模块就要重新设计。不仅如此，即使都是在说汉语，如果要系统适应不同地区人的口音或方言，其中的一个模块或几个模块需要重新设计和开发。

“太复杂了，想想都头疼。怪不得语音识别做了好几十年的研究，原来都在折腾这些乱七八糟的东西。”

“上面给出的其实只是一个简化的流程，实际系统要比这复杂得多……”

2. 语音识别的深度学习方法

深度学习时代的语音识别系统大致流程非常简单。首先对输入的一段声音信号做傅里叶变换，得到频谱图；然后采用深度神经网络模型，将频谱图转变成文字。

把语音变为频谱图后，语音里的所有信息都包含在了频谱图中。因此，下一步就是要把频谱图变为对应的文字。频谱图也是一张图像，可以把这个过程看作一个图像识别过程。因而，可以采用卷积神经网络模型实现后续的功能。

当然还存在其他技术思路。例如：根据频谱图先提取梅尔倒谱特征；使用序列神经网络模型 RNN、LSTM（下一个小节内容）等模型；使用后面章节讨论的 Transformer 模型等。

与计算机视觉问题一样，为了训练语音识别系统，就需要准备非常多的数据：语音片段和对应的文字串。现实中存在大量这样的数据，例如：电视台、广播电台有大量的播音员的语音和新闻稿。利用这些数据就可以训练一个小的语音识别系统，并且在一些简单任务上可以达到比较高的识别率。

与统计方法相比，采用深度学习方法的好处很明显，如果需要建立一个新系统来识别一种新的语言或者方言，只要提供大量相应的数据对就可以了。在这个过程中，可以不修改模型本身。

“我喜欢深度学习方法，感觉清爽了很多。”

“但是，你需要提供大量的数据哦，大量的，大量的，大量的……”

对应计算机听觉的各个任务，都存在以统计方法为主的传统方法和以神经网络模型为基础的深度学习方法。

传统方法是先设计系统流程，然后流程中每一个模块会被单独研究、设计和开发，最后把它们联合起来构成一个完整的系统。这种方法的困难如同语音识别的统计方法的困难一样。

深度学习方法会把传统方法中的各个模块都用深度神经网络来替代。这种方法的优缺点也和语音识别的深度学习方法的优缺点是一样的。更准确地说，其优缺点就是深度学习方法的优缺点。

4.4 适合序列数据的神经网络模型

声音信号具有时序特性。这和图像不一样，图像上的各个像素是同时出现的，而声音信号随着时间先后到来。在声音信号中，后面的声音会受到前面声音的影响。

一方面，前面声音和后面声音的搭配不是任意的，而是有一定规律的。例如，在说“百合”时，其对应音素序列是“b-a-i-h-e”，这个序列就是一个固定搭配；汉语普通话字词层面的语音中，前面说了“song”，后面可能会是“shu”（松树）或者“dong”（松动）等，但不太会是“bo”“nong”等。这主要是因为语音对应的是词或者词组。任意两个字音在一起并不一定对应一个现实中的词。再例如，音乐上的前后音也有关系。因为要根据乐谱在乐器上发出声音，而乐曲不是作曲家把任意的音符随机摆在一起的结果（除去某些个例）。

另一方面，在语音中，同一个字在与后面不同的字搭配时，其发音也可能不同。例如，使用普通话说“一棵树”和“一座山”时，“一”的声调是不同的，前面是 4 声，后面是 2 声，虽然“一”在字典中标注的是 1 声。这被称为“一”的变音问题。类似地，同一个音素在与后面的不同音素搭配时，发音也会有差别。

“怎么这么麻烦？我平时说话没觉得这么复杂。”

“这就是人了不起的地方。你学说普通话，说得多了就会了。其实你可能都不知道字有变音问题。当然，更不可能是根据列出的一条条规则学出来的。”

针对这类时序数据，有一些模型被提出来。两个有代表性的模型是：

- RNN
- LSTM

RNN（recurrent neural network）被译为递归神经网络，或循环神经网络。图 4-8 给出的是其神经元模型。这里神经元 s 接收的信息除了包括当前时刻 t 的输入信息 x（乘以权重 w_x），还包括上一时刻 s 的信息（乘以权重 w_v）。这和第 3 章介绍的神经元不一样，因为这里考虑的是时序数据，要对数据的先后关系进行建模。

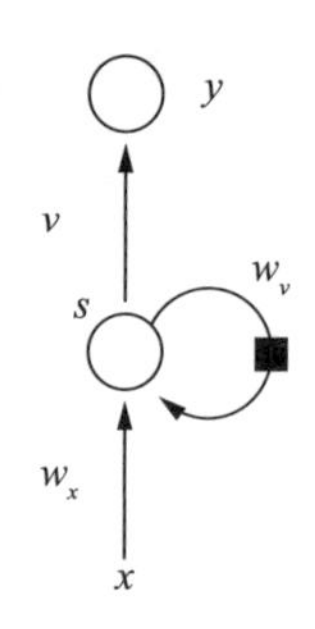

图 4-8　带有反馈功能的神经元

可以这样理解这个模型。假如输入的是“song-shu”。当模型收到“shu”的输入信息时（对应的同音字非常多：数、书、属、输……），结合前面收到的是“song”，模型就可以把对应的词缩小到：“松鼠”“松树”“送书”等。如果整个词组是“yi-ke-song-shu”，就可以比较肯定地识别为：“一棵松树”。

实际上，这个模型可以用在声音的各个层次。如果每一个时刻输入的是基本音素，那么这时模型就是对音素的先后关系建模，这样能更好地识别单字；如果每一个时刻输入的是一个字，那么这时模型就是对单字的先后关系建模，这样能更好地识别词和词组；如果每一个时刻输入的是一个词组，那么这时模型就是对词组的先后关系建模，这样能更好地识别句子。

在使用 RNN 时，权重参数 w_x 和 w_v 是可以让算法从数据中学习出来的。

“序列数据还有很多，比如：列车时刻表、股票交易数据、旅行路线等。这些都可以用序列模型分析。”

“这个模型这么牛？”

“更牛的在后面。”

长短时记忆网络（long short term memory network，LSTM）。它可以看成是对 RNN 改进后得到的模型。LSTM 在 RNN 上增加了门（gate）结构，参见图 4-10 中⊗部分。门结构的作用，如其名字，就像一扇门。门打开时，对应的信号就通过，否则，信号就不通过。当然，门也可以只开一部分，让信号通过一部分。

由于有了门结构，模型就灵活了很多。例如，考虑输入的是“魑魅魍魉”。这是一个常用词组。当输入了“魑魅”时，即使不再说“魍魉”，其含义也是固定并且明确的，这时对应的门就可以关闭。这是门在输入端的作用。

再例如，考虑输入的是“今天我们讨论……，等一下，我接个电话一会儿接着说”。这里“等一下，我接个电话……”是一个突然的插入语，和前面的内容没有关系。因此，图 4-9 神经元 c 处在“讨论”输入后就可以把门关闭，表示“等一下，我接个电话……”的语义和前面“讨论”没有关系。

在 LSTM 中这样的门结构使得模型更灵活，能解决更多的实际问题。

在模型中，门结构是用一个函数来表示的。哪个门函数在什么时候应该打开到什么程度，是由输入数据和之前数据的内容决定的，具体数值是算法从数据中学习和总结出来的。

“LSTM 比 RNN 更牛。”

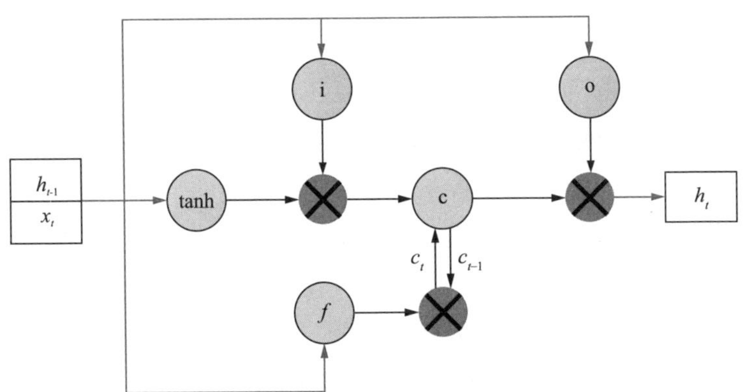

图 4-9　长短时记忆网络的神经元

在使用 RNN 或者 LSTM 模型时，仍然可以使用 BP 算法（参见第 3 章）训练神经网络，只是在公式推导时比较复杂。

4.5 计算机听觉技术的发展现状和存在问题

目前，有些计算机听觉技术已经成功用于现实生活中。由于计算机听觉任务大多数采用了深度神经网络方法，因此深度神经网络方法本身存在的问题，也成为了计算机听觉技术存在的问题。

在计算机听觉中，乐器识别、作曲家识别等任务，由于需要的大量训练数据相对比较容易得到，所以这些任务可以解决得比较好，能够满足通常情况下实际应用的要求。

下面分别介绍几个任务的现状。

1. 语音合成

语音合成在 2000 年后已经可以在某些场景下实际应用了，例如，在银行营业厅会听到“请 48 号顾客到 6 号柜台”这样的合成声音。深度学习技术的应用让语音合成系统达到了更高的水平。一些短视频的语音播报就使用了语音合成技术。新闻稿准备好以后，使用语音合成软件就可以完成相应的“配音”工作。

目前的一些语音合成系统可能会产生一些错误和瑕疵。在汉语中，有些字是多音字，如：“着”在“工作着”“着火了”“穿着打扮”的读音都不相同。另外，即使不是多音字而是单音汉字，在不同的词或者短语中，其发音也可能是不同的。如：“一”在“一棵树”和“一座山”的发音；“古”在“古代”和“古董”中的发音等。如果训练模型的数据不够丰富，就会出现上述这些瑕疵。当然，通过更多数据的积累和模型的改进，这些问题会得到解决。

此外，人们希望在某些情况下，合成的语音能够带有情感色彩，或者读出文字的情感来，这是更为困难一点的课题。当前的语音合成技术适合新闻稿一类的文本，声音比较中性，不带有明显的感情色彩。当然也可以以一种固定的情绪和风格“读”文字稿件。但是，在给故事、戏剧等配音时，希望合成的声音根据文本内容或者导演的要求带有不同感情，如喜悦、愤怒等，对于这一点有些系统还做得不太好。

“我能把一本菜谱读出恋爱的甜蜜感觉。

“你的情感好丰富呀。
不过，算法以后能做到这一点。”

2. 语音识别

使用深度神经网络方法，语音识别在 2010 年取得了性能上的突破。之后，随着技术的发展，语音识别算法的性能也不断提高。2017 年在某些数据集上，其性能可以达到人的水平，参见图 4-10。当前，人们经常使用的微信，可以通过语音来输入文字。这里就使用了语音识别模块，给人们生活和工作带来很大便利。

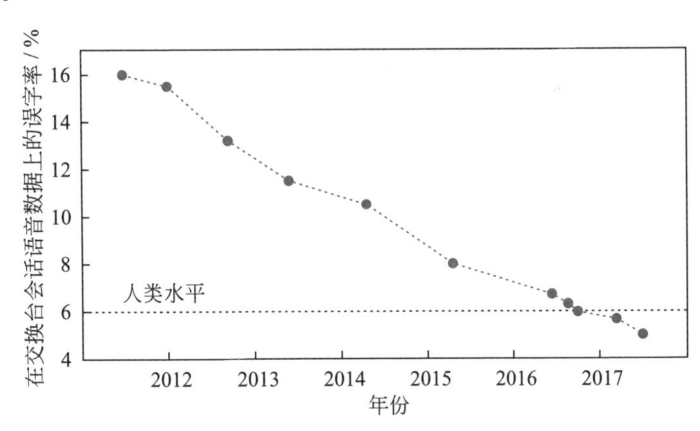

图 4-10　语音识别算法的发展

目前语音识别技术存在的问题主要有下面三个。

“新词”问题。社会的快速发展让一些新词不断出现。因为训练数据中往往没有这些新出现的词，所以语音识别会出错。另外，人们输入人名时，也会有类似的问题存在。例如，人们说“wang-bin”，即使知道这是一个人名，也没有办法确定是“王斌”还是“王彬”，更不要说名字中使用了冷僻字的情况。

背景噪声问题。如果说话时背景噪声比较大，语音识别效果就可能不会很好。例如，在会议室要把开会的语音转变成对应的文字，如果会议室周围有很大噪声，识别语音时就会有困难。但是，人们在用微信语音输入文字功能的时候，有时环境非常嘈杂，语音识别效果仍然可能还不错。其实，语音输入时，只要手机（麦克）距离嘴巴非常近，背景的噪声就不会带来太大的不良影响。因为，声音的大小是按照距离平方进行衰减。虽然环境噪声很大，但经过一定的距离衰减后才到达手机，这时，相对于人说话的语音，噪声信号已经很弱了。当然，环境中存在很大音量的广播时（如候车室的广播），会对手机的语音识别造成很明显的干扰。

“现在的降噪耳机可以大大减弱环境噪声，对路上的来往车辆声、设备发出的嗡嗡声等都很有效。”

“不知道对大喇叭广播怎么样？你试一试。”

数据量受限问题。有些人群的语音数据量不够多，这对于语音识别的性能造成了影响。世界上有几千种语言，目前对于大语种的语音识别已经做得很好了，但是一些小语种语言的语音识别还没那么好。另外，中国有大量的方言，很多人说话也会有很重的口音，这些也会对语音识别效果带来影响。很多偏僻的小山村里的人口音都很特别，如果村落人群不多，这样的数据收集、整理就会存在困难。这时，语音识别效果就不会很好。当然，这个问题会随着数据越来越多解决得越来越好，但是，按照当前的技术思路，这可能需要比较长的时间。

与口音问题类似的是语言的混杂问题。有时候，人们会两种语言混杂着说。例如，“到我的 office 来一下”。目前微信语音输入模块对于中英文混杂的语音识别效果已经不错了，但是，其他的语言混杂识别效果就可能不够好，例如，中法语言混杂、中韩语言混杂等。世界上有几千种语言，两两混合有多少种可能？因此，需要修改当前的模型才能解决这些问题。

“我看到一个短视频，有个人普通话、山东话、粤语、英语混杂着说，很搞笑。”

“现在的算法识别不了这样的语音。”

3. 和弦识别与自动记谱

一般情况下，和弦识别与自动记谱这两个任务目前都做得不够好。这主要是声音的混叠导致问题变得复杂，而同时训练数据又不足够多。

这里有一个特殊情况，钢琴上的和弦识别可以做得比较好。经过很多年的研究，人们对于钢琴声音的建模做得比较好。现在的电子钢琴产生的声音和传统钢琴比较接近。这样，可以首先针对各类和弦合成出对应的钢琴弹奏声音，然后用这些合成数据训练模型。由于声音是根据和弦合成的，因此数据量可以很大，并且带有标注。这样训练得到的系统就能在和弦识别、自动记谱方面做得比较好。

历史上存在大量的乐谱和对应的演奏录音，这些数据在用于训练模型时，会有一些困难。例如：同样的乐谱每次的演奏都会有所不同。不能简单地把乐谱和演奏录音直接对应，这给训练数据的准备造成困难。当然，随着技术的进步，这一困难会逐步得到解决。

“把一部交响乐的演奏直接变成五线谱？里面要包含各个乐器演奏的乐谱，想想都很难。”

“难，不意味着不可能。”

4. 声音事件的检测和识别

因为训练数据不多，导致对当前声音事件的检测和识别效果不够好。

5. 语音分离

语音分离是一个比较困难的问题。经过多年的研究，已经取得了一些不错的结果。对于两个人的混叠的语音，如果这两个人的音色差异比较大，那么算法可以达到比较好的效果，否则效果就不太好。

6. 自动作曲

目前的技术可以生成比较短的音乐，例如几秒或者几十秒，甚至于几分钟的音乐，效果还不错。根据语言和图像生成技术的发展可以知道，自动作曲技术也会快速发展，并面临语言和图像生成技术所面临的同样的问题。

4.6 计算机视觉和计算机听觉的比较

下面对计算机视觉和计算机听觉做一个比较，这样有助于对这两者的理解。

计算机视觉的目的是要理解图像，图像的基本属性是颜色、形状、纹理、亮度等。计算机听觉则是要理解声音，声音的基本属性是时间、频率、声音大小、发出声音的位置。

计算机视觉的一个特殊性就是图像中物体之间往往存在遮挡。这给计算机理解图像造成很大的问题。而在计算机听觉中，通常不存在声音的遮挡现象。

计算机听觉的一个特殊性是声音往往存在混叠。这给计算机听觉研究带来很大的困难。而在计算机视觉中，一般不存在物体的混叠现象。

虽然现实生活中的物体不存在混叠，但是人们可以“制造”出混叠的图像，如：拍摄时的多次曝光、图像编辑时多张图像的透明和半透明叠加、影视作品中的“淡入”“淡出”等。图 4-11 就是视频“淡入”“淡出”的一个例子，这时会出现图像的叠加。另外，把叠加后的图像分离成原始图像也是一个比较困难的问题。

图 4-11　视频中“淡入”“淡出”的例子

图像更适合表现现实世界的物体、动作，如蔬菜、建筑、河流、游泳，但是不擅长表现主观情绪和抽象的概念，如幸福、组织机构等。当然，图像和视频的色调、速度节奏等能表现一定的情绪。

声音涉及的类型比较多。很多事物可以发出声音。由此，人们可以分辨出鸟鸣、虎啸、刮风、下雨。但这样的声音种类还是相对比较少。

通过语音能很清晰地表达客观世界，它主要是依赖其中的语言信息。除语言的内容外，通过语音能表达说话人丰富的感情。

音乐适合表现情绪，如欢乐、激动、祥和等。通常来说，音乐不明确地指向鲜花、书籍、长跑等具象的概念。

人们知道，电影里的一些声音是在录音棚“做”出来的。例如，快速抖动薄铁板可以模拟突然霹雳的雷声；有些人可以模仿别人的声音说话，可以模仿鸟叫、火车轰鸣（口技）。所以，根据一段声音不能很确定地说一定是鸟叫，因为这可能是人发出的。这从侧面说明，声音的唯一性不够好。因此，在身份认证方面，语音识别一般不如指纹识别可靠。但是语音识别系统不需要用户触摸设备就能够得到其声音信号，这是优点。

“我参观过一个录音棚，发现很多的声音都是人为“做”出来的。那些音效师太牛了。”

4.7 相关内容的学习资源

在计算机听觉中，语音识别、语音合成、环境音识别、音乐信号分析都属于不同的研究方向。每个方向都有相关的书籍和论文。

扫描二维码可以读取关于计算机听觉方面的课程、教材、会议等信息。

4-3

第5章

自然语言处理与理解——让机器理解人类语言

自然语言是指人们在日常生活中使用的语言，也就是人们常说的中文、英语、法语等语言。而语言这个概念包含的内容更宽泛，可以包括计算机程序设计语言、音乐语言、绘画语言等。本章讨论的内容是自然语言的处理与理解，而不是其他语言。

在人工智能研究初期，自然语言处理就被列为一项主要研究内容。**自然语言是人们用于交流的一种自然、便捷的重要方式。**当智能产品进入人们的生活时，人机共存便客观存在。人们如何与智能产品交流就是一个重要问题。如果智能系统能够用自然语言和人交流，就会更加便捷、高效。

当然不是所有的智能产品都必须和人进行复杂的交流。例如，在火车站刷脸进站时，系统进行了人脸识别，并根据识别结果直接控制通行的门打开或者关闭。这时，人不一定要和系统进行自然语言的交流。但是，有些智能产品和人使用自然语言交流是很必要的，例如：希望计算机把中文翻译成阿拉伯语，与系统轻松地聊天，甚至还可以要求家务机器人按照人的要求清扫卫生间等。

人和计算机系统交流，自然语言不是唯一的方式，有时都不一定是最好的方式。例如，有时人们更喜欢使用鼠标、写字笔和计算机绘图软件（如画笔、Photoshop）进行交流，让软件生成需要的图画。人机交互就是研究人和机器如何进行交互，这方面有大量的研究成果。人们使用智能手机、平板电脑时在屏幕上的各种操作都是人机交互技术的体现。

“的确，通过自然语言来解释画什么、怎么画是很不方便的。”

“如果自然语言都能解释清楚，就不需要画家了。”

人们发现语言在智能中起着重要作用，它是智能的一个重要组成部分。研究自然语言处理与理解，有助于理解人脑是怎么工作的，当然也能进一步启发人工智能技术研究。语言中包含了大量的知识，包含了人对于客观世界的感知和理解，包含了人对于世界的思考。自然语言处理和理解是人工智能非做不可的一项研究。

5.1　自然语言处理与理解的任务

在自然语言处理与理解这个领域有很多任务，下面列举其中的几个比较主要的任务。

机器翻译：就是把一种语言的文字翻译为另一种语言对应的文字。例如，把西班牙语译成中文，把中文译成俄语等。特别是当我们看到其他语言写的产品说明书，或者在其他国家与陌生人交流的时候，就有这样的翻译需求。

自动摘要：就是要求智能系统对长文本进行摘要。人们面对一篇很长的文章或者一本小说时，通常会先读摘要了解其大致内容，然后再决定是否购买或者阅读。这时，可以让计算机帮助写摘要。人们在使用网页搜索的时候，系统为了让用户一目了然地“了解”搜索结果，就需要自动对网页“写”摘要，并把摘要内容放在栏目名称下面。这样，用户快速扫描简单几行摘要就能快速了解网页内容。

人机对话：就是计算机系统使用自然语言和人进行对话。ChatGPT 系统就是一个人机对话系统，人可以和它聊天，让它回答一些问题。

机器写作：就是要求计算机进行写作。这里写作的内容包括诗歌、对联、小说、总结等。

除上面这些实际中的需求外，还有一些是研究人员定义的中间任务。例如，指代消解。

指代消解：就是要确定句子中的名词、名词短语、代词之间的对应关系。例如，“班主任张老师召开了一个班会。张老师布置了……”，这里需要确定第二句中的“张老师”就是指第一句中的“班主任张老师”；“李校长出席了大会。他说……”，这里需要确定代词“他”就是第一句中的“李校长”。一般来说，指代消解不直接对应实际应用需求。它是自然语言处理与理解中的一个中间任务。这一任务的完成有助于系统能更好地理解自然语言。

在语文考试中也有指代消解这类题，“鲁迅小说中‘圆规’指的是谁？”

呵呵。看来都经历过语文考试的磨难。

实际上还有很多“小”任务，例如：文本分类，判断一篇文章属于军事、政治、经济、艺术中哪一类；情感分析，判断一句话表达的是喜悦还是愤怒；语法分析，判断一段文字是否符合语法；等等。

自然语言处理与理解研究包含自然语言由低到高几个层次的理解。在各个层次上，研究人员关注的问题都会不同。下面分析其中的三个主要层次。

1. 层次一：字、词、短语

在这个层次上，有一些问题需要解决，下面列举几个。

词态分析

在英文里，动词是有时态的。例如，“He has gone”，这时需要知道“gone”是“go”的过去分词。

自动分词

中文中的词是由字组成的，自动分词就是要确定句子中的哪几个字组成了词。例如，“物理学起来很困难”，分词后就是“物理|学起来|很|困难”；而“物理学是一门学问”，分词后就是“物理学|是|一门|学问”。同样是“物理学”，在上面两个句子中的划分结果就不一样。

通常情况下，人们在阅读时，不需要花费太多精力就能自然做好分词，快速阅读过程就是这样。但是在阅读一些描述我们不熟悉的事物的文字时，则可能会产生分词错误，自动分词也是这样。

“读文章我一目十行，根本不需要分词。”

“看庄子的这句话：“庄子曰夫子固拙于用大矣宋人有善为不龟手之药者世世以洴澼絖为事”，需不需要分词？能分对吗？”

“这……古文是我的软肋！”

“这时，分词就是一个明显的过程。平时只是你感觉不到而已。”

特别是计算机程序遇到一个新词时，因为它从未“见过”这个词，自动分词往往会出现错误。

词义消歧

一词多义是自然语言的常见现象。因此，需要确定词在句子中的含义。“昨天我买了个笔记本”，这句话里“笔记本”指笔记本电脑，还是写字的本子？

这句话“I have no interest”，这里“interest”是指利息，还是兴趣？通常来说，结合上下文和已有的知识可以解决这个问题。目前的预训练语言大模型对这个问题已经解决得比较好。

“哈哈，想起一个段子：
阿朋给阿俊送礼。俊：“什么意思？”朋：“没意思，意思意思。”俊：“你这不够意思。”朋：“小意思，小意思。”俊：“你真有意思。”朋：“其实没别的意思。”俊：“那我就不好意思了。”朋：“是我不好意思。””

“都是多义词惹的祸。”

2. 层次二：句子

这里有很多问题需要研究。例如：对于句子做句法分析，也被称作解析（parsing）或解译，其实就是希望知道句子中词和词之间是什么关系。对于句子“明天买一束鲜花”，“鲜花”是“买”这个动作涉及的对象；“明天”是“买”这个动作发生的时间；“一束”是“鲜花”的数量。这样的解译有助于理解句子。

“最烦语文里的“语法分析”了。”

“呵呵，又是你的软肋。”

3. 层次三：篇章

篇章是指由多个句子或者段落构成的有组织、有意义的文本。在这个层次上，研究者关心前后句子如何衔接才能让句子语义连贯并符合逻辑。

5.2 词的表示

在计算机视觉和听觉部分曾讨论过，要解决人工智能问题，首先就要考虑如何表示问题。下面来讨论词的表示。

1. 传统表示方法

使用字符串是一种传统的词表示方法，这种方法很自然。例如，当我们输入“旅店”时，这个词在计算机内就是两个单独的字“旅”“店”连在一起存储的。这被称为字符串，因为每个字在计算机内部就是一个符号。人们常说的独热向量（one-hot vector）表示方法其实和字符串的表示性质是一样的。独热向量表示方法把每个词都表示为不同的向量，各个向量中只有每个词对应的位置为 1，其他位置都为 0。例如，

旅店 =[0 0 0 0 0 0 0 1 0 0 0 0]

旅馆 =[0 0 0 0 1 0 0 0 0 0 0 0]

雨雪 =[0 0 0 0 0 0 0 0 0 0 0 1]

在这个 12 维向量中，第 5 维对应“旅馆”，第 8 维对应“旅店”，第 12 维对应“雨雪”。这里的“对应”其实也是人们的一种规定。这种表示方法有两个缺点。第一，向量的维数通常很大。因为每一维对应一个词，所以，一般来说这个向量维数就是一个字典中词的数目。为了能够表示尽可能多的词，这个维数会在几万以上，如 10 万或 50 万。第二，从这样的表示上看不出两个词之间的关系。用通常的向量运算（如减法、内积运算），任何两个词之间的运算结果都是一样的。看不出“旅店”和“旅馆”词义上更相似，“旅店”和“雨雪”词义更远。

2. 词向量表示方法

词向量表示是深度学习使用的一种表示方法。这种方法的重要思想是：理解一个词需要理解其上下文（“You should know a word by the company it keeps”，J.R.Firth，1957）。下面举例来解释这一思想。例如，句子“这本书特别有意思”和“不好意思，让你久等了”，这两句话中的“意思”的含义依赖其前后的词（上下文）；句子“I go to bank to deposit money”（我去银行存款）和“I go to bank to see scenery”（我去河岸看风景）里 bank 的含义也是由上下

文确定的。

在词向量表示方法中，每个词也是用一个向量表示，但向量的每一维都可以取实数，而不是独热向量里只能取 0 或 1，例如，旅馆 = [0.281 0.792 -0.155 0.101 0.220 0.343 0.221]。用这种表示方法，两个向量之间的距离远近就可以反映它们之间的关系。图 5-1 就是一组词向量映射到二维空间后的情况。图中，各种水果之间距离比较近。动物组和代词组也是这样，但这三组之间距离比较远。

“词就是词，非要使用向量来表示？怎么把问题搞得这么复杂？”

“这是 ChatGPT 成功的基础。”

“啊？这样啊。”

以 ChatGPT 为代表的预训练语言大模型采用的就是这种表示方法。这种方法也称为词嵌入（word embeddings）或者词表示（word representations）。

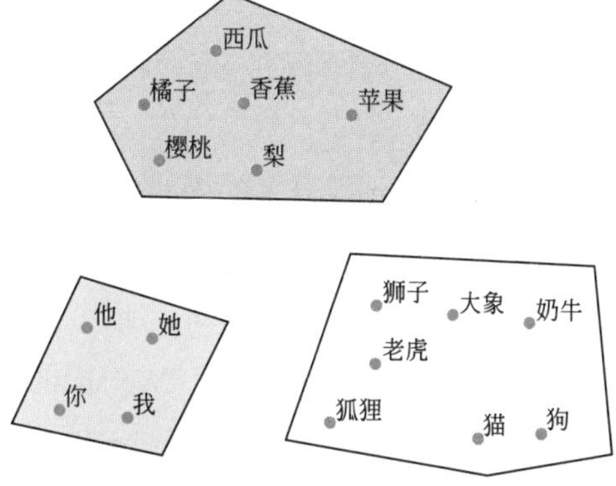

图 5-1　一组词向量映射到二维空间后的分布示意图

约翰·鲁珀特·弗斯（John Rupert Firth，1890—1960），英国语言学家。他长期在伦敦大学任教，是现代语言学伦敦学派的创始人。他认为语言是人类生活的一种方式，并不仅仅是一套约定俗成的符号。

约翰·鲁珀特·弗斯

约书亚·本吉奥（Yoshua Bengio，1964— ），他在21世纪初就开始使用神经网络方法研究自然语言处理，在深度神经网络方面做出了一系列出色的工作。杰弗里·辛顿和杨立昆、约书亚·本吉奥因为深度学习共同获得了2018年度图灵奖。

约书亚·本吉奥

5.3 自然语言处理与理解的三类主要方法

在历史上，自然语言处理与理解先后有三类主要方法。下面以机器翻译为例，来解释各类方法的思想和存在的问题。

1. 基于规则的方法

早期机器翻译采用的主要方法就是基于规则的方法。其思路是由人来总结归纳出一套规则，在对某个句子翻译时，按照算法从这套规则中找到适合这个句子的一条或几条进行翻译。

这种方法在实施的时候，遇到了很大的困难：总结出全面、完整的一套规则太难了。下面以英译中任务为例，看几个句子的翻译。由于每一个英文单词都可以通过查字典找到其对应的中文单词，所以，这里的一个问题是翻译成的中文字词的顺序问题。例如，在句子“We shall have a symposium on Monday”（周一我们有一个研讨会）中，介词短语“on Monday”对应的中文“周一”被放在句首。假如据此总结出这样一条规则：“把介词短语放在句首”，那么看起来是一个简单有用的规则。但是对于句子“We shall have a symposium on mathematics”（我们有个数学研讨会），介词短语“on mathematics”对应的中文“数学”放在句首就成了“数学我们有个研讨会”；对于句子“I have enjoyed hearing about your experience in Africa ”（我很乐意听你在非洲的经历），介词短语“in Africa”对应的中文“在非洲”放在句首就成了“在非洲我很乐意听你的经历”。这只是几个翻译示例。当然，人们可以据此把规则再做细分，或者重新总结出其他的规则，但还是会遇到类似的问题。总结出的规则看起来不错，但还是总能找到一些例外。

因此，在自然语言处理与理解的研究中，针对一个复杂问题，要总结出一套全面、完整的规则非常难。也就是说，要求这一套规则不多不少、不出错、没有例外非常困难。实际上，这不仅是自然语言处理与理解研究中遇到的困难，在人工智能解决其他问题时，采用规则方法都遇到了类似的困难。

规则的方法适用于某些简单的问题。当然，要总结出一套好的规则，需要找相应的专家才行。这就是人们研发专家系统的思路。

“老师就是这么教我英语的呀。教我好多规则，告诉我这种情况下这么做，那种情况下那么做。”

“有的规则的确很有用。但是，老师教的规则只适合处理某些特殊情况。一般情况下，人们不是按照规则来的。
你试试只用老师的规则来答题，会怎么样？
总结出一套完整无误的规则太难了。”

使用规则方法时，还需要对总结出的规则做维护。在有些实际应用中，一旦应用环境发生了变化，就需要对已有的规则进行修改、添加或删除，而这非常困难。

2. 基于统计的方法

这类方法基本上是在 1990—2010 年这 20 年中发展起来的。其主要思路就是把统计学的思想、方法用于机器翻译。简单说，就是对大量的翻译语料（如中英文对照例句）进行统计分析，寻找其中的统计规律（例如一个词的前后通常会出现哪些词），并利用这些规律进行翻译。

例如，要把 “I am a student” 翻译成中文。根据语料库中的句子进行统计，发现在 100 条 “I am a student” 的翻译中，有 60 条翻译成了 “我是一名学生”，有 40 条翻译成了 “我是名学生”。这样，系统就把这句话翻译成 “我是一名学生”，因为它占的比例高。

上面给出的是一个简单的例子，为的是解释其工作原理。实际上，基于统计的方法要复杂得多。在这类方法中，需要用语料训练模型，然后再把训练好的模型用于实际的翻译任务。在这个阶段，曾取得了很多成果。

统计方法做机器翻译也存在很多问题。下面举几个例子。

使用统计方法时，第一步就要提取特征，而特征提取是一个很困难的问题。自然语言实际上非常复杂，常常需要针对每一个语言现象设计特征。例如，中文中 “把” 字句就比较特殊。“小明把桌子擦了” 其实是 “小明擦了桌子” 的意思，“把” 后面的动词和宾语的位置交换了。遇到 “把” 的时候，就需要找其后的动词和宾语，然后再把顺序矫正过来。类似的情况还有很多，因此，特征提取变得非常复杂、琐碎、困难。

使用统计方法需要配备各种字典数据库，如地名字典、机构名称字典、成语字典等。有了这些字典，才能知道一个词是指地名，还是指一个办事机构或者一个公司。另外，因为地名可能会发生变化，办事机构可能会改变，公司也会不断成立和注销，新词也会不断出现，所以，除了建立这样的字典，还需要对这样的字典进行维护，如修改、添加、删除。

好麻烦。这些字典能做到非常全吗？如果我是做翻译系统的技术人员，哪个地方新成立了一个公司我怎么知道？哪个村子改名了我怎么知道？

"所以，要维护这样的字典很难。"

与语音识别的统计方法类似，采用统计方法的机器翻译系统会涉及很多模块，每个模块都很复杂，都需要专门的团队来完成。不仅如此，团队之间良好协作才能做好一个系统。

而当需要翻译一种新的语言时，所有的上述过程都需要重复一遍。这时，只有普通技术人员远远不够，还需要精通相关语言的人参与才有可能把系统做好。

3. 基于深度学习的方法

采用深度学习方法，机器翻译系统使用深度神经网络把要翻译的句子直接进行翻译，这里的神经网络可以是 LSTM、Transformer 等神经网络。当前效果非常好的预训练语言大模型都是基于 Transformer 神经网络结构的。下面介绍这个模型中的一些关键技术点。

5.4　Transformer 模型的基本操作

Transformer 是一个针对自然语言处理和理解提出的模型。这个模型的技术细节非常复杂。这里只介绍其中的一些关键技术。

1. 编解码框架

Transformer 采用了编解码框架（encoder-decoder framework），参见图 5-2。这个框架的输入是由 x_1、x_2、x_3、x_4 构成的句子（字词序列）。经过“编码器”后，句子被映射成为一个向量，这个向量所在的空间称为语义空间（semantic space）。然后这个“语义”向量经过“解码器”被翻译为新的句子 y_1、y_2、y_3，（字词序列）。人在做翻译的很多时候，也经过同样的过程：先理解要翻译的句子（编码），然后再用另一种语言写出来（解码）。

你把“三人行，必有我师焉”翻译成英文吧。

我想想，这句话该怎么翻译。

你是不是在理解这句话的语义，然后找合适的英文表达出来？编解码框架也是这么做的。

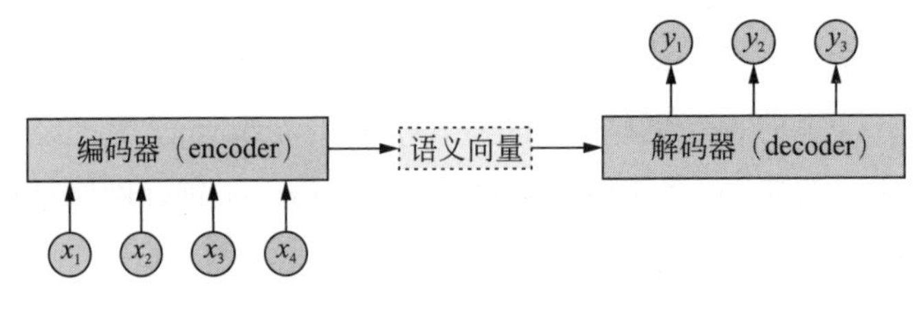

图 5-2　机器翻译的编解码框架

图 5-3 所示为采用上面框架实现的系统翻译几个中文句子的情况。这个系统把几个句子都“编码”成了向量，这些向量在二维空间中的关系就如图 5-3 所示。这里的句子“我在操场上被她搀扶着”和“在操场上，她搀扶着我”，意思相同，它们的距离比较近，尽管这两句话中词的顺序不一样，并且一个是主动句，一个是被动句。

而句子“在操场上，她搀扶着我”和“在操场上，我搀扶着她”的意思刚好是相反的。相比之下，这两个向量距离比较远，尽管这两个句子大致的结构、用词差不多，只不过主语和宾语不同。

这样的向量空间包含了被翻译的句子的语义信息：语义相似的句子比较近，反之则比较远。这是研究自然语言处理与理解的关键，能做到这一步，其基础是词的向量表示。因为采用了词的向量表示，才有了句子的语义向量表示。

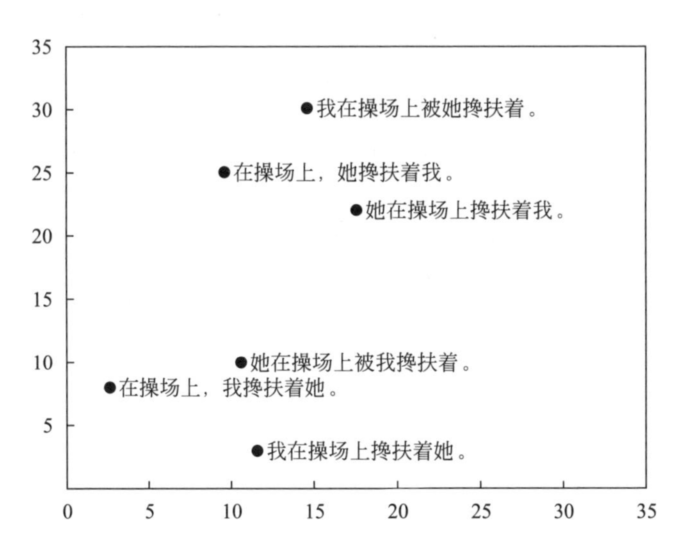

图 5-3 一个机器翻译系统中的几个句子的语义空间向量在二维空间的展开

这也太神奇了吧。成千上万句子中，每一个句子都在空间中有一个点和它对应。两句话意思相近，它们对应的点也很近。

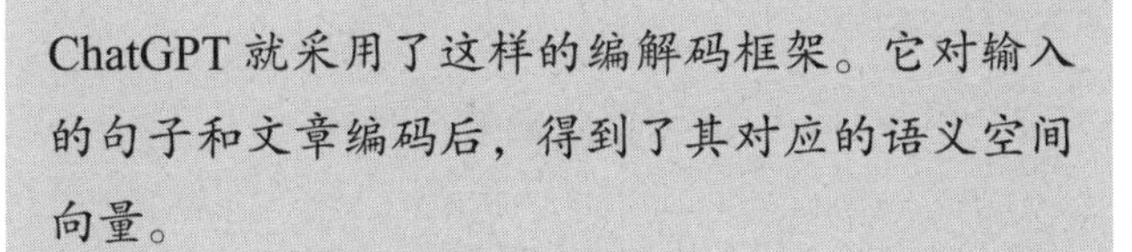

ChatGPT 就采用了这样的编解码框架。它对输入的句子和文章编码后，得到了其对应的语义空间向量。

原来如此。

2. 多层编解码结构

Transformer 采用了编解码框架，其中的编码器和解码器都采用了多层结构，参见图 5-4（a）。模型在输入端得到的是每个字、词的向量表示。随着信息向更高层传输，模型通过注意力和自注意力模块，在字词之间建立了联系。

这些字词构成了词组、短语。信息再向上传输，词组短语和词组短语之间建立了联系。这些词、词组和短语逐渐构成了句子。信息再向上传输，句子和句子之间建立了联系……这样做就能够提取字词、词组和短语、句子，以及句子之间的关系和语义信息。在注意力模块之后连接一个前馈网络，对获得的特征进行非线性变换，可以让所获得的各层次的关系进一步耦合。

模型中的编码器和解码器的结构如图 5-4（b）所示。

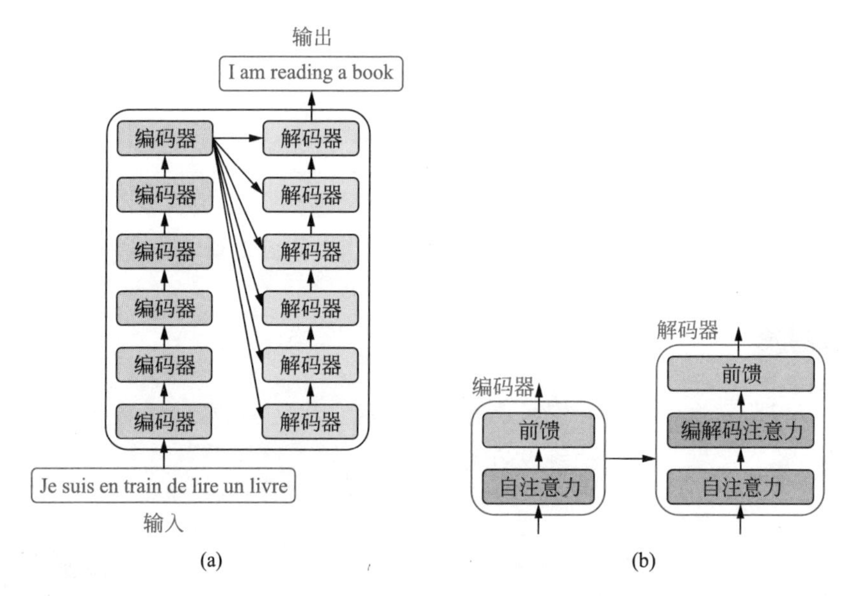

图 5-4　Transformer 的多层编解码结构

注意力？算法也有注意力？你是说让我集中注意力认真读书吗？

这里使用了认知上的注意力这一术语，实际上是指模型中的一个小模块。

与卷积神经网络不同的是，这里使用了“自注意力”模块，下面介绍其原理。

3. 注意力与自注意力

看图 5-5（a）中的图片，图片中物体很多。如果我们只关注左图中的小狗，那么人的注意力就如图 5-5（b）所示，白色的区域是人们特别关注的地方，黑色的区域是眼睛“余光”所在地方。区域越白，被关注的程度就越高。

如果白色区域是一个非黑即白的地方，那么这时注意力是有明确边界的区域。黑色的区域不被关心，这被称作硬注意力（hard attention）。如果注意力没有明确的边界，不同的像素被关注的程度不同，有的大，有的小，这被称作软注意力（soft attention）。在目前的 Transformer 模型中，用到的是软注意力。

(a) (b)

图 5-5 注意力示例

技术上，图 5-5（b）中的注意力可以用下面公式来表示

$$V(x)=\sum_{n=1}^{m} w_n V_n \tag{5.1}$$

式中，V_n 表示第 n 个被关注像素值，w_n 是相应的权重。这个公式就是对于每一个被关注到的像素值 V_n 加权求和。w_n 比较大，如图 5-5（b）中比较白的区域，说明对应的像素被关注的程度比较高；w_n 比较小，如图 5-5（b）中比较暗的区域，说明对应的像素被关注得比较少。

上面的示例是注意力机制用于图像的情形。实际上，注意力机制也可以用于自然语言处理。下面以具体句子为例，来讨论注意力机制在自然语言处理中的作用。

考虑如下句子，“峨眉山的猴子在吃香蕉因为它很饿”。如果“它”的注意力在“猴子”，就说明“它”和“猴子”这两个词存在某种关系。实际上，这里的“它”就是指“猴子”。因此，注意力表示的词和词之间的关系对于理解句子是有帮助的。

在图 5-6（a）中，颜色深的线表示“它”对于左侧的词注意力的程度高。可以看到，“它”不只很关注“猴子”，还很关注“峨眉山”“吃”“饿”。由于这里“它”和被关注的词“峨眉山”“吃”“饿”都来自同一个句子，因此被称作自注意力（self-attention）。

研究人员希望“它”对“猴子”“峨眉山”“吃”“饿”的注意是算法自己“找到”的。因为人为指定会太困难了。如果算法自己能够发现“它”与“猴子”有密切的关联，那么这个模型就在一定程度上“理解”了句子。我们可以解释为，模型知道“它”就是指“猴子”。

实际上，这个句子中的“它”还和其他词有关。研究人员还希望“它”关注到“很饿”，表示“它很饿”；还希望“它”关注到“吃”，表示“它吃”；还希望“它”关注到“峨眉山”，表示“它在峨眉山”。如果句子比较长或者句子比较复杂，那么一个词需要关注的句子中其他的词就会很多。这样一来，单个注意力模块负担就会太重，以致无法“找到”需要关注的所有词。因此，在 Transformer 中，为了让模型能找到一个词对应的更多关注点，在同一层中设置了多个注意力模块。每个注意力模块被称作一个“头”。多个注意力模块就对应多个“头”。多个头就更能保证不遗漏应该注意到所有的词。

当然，头的个数和需要输入的序列长度和复杂程度有关。图 5-6（b）所示为 8 个头的情况，不同的颜色代表了不同的头的注意力的情况，颜色的深

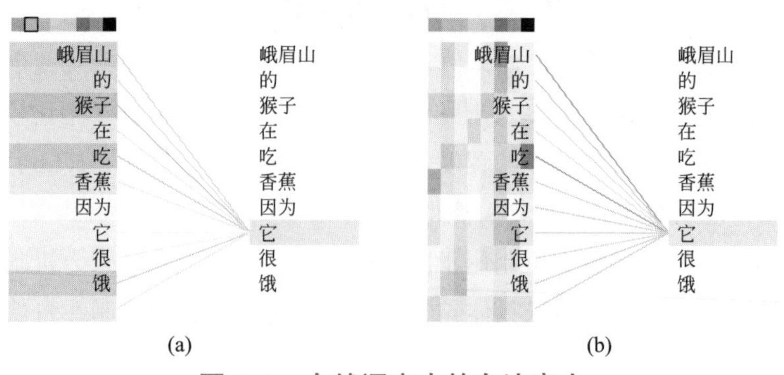

图 5-6　自然语言中的自注意力

浅代表注意力的大小。扫描二维码，可以看这张图对应的彩色图像。

彩图 5-6

这里的“头”(脑袋)用得很形象。一个脑袋的注意力有限，因此让它只关注一个点。但是要解决的语言问题又很复杂，因此就多准备几个脑袋来解决它，让不同的脑袋关注不同的点。

“哪吒激战时就三头六臂，是担心一个脑袋顾不过来应对复杂的打斗场合吗？”

“好问题。你穿越采访一下哪吒，如何？”

这一层，模型不只找到了“它”所需要关注的“猴子”“很饿”“吃”“峨眉山”还找到了“吃”所需要关注的“猴子”“它”“香蕉”……实际上，模型对句子中的每一个词都去寻找其应该关注的其他词。这样，词之间的所有关系就都可以找到，而不会被遗漏。

模型找到“它”所关注的“猴子”以后，就把“猴子”的向量信息加在“它”上面。这样，经过这一层的注意力模块，“它是猴子”“它很饿”“它吃”“它在峨眉山”这样的信息就会被带到下一层。同样，每一个词也都把其关注到的其他词的信息带到了下一层。

到了下一层，“它”这个词就包含了“它是猴子”“它很饿”“它吃”“它在峨眉山”这样的信息。这时，如果再使用注意力模块，“它”仍然会关注到“猴子”“很饿”“吃”“峨眉山”。这里的“它”已经不是单个的字了，而是上面的四个短语了。所以，其实是这些短语（“它是猴子”“它很饿”“它吃”“它在峨眉山”）关注到了“猴子”“很饿”“吃”“峨眉山”。

Transformer 模型中其他的模块和操作在别的神经网络模型中也有，而注意力模块是 Transformer 的特点，也是其核心技术之一，在理解自然语言时起到了关键作用。注意力这种机制和操作也被研究人员单独拿出来，用于设计其他网络、解决其他问题。

“自注意力模块是ChatGPT成功的关键技术。”

“它很复杂。我再学一遍。”

4. 注意力与卷积操作的比较

一个3×3的卷积操作（见第3章）就是用3×3的模板上的数值和图像对应的像素灰度相乘，然后对所有的乘积求和。卷积公式和式（5.1）的形式是一样的，其中卷积模板中的参数就起到了权重的作用。因此，一个卷积模板可以看成一个注意力模式，而卷积操作就是按照这样一种模式寻找图像上对应的片段。

既然如此，这里使用所谓的“注意力”模块有什么特殊作用吗？

在对图像做卷积操作的时候，卷积模板一般比较小。这样做有两个原因。一方面，图像中一个像素的灰度通常只和它相邻的一个小范围内的像素的灰度有比较确定的关系。例如，一张桌子上有纸张、笔和水杯，参见图5-7。笔上一个像素周围的像素基本上仍然是笔。但是离它比较远的地方可能是桌面或者其他物体。笔上一些局部的特征和周围的物体（纸张、桌面）的局部特征之间关系一般不够紧密。所以，做局部的卷积操作对于物体识别通常更有意义。

图5-7　图像中一个像素的灰度通常只和邻域中小范围的像素灰度有密切关系

另一方面，做一个3×3的卷积时，图像的上下左右都会有一个像素无法得到有意义的卷积结果。这样，每卷积一次，图像就会缩小一点。由于人们关心的物体一般距离图像边缘比较远，因此，即使经过多次卷积，一般也不会影响图像中的物体识别。但是，如果卷积核非常大，图像就会缩小很多。如果卷积核和图像一样大，卷积结果就缩小到只有一个像素了。

而在句子中，一个词不只是和邻近的词有关，也和较远的词有关。如图 5-6 中，句首的“猴子”和句尾的“饿”有关。再例如：“张校长热情洋溢地对同学们……班里同学都很喜欢他”，其中句首的“张校长”就是句尾的“他”。另外，在一些长文章中，会有“首尾呼应”现象，为此，就要分析更远的词之间的关系。

如果要采用卷积的方法寻找句首和句尾词的关系，就相当于寻找图像的左上角像素和右下角像素的关系，卷积核就需要非常大，而卷积结果只有一个点。不仅如此，因为输入的文章长度不一，而卷积核大小是固定的，所以还会产生计算上的困难。

而注意力模块则避免了卷积操作在分析自然语言时的困难，方便计算句子中任何两个词之间的关系。

“自注意力模块是专门为自然语言处理和理解设计的操作。当然，这个模块也可以用于解决其他问题。”

“这个模块是不是也反映了自然语言这类数据具有的特殊结构和知识？”

“正解！”

5.5　BERT：对自然语言处理有贡献的一个大模型

BERT 是一个基于 Transformer 的模型。它最大的贡献是利用了自然语言文本的特点，设计了两种自监督学习（self-supervised learning）方式。使用这两种学习方式，就不需要专门请人标注数据，也能获得监督信息，从而能很好地训练模型。

计算机视觉和听觉技术取得突破的一个原因就是利用了大量标注好的数据。在自然语言处理与理解中也是这样，需要大量标注好的数据。

什么是标注好的数据？标注什么？对于自然语言处理和理解的任务不同，需要的数据也不同。对于机器翻译这个任务，可以利用已经存在的两种语言之间的对应例句作为标注数据训练模型。如果翻译任务是中译英，中英文对照句子中，中文是输入，英文是输出，英文句子就是标注数据；对于问答任务，需要利用已经存在的大量问答对应句子训练模型，问题句子是输入，答案句子是标注数据。而自然语言处理的任务很多，对于每一个任务，都需要准备相应的大量数据。这其实是自然语言处理和理解研究的一个困难所在。

BERT 采用了如下一种做法。比如对于下面这句话“今天我到银行存款”，把“银行”遮蔽掉，要求这个模型利用“银行”周围的词来恢复这个词。在这样的任务中，输入的是整个句子（包含被遮蔽的词所在位置的遮蔽符号），而被遮蔽的词实际是已经知道的，可以作为这个输入句子的标签，这样就得到了一条标注数据。而现有的句子是大量的，可以随机遮蔽掉句子中的某个词，这样就可以用算法产生大量的训练数据。用这样的数据训练模型，就是要模型能够把被遮蔽的词恢复出来，从而“逼着”这个模型对于句子中各个词之间的关系建模。请参见图 5-8（a）。

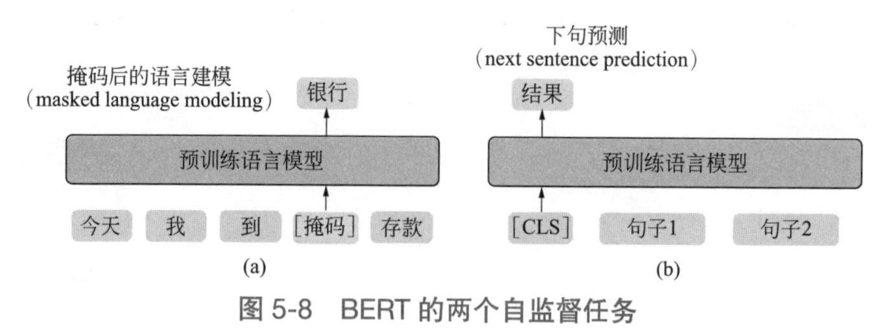

图 5-8　BERT 的两个自监督任务

BERT 的另一个做法是设计了一个新任务：判定两个句子是不是一前一后的两句话。为此就要准备完成这一任务的训练数据。但这不是一件困难的事情，因为大量的文本中任何两个一前一后的句子都是先后关系正确的数据。而随机选择一篇文章中的两个句子（只要这两个句子之间隔了很多的文本），或者选择不是同一篇文章中的两个句子，或者把先后关系正确的两个句子顺序交换一下，就可以得到大量先后关系不正确的数据。这样使用算法就可以生成大量的包含正确顺序和错误顺序的句子来训练模型。这样训练好的模型就有能力在一句话后面很好地衔接另一句话。请参见图 5-8（b）。

语文考试就有这样的句子填空题，让你找适当的词填写到其中的空格中；也有排序题，让考生给几个句子排序。原来语文考试题也可以考神经网络模型。

你以为只有你刷题？模型刷题更厉害。

这两个任务都是通过程序自动生成的训练数据，而不是由人专门标注的数据，所以这样的自监督学习更容易实现。

自监督训练是一门重要技术，不仅在 ChatGPT 中发挥了重要作用，也被应用于解决其他智能任务。

BERT 的第一个任务是为了让模型把话说得很顺畅。通过大量的数据训练模型，模型就学会了在一句话的语义指导下（输入的句子在编码后成为了语义空间的一个向量），解码时应该先说哪个词，再说哪个词，使其成为很顺畅的一句话。

实际上，在自然语言处理和理解的研究中，如何让算法能够生成很顺畅的句子是一个困难的问题。一个传统的方法是使用模板来生成句子。例如：模板是“我是一个 *”，算法可以在 * 这个位置填写“学生”“工人”“司机”等。这样生成的句子会很顺畅，但是生成的句子都是这个格式，不会生成“我是名学生”“我是学生”“我就是学生”“我是学生啊”等丰富的表达形式。

传统基于统计的方法则可能是这样的。例如，要翻译“We are students”，根据统计结果发现：100 个“We are”中有 90 个翻译成“我们是”，100 个“students”

中有 80 个翻译成“一些学生”，因此最后翻译成的句子可能是“我们是一些学生”。虽然意思是对的，但是翻译成“我们是学生”可能会更好些。

而 BERT 由于采用了 Transformer 模型，又有大量的自监督数据，使得模型能够生成既顺畅又多样的语言表达。

“让算法把话说顺畅有这么难吗？人说话的时候好像没这个困难，是吗？”

“你看看人们的聊天记录、小学生作文，里面错误百出，不忍目睹。”

BERT 的第二个任务是为了后一句话和前一句话能衔接好。让模型生成的两句话之间语义连贯。逻辑正确并不是一件容易的事。这曾经是自然语言处理和理解中非常核心、非常困难的问题。传统的方法都解决不好这个问题。

实际上，人们在说话和写作的时候，句子之间的逻辑关系、语义关系有时候会有问题，如“我特别喜欢读书，一会儿要和同学出去玩”“张姐姐不但学会了外语，还学会了针灸，她那么顽强地学习，终于瘫痪了”。这些是小学生作文中出现的例子。

能够把句子说顺畅，能够生成语义连贯的句子，是文本生成的基本能力。有了这个能力，模型就具有了完成其他任务的基础。因此，这类模型被称作预训练模型（pre-training model）。训练好模型后再在其他的数据上微调（fine tune），就是利用其他的训练数据在模型上继续训练，这样微调后的模型就具备了很好地完成其他任务的能力。

这好比是先教一名学生能够把句子写顺畅，能够写语义连贯的句子，有了这些基础之后，再教他写总结、写故事就会更容易。

“我非常喜欢自监督学习。它解决了数据标注的问题。”

谁想出来的好主意？够聪明。

5.6　ChatGPT：一个技术突破的大模型

GPT（generative pre-trained transformer，生成式预训练）是 OpenAI 在 2018 年提出的一个模型。经过不断的改进，发展出了 GPT-2、GPT-3 和 ChatGPT。

GPT 也采用了自监督学习方式进行预训练。GPT 采用的自监督学习方式是这样的：在给定一个句子或者几个连续的句子时，GPT 利用这些句子的前面的词序列来预测下一个单词。这一点和 BERT 不同。例如对于输入的这句话“我喜欢这本书”，模型就会根据“我”输出“喜欢”；根据“我喜欢”输出“这”；根据“我喜欢这”输出“本”；根据“我喜欢这本”输出“书”。因为是根据前面的词序列产生下一个词，所以，模型学会了写出顺畅的句子。

如果给定的句子是“我喜欢这本书。我想买一本。”，那么这时会要求模型根据“我喜欢这本书。”输出“我”，根据“我喜欢这本书。我”输出“想”；根据“我喜欢这本书。我想”输出“买”；根据“我喜欢这本书。我想买”输出“一”；根据“我喜欢这本书。我想买一”输出“本”；根据“我喜欢这本书。我想买一本”输出句号“。”。这样，模型学会了根据上一句写出语义清晰、逻辑顺畅的下一句。

由于自然语言文本非常多，所以足够满足训练好模型的要求。

这个自监督设计也很巧妙。只用“预测下一个词”一个任务就能解决 BERT 的两个任务。

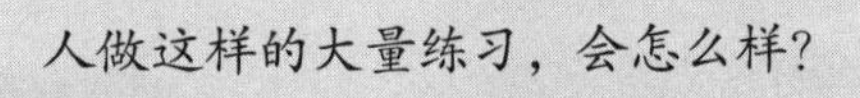

除本章开始的一些任务外，自然语言处理与理解研究中还有很多小任务。看下面这个句子，“我喜欢这首歌曲”。针对这句话，有一个任务叫情感分类，就是要判断这句话的情感倾向是正面还是负面；有一个任务叫语法判断，就是要判断这句话是否符合语法；有一个任务叫主题分类，就是要把这句话是否归为音乐类别中。虽然输入的都是同一句话，但是对于不同的任务，就有不同的要求。在自然语言处理与理解研究中，通常需要对每一个任务设计一个分类模型，并准备一个专门的数据集来训练这个模型。

如何把这些不同的任务都用一个模型来完成？ChatGPT 使用了提示学习（prompt learning）方法解决了这个问题。

ChatGPT 把上面举例中的情感分类问题转化成这样一个语言生成问题，输入“我喜欢这本书，我的情感是 _”，输出是：正面。由于加入了“我的情感是”这样的提示信息，模型的输出就有了具体方向。当需要完成不同的分类任务时，就可以把任务的要求以“提示”的方式“告诉”模型。例如：“请把下面句子翻译成英文：我喜欢这本书”等。这样，ChatGPT 就以对话问答的方式完成了各种任务。

以前做机器翻译、对话问答、文本生成、文本摘要都是由不同的团队来研究和开发的。而现在，ChatGPT 可以用同一个模型实现上面所有任务。不仅如此，ChatGPT 还可以根据用户的需要，通过提示的方式，让同一个模型完成研究者没有定义过的新任务。

“提示”就是给模型提出要求嘛！要求它翻译、回答问题、写摘要。干吗要用“提示”这个词？挺奇怪的。

从要求人们标数据到只提出一些要求，“提示”表示了这一转变。
“要求”有点生硬。“提示”显得温和、礼貌得多。

“不过采用“提示”的方法，把纷繁多样的需求用一个统一的模型来解决。这太赞了。”

“是一个创举。”

2020 年提出的 GPT-3 还没有达到很好的性能，在很多方面还不够让人满意。因此，OpenAI 又采用了下面所说的技术进一步改进并推出新的系统，也就是 ChatGPT。

实际上，经过 GPT-3 的训练，得到的只是一个基本的模型。虽然它“阅读”过大量的文本，但是并没有经过专门任务的训练。因此，研究人员使用了很多标注好的数据继续训练模型。在学术界，有一个提示学习数据集，他们取出了其中一部分，然后请人标注。比如，下面是其中一条数据“我喜欢这本书，我的情感是 _”，他们请人专门给出答案，如：“正面”。并用这些标注好的数据在 GPT-3 的基础上继续训练网络。

此外，由于这是一个文本生成模型，所以对于用户提出的要求，模型可以生成多个答案。如：要求模型对一个物理现象给出解释，让模型对一句话进行翻译，或者让模型写一个摘要。而这样的问题是没有标准答案的。这时，就让模型多次运行，从而生成多个答案。然后，OpenAI 请人对这些答案的好坏进行排序。对一个物理现象的解释虽然没有标准的写法，但是这些生成的解释一般来说有好有坏。更准确地说，有的解释会比另一些解释更好一些。最后利用这些带有排序信息的数据改进模型。

人们看到的 ChatGPT 就是在 GPT-3 基础上，继续使用人标注好的数据训练模型的结果。OpenAI 采用了 96 层编码器模块的结构，使用了大约 45TB 的数据训练模型。

GPT-3只是学会了一些基本知识，还没有受到专门训练。ChatGPT使用了人专门为此标注好的数据来继续训练模型。

GPT-3是一个自学的孩子，然后去学校让老师教，写作业后让老师批改，再写再批改，最后就成了ChatGPT。

这个比喻不错。

45TB的文章量如果让人读的话，即使你一秒都不停，也要几千年才能读完。训练数据多是ChatGPT成功的一个原因。

现在很多人使用ChatGPT进行翻译。下面给一个例子，看看对同一段英文，翻译系统的进步。在2015年以前，给出下面这段英文：

“Meetings, seminars, lectures and discussions represent verbal forms of information exchange that frequently need to be retrieved and reviewed later on. Human-produced minutes typically provide a means for such retrieval, but are costly to produce and tend to be distorted by the personal bias of the minute taker or reporter.”

某个翻译系统的中文译文是：

“会议、研讨会、演讲和讨论代表频繁地需要以后被检索和被回顾信息交换的口头形式。人被生产的分钟典型地提供手段为这样的检索，但是昂贵生产和倾向于由分钟接受人或记者的个人偏心变形。”

这个翻译结果中的用词和词的顺序等导致翻译出来的句子无法被人理解。

“看这个翻译，我体会到了什么叫“文字不通顺”。”

“看了这个翻译，你知道了什么叫“文字通顺”。”

“？！”

2020 年该系统的译文是：“会议、研讨会、讲座和讨论是口头形式的信息交流，经常需要在以后检索和审查。人工制作的会议记录通常为这种检索提供了一种手段，但制作成本很高，而且容易被记录者或报告者的个人偏见所扭曲。”

这个翻译就好很多。

“2015 年的翻译让人觉得下水道堵了。2020 年它通了。”

“通——顺。”

5.7　机器写作

人们曾经专门研究如何让计算机写故事、写诗歌等。与机器翻译类似，该方面的研究也有传统方法和深度神经网络方法。

下面举几个机器写作系统的例子。

美国的科普杂志《科学美国人》（*Scientific American*）在 20 世纪 90 年代刊登过一个诗歌生成系统。这个系统采用了固定的诗歌模板，然后在模板中添加词语，最后生成了诗歌。下面是该系统生成的一首诗歌：一位妇人藏了五只灰色的小猫 / 在破旧的汽车里 / 此时那位哀伤的乡农 / 唤起你痛苦的回忆

九歌。这是清华大学计算机系研发的一个诗歌生成系统。下面是其生成的一首诗：诉别离——离别恨难分，琵琶不忍闻。断肠空有泪，明月已无魂。

微软对联生成器。微软研制了对联生成器。下面是其根据上联生成下联的例句。上联：苏堤春晓秀，下联：平湖秋月明。

薇薇诗歌生成器。这是清华大学语音与语言实验中心发布的一个系统。下面是其生成的一首诗歌：早梅——春信香深雪 / 冰肌瘦骨绝 / 梅花不可知 / 何处东风约。

ChatGPT。2022 年发布的 ChatGPT 也可以根据要求进行写作，包括写小说、诗歌、总结报告等，表现出很好的性能。

上面这些系统采用的技术是不一样的。有采用模板方法的，有采用基于统计的方法的，有采用预训练语言大模型的。虽然 ChatGPT 文本生成能力很强，但是在要求写“五言绝句”时，生成的句子会出现多于或者少于 5 个字的情形，而九歌系统就不会犯这样的错误。这些系统各有所长。

“算法能写诗？太神奇了吧。大部分人都不会写诗。这算法是要成精了吗？”

“别紧张，别紧张。算法写诗更多的是依葫芦画瓢，“熟读唐诗三百首，不会作诗也会吟”的味道重一些。另外，写出的诗也仅仅算是个诗而已。”

5.8 如何对生成的文本进行评价

对于回归问题和分类问题，在评价和测试一个系统时，一般都是通过一些数据测试系统，看其给出的结果与标签数据差异有多大。在数据集上的整

体的差异大小就是系统的性能指标，如回归问题的误差平方和与分类问题的错误率。这些指标的测试可以让算法自动完成，因为每一个数据都有标准的标签数据。这时，只要判断算法的输出与数据的标签是否一致（分类问题），或者相差多少（回归问题）就可以得出系统的性能指标。

但是在文本生成这个问题上，算法的自动评价比较困难。例如，可以要求机器写一首诗歌，但是，对此没有一个标准答案。两篇都是很优秀的诗歌从谋篇布局到文字使用可能完全不同。与之类似，写故事、写总结等都是这样。这样一来，就不能像回归和分类问题一样可以让算法自动计算出生成的结果的好坏指标。

对于这个问题，研究人员曾经设定了一些评价标准用于评判生成的文本的好坏。下面列举几个。

（1）风格。用于判断生成的文本是否满足要求的风格，如：生成的是不是一个小说？是不是要求的七言绝句？

（2）用词的多样性。一般来说，一个模型往往受到训练数据的影响，因而，其生成的文本用词比较局限。但是在有些应用中，需要模型产生的文本包含丰富多样的词汇。因此，文本中用词的多样性就是一个评判指标。

（3）与输入的相关性。如果要求系统以“毕业感言”为题写一篇文章，系统生成的内容如果和要求偏差比较大，这一准则的评分就比较低。

（4）有针对性的一些指标。例如，要求生成一段少于 100 字的评语，生成的文本字数是否符合要求？或者要求生成韵律诗歌，其文本的韵律是否符合要求等。

上面这些指标仅仅是评价文本的几个方面，仍然不能解决系统自动评判这一问题。ChatGPT 也是通过让大量用户使用，才知道系统在哪些方面表现优秀，在哪些方面还存在问题的。

“每项要求都只是文本好坏的一个侧面，并非全部。上面这些指标即使都很高，生成的文本也未必好。”

“这容易理解。作文考试时会有很多要求，即使考生作文满足了字数、通顺、文体、主题的要求，那烂作文还是有的，而且是各种各样的烂。呵呵。”

“呵呵，你是哪种烂？”

评判系统性能的另一种方法就是采用人工评判的方法，而人工评判也存在一些问题，下面列举几个。

速度和花费。由于需要由人来阅读生成的文本并做出评价，所以通常比较慢，花时间比较多，可能还需要给评判人员付费，花费比较大。

可能会出错。人会因为疲劳或其他原因导致评判出错。

评判结果可能不一致。不同的评判人员可能因为个人的认知、情感、水平等方面的差异而给出不一致的评判结果。即使是同一个人，其两次评判也可能不同。

自动评判问题不只是在文本的生成中存在，而是在生成任务中广泛存在。图像生成、音乐生成都是生成任务，因此，也有类似的问题存在。

“张老师说这篇作文好，李老师说这篇作文不够好，这是常有的事。况且，人们对某些著名文学作品还有争议。”

“在这种情况下，怎么使用不同的评判意见训练模型？”

“新课题！”

5.9　基于深度学习方法的缺点

以 ChatGPT 为代表的大模型取得了技术突破，但是由于采用了深度学习方法，因而也具有下面一些深度学习方法的缺点。

1. 可解释性比较差

下面仍以机器翻译任务为例来解释。在基于规则的翻译方法中，当出现错误的时候，可以从数据输入系统开始，看其中经过了哪些步骤，在哪里出了问题。这样找到原因后，就可以纠正错误并改进系统。例如，在把“We are students”翻译成了“我们是一些学生”这个例子中，可以找到问题出在把“students”翻译成了“一些学生”，因此就可以有针对性地修改。

在采用深度神经网络模型时，系统虽然从功能上可以完成翻译任务，但是由于模型内部结构非常复杂，系统和人的翻译过程并不对应，不知道到底是什么原因导致出现了错误，也无法很好地解释在翻译过程中发生了什么。因此，没有办法简单地直接修改系统的相应部分。

“神经网络模型对于我们像黑盒子，我们不知道里面发生了些什么。”

“哦。所以人们叫它“黑盒”系统？”

“是。所以就“解释”不清里面发生的事情。”

2. 缺少符号和逻辑的学习机制

ChatGPT 一类的大模型在对话系统中表现出了推理功能。图 5-9 是和 ChatGPT 对话的截图。虽然这看起来是一个笑话，但是如果把其中的“林黛玉”换成“林翠花”，不考虑《红楼梦》书名，故事还是合乎情理的。这个回答中

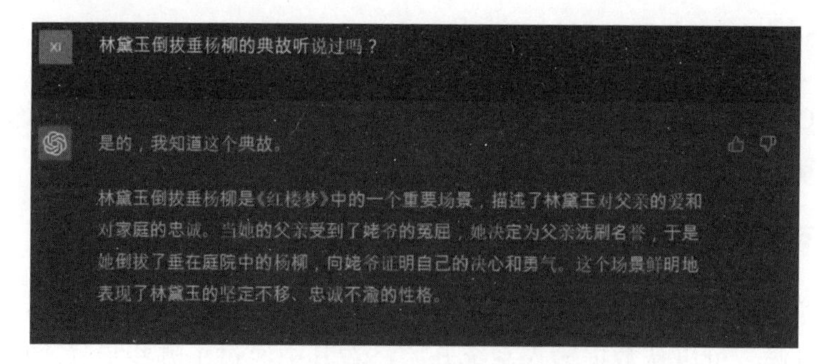

图 5-9　和 ChatGPT 的对话（1）

具有很多推理成分。但是，这样的推理功能是对于已有的大量训练数据“综合”和“插值”的结果，而不是根据推理机制得到的。

图 5-10 是和 ChatGPT 对话的另一个截图。人们发现，让 ChatGPT 做 9 位数以上的加法，它通常会做错。其根本原因是模型缺少纯逻辑的推理和计算机制。一个小学生学会了加法进位，即使做 20 位数以上的加法也没有困难，只要有足够的时间。而 ChatGPT 采取了和人不一样的学习机制，虽然也能做推理，但是其推理能力弱。特别是，这样的系统不能对新的推理任务实现“外推”。然而对于很多问题，特别是一些数学问题，不采用逻辑的方法是不可能很好解决的。

“人脑是怎么进行推理的？人怎么就能只用几个例子就学会了加减法？”

“认知科学对此还没有结论。
怎么样？你感兴趣吗？研究一下？”

“倒是有兴趣，可是感兴趣的题目太多了，忙不过来。”

WE　11122243786 加上 564876219760 结果是多少?

11122243786 + 564876219760 = 575988653546.

WE　11122243786+564876219760=?

11122243786 + 564876219760 = 575988653546.

图 5-10　和 ChatGPT 的对话（2）

3. 新词问题

如果给系统输入没有见过的新词，系统无法理解该词。

人们在阅读文章时，读到没见过的词汇和术语，也会有阅读困难。在互联网时代，不断会有新的网络用语，人们也需要不断地学习和了解这些新词。

对于预训练语言大模型，即使它已经“阅读”过足够多的文本，但是由于社会发展不断地产生一些新词，科学与技术的进步也会创造出新的知识和新的术语，因此新词问题还是不可避免的。

“我天天上网，新词不是问题。”

“我经常要查查新词是什么意思。更要命的是老词新用，“打酱油”“躺平”都有了新意思，一不小心就闹笑话。”

“啊？你也有新词困扰吗？”

4. 训练语料和应用环境不一致带来的问题

下面以中英翻译系统为例来解释。如果在训练翻译系统时使用的是文学作品的中英对应句子（训练语料），但是使用时却想用这个翻译系统翻译中文的工程技术文献（应用环境），这时系统的性能就会比较差。因为文学作品的词汇、风格、表达和翻译方法，与工程技术领域文献的用词、表达习惯、语言风格等相去甚远。与之类似，如果用工程技术领域的语料训练翻译系统，要将其用于翻译诗歌，系统的表现也会比较差。因此，就要求训练的数据和应用时的数据在性质上是一致的。这个问题是使用机器学习方法实现的系统都存在的问题。对于这个问题，有一些可以采用的方法，一种简单的方法就是增加应用环境的语料来训练翻译系统，这样问题可以得到缓解。

“OpenAI 说过，没有使用专业语料训练过 ChatGPT，所以关于专业领域的问题它回答不好。”

“那它就是一个中学生，还没学习专业知识。”

“还不如中学生，因为它没有逻辑、道德和伦理。你往下看。”

5. 知识的获取和使用

在理解语言时需要很多知识。例如：在读到“小明高兴地抱起了小兔子”，人们不只知道小明的这个动作，而且还利用了“小兔小”“小兔可爱”“小兔能抱”这样的知识。如何获取知识、表示知识和使用知识是重要的问题，将在下一章加以讨论。

当前的预训练大模型中已经包含了一些知识，特别是一些常识，而且在知识的使用方面已经有了很好表现。下面是一个大模型对问题的回答，问:“什么动物有三条腿？”答:“没有动物有三条腿。”问:“为什么？”答:“如果只有三条腿，动物会摔倒。”这体现了大模型具有常识，并能很好地使用这些知识。

进一步的问题是如何保证其获得的知识是正确的。大模型会出现知识方面的错误，例如下面的问答，问:“烤面包机和铅笔哪个更重？”答:“铅笔更重。”如何让大模型在这方面不犯严重错误，是一个难题。

除自然语料外，还有一些知识是人们总结出来的，以符号形式表示的，例如，理工科的很多知识就是以符号形式表示的。如何在自然语言处理与理解系统中使用这些知识也是重要的课题。

“知识就是力量。再多讲点知识表示的内容吧。”

“下一章专门讲知识表示。”

6. 成语、俗语的理解

语言中的成语、俗语的理解和翻译往往也是困难的课题。例如预训练语言大模型会把“我一出火车站就不知道东南西北了”翻译成“As soon as I leave the railway station, I don’t know the southeast and northwest”（百度 2022 年 12 月）。随着时间推移，系统使用的数据越来越多，这个问题会逐步得到缓解。

7. 每种语言都可能存在一些特殊的语言现象

每种语言都有自己的一些特点。这给机器翻译带来了困难。例如，汉语有一种修辞手法叫互文见义，翻译这样的文字就是有困难的。例如，预训练语言大模型会把“他穿的左一件右一件”翻译成“He’s wearing one on the left and one on the right”（chatGPT 2023 年 3 月）。类似的例子还有很多。

“木兰辞里的“东市买骏马，西市买鞍鞯，南市买辔头，北市买长鞭”。不是说到东市只买骏马，也不是到西市只买鞍鞯。东市、西市、南市、北市并不具体指哪个市场。”

“它这都不懂？它不都会写诗了吗？难道它以为“老婆饼”里有老婆？”

“不。它把“我想吃老婆饼”翻译成了“我想吃我老婆的蛋糕”（I want to eat my wife’s cake.）（百度 2023 年 10 月 12 日）”

5.10　自然语言处理与理解模型成功的原因与给我们的启示

随着自然语言处理和理解的深入研究，人们对于智能、智能任务、人工智能技术有了更多的认识。

1. 自然语言处理的不同任务对文本的理解程度的要求是不同的

在实际应用中，常常需要算法确定一篇文章的类别，这样软件系统就可以把文章放到相应的目录下，供人们阅读和保存。这样的归类往往比较粗略，如经济、艺术、工程等类别。对于这样的任务，不需要理解整篇文章，而只使用文章中反复用到的一组关键词就可以了。如图 5-11 所示，即使不读文章的内容，只看其中频繁出现的一组特异性的词，就能够大致了解文章的主题。这就是自然语言处理中曾经使用过的词袋（bag of words）方法和主题模型（topic model）的思想来源。当前的词云（word cloud）技术也利用了这一思想。

图 5-11　根据一组频繁使用的特异性的词来判断文章的主题

“不需要理解文本，也知道文章使用的字体。”

“字体识别属于计算机视觉范畴，与文本本身内容无关。”

“那，那，那确定文本风格和体裁，不必非要理解文本吧?”

“差不多。”

2. ChatGPT 为什么可以理解文本?

在介绍自注意力模块的时候，已经解释过，低层的注意力模块，获得了各词之间的相关关系，更新后的词向量就包含了其关注到的词向量的信息，因而更像是一个词组或者短语等。再向上的一些层的注意力模块获得的各词之间的相互关系，实际上是词组或者短语之间的关系。在前面介绍的例子：“峨眉山的猴子在吃香蕉因为它很饿”中，低层的注意力模块得到了“它是猴子”“它很饿”“它吃”“它在峨眉山”这样的信息；再向上，模型就可能得到“猴子很饿”“猴子吃”这样的信息；再向上，模型就可能得到“峨眉山的猴子很饿”“峨眉山的猴子吃”“猴子吃香蕉”；再向上，模型就可能得到“峨眉山的猴子吃香蕉”“峨眉山的猴子在吃香蕉因为它很饿”。如果输入的文本很长，例如一篇文章、一本小说，在模型高层，注意力模块就能得到一个句子和一个句子之间的关系、一组句子和一组句子之间的关系。因为 ChatGPT 允许输入一万多个词，网络结构有几十层，所以模型可以注意到从词到篇章各个层次之间的语义的复杂关系。

另外，根据研究发现，当模型的规模达到一定程度，训练数据达到一定程度的时候，预训练语言大模型性能会有一个明显提升。人们猜测，人们使用的各种概念、术语、表达方式等可能不是无穷尽的，存在一个“边界”。当模型比较大并且数据足够多的时候，模型见过了绝大部分情况，已经达到这个边界。这时，模型的性能就可能会有明显的提升。

“还是不太明白。”

“世界上有各种车辆，但是它们的种类、用途等不是无穷尽的。如果你见过足够多的车，了解了关于车的足够多的知识，人们再聊起车的时候，你就能和他们对答如流。”

3. ChatGPT 的贡献

ChatGPT 的成功告诉人们，对于自然语言处理和理解的任务，可以使用和人不同的方式来完成。以 ChatGPT 为代表的模型和人的认知系统存在很大差异，但是也能较好地完成翻译、摘要、对话、写作等任务。它探索出了理解语言的新途径。当然，这是使用非常大的数据量换来的结果。由此，又一次激发人们的思考，到底什么是智能？是必须要按照人类的大脑工作方式才能算是智能吗？ChatGPT 这样的另辟蹊径，它算不算有智能？

ChatGPT 模型能够完成所有的自然语言处理和理解任务，打破了以前各任务单独研究，彼此分离的状态。以前的自然语言处理与理解研究，不同的团队研究和解决不同的任务。虽然大家彼此交流，但是发现各种任务的解决方案差异很大。而 ChatGPT 一个模型就完成了所有任务，这是自然语言处理与理解方面的创举。

ChatGPT 可以以隐含的方式表示大量知识，特别是常识，并能够以一种更自然的方式使用知识。这是对于人工智能的一大贡献。获取知识、使用知识是人工智能的重要课题，这在下一章会介绍和讨论。

ChatGPT 可以实现简单的不确定性推理、常识推理，这也是对于人工智能的一个贡献。推理是人工智能的另一个重要课题，这在后面章节会介绍和讨论。

“ChatGPT 有这么多贡献呀！”

“它不只影响到普通大众对人工智能的理解，它也很大程度上影响了人工智能的研究思路、研究方法，激发了研究人员对智能的进一步深入思考。”

4. 语言不只是字符串

语言不只是计算机内的字符串，它表达的是人对这个世界的认知，也表达了人们对于事物的喜好、习惯、情感、文化、观点、立场、伦理、道德、价值观和世界观。理解自然语言，包括要理解说自然语言的人的文化、习惯和价值观。从图 5-12 可以知道，ChatGPT 在这方面性能还不够好。

SE 下文中两个你就等着吧有什么不同?
一个女孩大概是给男朋友打电话，“我已经到西直门了，你快出来往地铁站走。如果你到了，我还没到，你就等着吧。如果我到了，你还没到，你就等着吧。”

这两个“你就等着吧”在语义上没有太大的区别，都表示如果某种情况发生了，对方就需要等待。但是第一个“你就等着吧”是对男朋友说的，表示女孩已经到达目的地，如果男朋友还没有到达就需要等待；而第二个“你就等着吧”是对男朋友说的，表示如果女孩到达目的地，而男朋友还没有到达，女孩也需要等待。因此，第一个“你就等着吧”是女孩要求男朋友等待，第二个“你就等着吧”是女孩自己也需要等待。

图 5-12　ChatGPT 对于一个问题的回答（2023 年 3 月）

ChatGPT 应该为人类服务，因此其生成的文字应该符合人类的价值观。在人工智能领域，研究人员希望继续改进和提高 ChatGPT，让它向人类学习，从而避免在价值观方面出现错误。以前的大模型会生成暴力、色情、脏话等让人诟病的文字，人们希望今后的大模型不再犯类似的错误。在人工智能研究中，让算法学习人的喜好、习惯、情感、文化、观点、立场、伦理、道德、价值观和世界观被统称为学习人的价值函数。

当你要求机器人清理桌子时，是要保持桌上东西不动，只是清理尘土，还是把桌上东西摆整齐？这就是你的“价值观”；是要把所有的书排列整齐，还是把所有的书摞起来？这也是你的“价值观”；你喜欢清淡的食物，喜欢恬淡的田园生活，也是你的价值观。总之，这里讨论的价值观是一个比较宽泛的概念。

5.11 语言的局限性

ChatGPT 这样的模型会给人一种错觉：这些大模型无所不知。事实上，在智能这个问题上，语言本身具有局限性。

1. 语言只承载了所有人类知识的一部分

人类的知识所包含的内容非常广泛，其中一部分可以用语言表现，而更多的知识是不能用语言表示的。下面举几个例子。

人们去黄山旅游会惊叹风景“非常美”，看中国书法作品也会感叹“非常美”，不过人对这两种美的感受是不一样的，只是在语言中并没有专门术语来差异化地描述这两种不同的美。对于黄山，人们可能会说“壮丽”“震撼”……，可这些词也只能描述一部分感受，而不能描述人的完整的感受。为什么人们往往要用一组词来描述自己的感受？就是因为没有唯一的词能够准确地表达这种感受，所以只好使用一组词，从不同的角度描述。

前面是说对于人的感受。如果需要客观描述一张图，那么人们可能会用“云海缭绕山峰”等描述，但是仍然无法告诉别人，云在什么地方，山峰的颜色和位置。即使用几百个字去很细致地描述，也仍然不能详尽准确地描绘一张图。这就是为什么“一图胜千言”。要想完整准确地描述一张图，最好就是一个像素一个像素地描述，也就是使用这张图像本身，而不是用自然语言。图像本身就具有语言无法表达的知识。

之所以会这样，根本原因在于语言是一个离散的符号系统。而人的感受，或者对于图像的表达是连续的。如果要使用离散的符号系统表示一个连续空间范围，那么除非连续空间范围非常小、紧凑，并且有规律，才可以用一些单独的符号表示，这些就是人们约定俗成的词汇。如果连续空间范围宽，没有规律，就无法用一些简单的符号准确表示。例如，人们通常说的红色其实包含了非常多的颜色。虽然有桃红、紫红、朱红、大红、橙红、玫红，但是这些还远远不能准确无误地表达每一种特殊的红色。实际上，红色的种类是无限的。在调色盘上，以红色为主，加入少许的黄、少许的蓝可以调出无限种不同的红色。可以说，这些红色的变化是连续的。因此，只用有限的几种关于红色的术语是不足以完整描绘红色世界的。

对于图像是这样，对于声音、味觉、触觉也有类似的问题存在。声音、味觉、触觉也都存在语言无法表达的知识。实际上，这里的每一种模态的数据都是其他模态数据不能替代的。

语言本身具有局限，这和模型无关，与语言数据的多少无关。因此，仅仅通过语言训练的人工智能系统无法接近人类的智能。

“不管你怎么描述红烧肉，都不如我尝一口。味觉就是用语言不能表达的。”

“对于吃的热爱，让你在这个点上理解透彻。”

2. 理解语言需要和物理世界相结合

理解自然语言，也包括理解语言和物理世界的对应关系。除本章提到的机器翻译、对话和问答这样的任务外，人们还需要通过语言指挥机器人完成一定任务，如要求机器人到厨房做饭、打扫房间。这些都需要机器人能够将自然语言指令和物理世界以及机器人的操作相对应。例如，要求机器人“给我倒一杯水端过来”，需要机器人理解什么是“倒水”，如何“倒水”，如何“端”杯子。在这方面，只依靠语言模型是不够的。

认知科学告诉我们，人理解语言的时候，会在大脑中模拟语言所描绘的内容和过程。比如说“不要想象一只大象”，这是人做不到的。因为人在理解这句话的时候一定会有对大象的想象和模拟。没有想象和模拟，理解是完不成的。

> 请你认真阅读和理解下面的描述：“你站在马路边，对面是一座高楼，楼下有一个人抓着一根绳子开始向上爬。他快速地爬到 5 楼，休息了一会儿；然后又爬到 8 楼，这时 8 楼的窗户晃动了一下；最后继续爬，直到 10 楼楼顶”。你是否在脑中模拟刚才的场景？

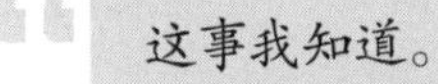

> 这事我知道。
> 做实验发现，人们听上面这个故事时，眼睛都会不由自主地从下向上移动。说明他们在做心理模拟。

5.12 相关内容的学习资源

有很多大学开设了自然语言处理方面的课程，会系统地介绍自然语言处理的理论、方法等内容。自然语言处理方面的教材、书籍也有很多。另外，可以阅读一些文章了解自然语言处理方面的进展。

5-1

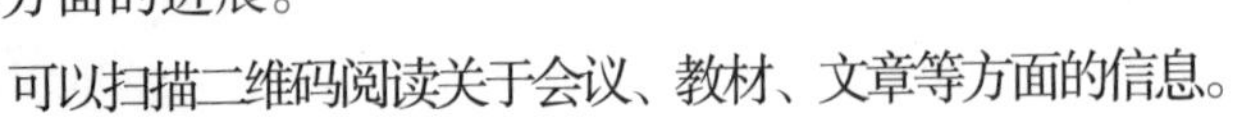

可以扫描二维码阅读关于会议、教材、文章等方面的信息。

第 6 章

知识表示与知识获取
——让机器拥有知识

在很多智能任务中都需要用到知识，特别是在自然语言问答系统中。如果要回答“孔子吃过葡萄吗？”，就需要知道孔子生活的时间和葡萄被引入中国的时间。如果知道这两者没有时间的重叠，答案就一定是否定的。这就是回答这个问题需要的知识。再比如，“他终于跑完了马拉松”。人们都知道马拉松长跑路程远，想完成马拉松长跑不是一件轻而易举的事情，这样才能理解其中的“终于”的含义。如果没有这些知识，可能只是知道一个人跑步了。

人们早已经认识到知识对于智能的重要作用。很多孩子从很小的时候就开始读书，从中学习知识。一些受欢迎的电视节目，也是在对比人们对知识的记忆和检索，例如：“说出祖冲之的生存年代和他的科学贡献”。竞赛关注的是回答是否准确，以及参赛选手回答问题需要多少时间。“知识就是力量”反映了人们对于知识的肯定。

在人工智能最初研究中，知识表示就被列为一项主要内容。20 世纪 70 年代到 80 年代末，研究人员关注知识表示与专家系统的建立，取得了一些具有说服力的成果。相关内容在第 1 章有描述。

爱德华·费根鲍姆（Edward Feigenbaum，1936—　），美国计算机科学家，专家系统之父。他是人工智能知识系统倡导者之一，也是知识工程的奠基人。他和合作者在 1968 年设计和开发了第一个成功的专家系统 DENDRAL。他因设计与构建大规模人工智能系统的先驱性贡献，展现了人工智能技术在实

爱德华·费根鲍姆

际应用中的重要性和潜在的商业影响而与罗杰·瑞迪共同获得了 1994 年度图灵奖。

罗杰·瑞迪（Raj Reddy，1937— ），印度裔美籍计算机科学家。主要研究领域包括人工智能、语音理解、图像识别、机器人等。

罗杰·瑞迪

6.1 主要研究内容

对于知识，人们的研究主要集中在下面几个方面。

知识表示：在计算机内部以什么形式来表示知识。

知识获取：世界上存在大量的知识，怎样把这些知识收集起来，并按照知识表示的方法存入计算机中。

知识使用：在一个智能任务中，如何使用获得的知识。

这些研究内容也被称为知识工程（knowledge engineering）。20 世纪 70 年代的人工智能严冬，让很多人不再相信人工智能。但是，研究人员意识到，以前的研究中缺少了对于知识的关注和研究。为了能够继续开展这些研究，研究人员把知识表示、知识获取、专家系统等方面的工作统称为知识工程。

“换个名字可以避免人们的反感。”

“知识工程这个名字范围更窄一些，研究也更具体一些，客观上利于人们的研究和交流。”

“后来几十年的时间里，不同的研究方向都喜欢使用具体的名字，如机器学习、计算机视觉等，而不是笼统地说人工智能。”

“那现在为什么到处都在说“人工智能”了？”

“现在人工智能名声变好了。”

“这算是“蹭热度”吗？”

“人工智能研究内容很宽泛，其中的每一项研究内容的确属于人工智能这个大领域。大家使用“人工智能”，不为过。”

6.2　知识表示方法举例

人们曾经提出过多种知识表示方法。下面列举几种。

1. 谓词

如“赵小龙是清华大学的一名学生”可以表示为：THStudent（赵小龙）。这里的 THStudent 只是一个字符串符号，不意味着计算机知道它的文字含义。这样的谓词符号能方便研究人员的研究，因此，表示为 THStudent（赵小龙）、T（赵小龙）、S（赵小龙）是一样的。

使用谓词表示，结构很紧凑，适合表示确定性的知识。这样表示的知识可以用于推理和学习。

2. 语义网络

图 6-1 是两条用语义网络表示的知识。上面的片段表示：Liming is a student.（李明是一名学生）。下面的片段表示：曹雪芹是《红楼梦》的作者。这种表示的两端方框是节点，表示事物；中间的箭头，也叫弧，表示事物之间的关系。

客观世界事物、概念、状态非常丰富，其关系也多种多样。为了方便，表示节点关系的弧可以任意选取。这种表示方法非常灵活和简单。

图 6-1 的语义网络也可以三元组的形式表示：（Liming，IsA，Student）或（曹雪芹，作者，红楼梦）。用三元组形式表示时，针对图中每一条弧，可以建立一个三元组。这样一个大的语义网络可以拆成一系列的三元组，可以很简单的方式存储这些三元组。

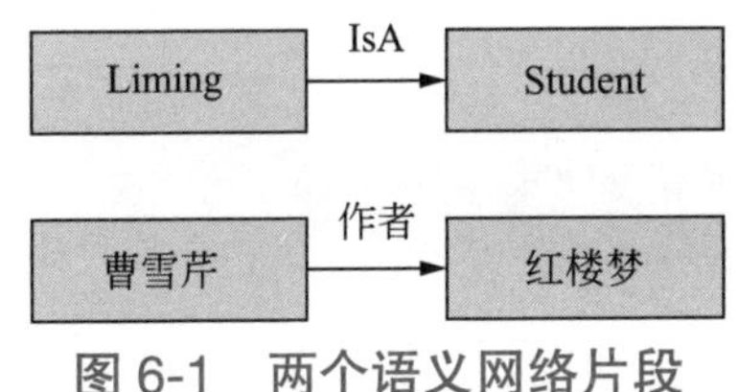

图 6-1　两个语义网络片段

有些三元组有相同的节点，可以把具有相同节点的三元组连起来。如（曹雪芹，作者，红楼梦）和（红楼梦，是，古典小说），这两条知识中都有"红楼梦"这个节点，就可以把这两条知识通过"红楼梦"这个节点连接起来。大量的三元组知识其实可以通过相同的节点把不同的知识连接起来，这样就可以构成一个知识图谱（knowledge graph）。知识图谱直观、形象，实际上，知识图谱就是一种语义网络。

"这些年常常听说"知识图谱"，听起来很高深。"

3. 向量表示

前面的两种表示方法中，谓词、节点、弧都是用符号来表示的，这些符号不能自然地表示其相似关系。例如，"张山，兄弟，张石"和"张山，兄妹，张丽”是两条知识，这里的关系“兄弟”和“兄妹”都仅仅是符号，还需要一个具体的算法来确定这两个关系非常紧密。在第 5 章中讨论过这个问题。

而在神经网络模型中，词、图像中的物体、声音常常以向量形式表示。因此，向量就成为了知识表示的一种方法。利用向量表示方法，两个词之间的关系会比较“自然”地得到体现，例如两个近义词之间的距离也比较小。相关细节可以参见第 5 章。

“ChatGPT 等预训练语言大模型在知识表示、知识使用方面的成功，让知识的向量表示得到了更多的关注。”

“预训练语言大模型的贡献好大呀。”

6.3　知识的获取方法

知识获取往往依赖于知识的表示方法。研究人员曾经使用过三类知识获取方法。

1. 人工构建知识库

20 世纪 70—80 年代，就是采用这种方法构建的知识库。知识库中每一条知识都是请人一条一条录入计算机中的，例如 WordNet、Cyc 就是这样的知识库。WordNet 是由普林斯顿大学从 1985 年开始开发的一个知识库，其中，名词、动词、形容词、副词各被组织成一个语义网络。语义网络表示了各词之间的语义关系，如同义词和反义词关系。

人工构建知识库的一个缺点就是人力费用高、构建知识库的时间长。专家系统 MYCIN 由人工智能专家和医学院专家共同构建，他们用了大约 5 年时间，构建了由几百条规则形式的知识构成的知识库。

人工构建知识库的另一个缺点是很难**全面完整地构建**一个知识库，更不要说是一个**大型知识库**。可以考虑一个简单的任务，通过人工输入的方式构建一条知识“水果”，就是把各种水果名称罗列出来。虽然这个任务看起来不难，但是要把这样一个任务完成好，并不容易。一方面，人往往会丢三落四，列不齐全；另一方面，一个人往往只知道世界上的一部分水果，而不是全部。造成这种困难的一个原因可能是人脑中的那些知识不是供人们“罗列”的，人们也没有练习过如何把某些知识“罗列”齐全。

此外，人工构建知识库的方式特别难以构建常识类知识。人们的生活中存在大量的常识，例如：一个物体不能同时出现在两个地方；人有五官；等等。虽然这些常识人人都有，但是如果要把所有常识描述出来却是异常困难的。人们在列举这些常识时，往往会丢三落四。再举一个例子：人们要出门旅行，就要提前考虑旅行中需要带上的各种物品。如果不是别人的提醒，或者有以前的旅行中所带物品的记录清单，很多人就会忘记带很多东西，而一旦在旅行中需要用到时，才会想起忘记了的物品。这也就是为什么对于一些很重要的活动，人们需要提前“演习”“预演”，“演习”和“预演”可以让人们发现之前计划中的不足和遗漏。从知识获取和表示的角度看，脱离了现实世界，只是在实验室设计和回想需要的知识往往是不够的。

Cyc 知识库经过了 10 年的构建，具有 50 多万条规则。看起来是一个很庞大的知识库，但是其中的知识仍然非常零碎，不够系统。有些方面的知识比较多，有些方面知识非常少，分布不均匀，而且其中缺乏大量常识。

“让人把知识一条一条罗列出来，想想都费劲，更别说要构建世界上的所有知识了。”

“所以 Cyc 计划失败了。”

“那当初为什么要实施这个计划？”

“一开始人们没有意识到这个计划这么难。随着人工智能的研究，人们才意识到这是一件非常难的事情。”

2. 自动抽取知识构建知识库

互联网上存在大量的文本，例如维基百科、百度百科以及大量的网页，这些都包含了很多知识。这为自动构建知识库提供了可能。在 2006 年前后，人们开始研究从互联网自动抽取知识。也就是说，用算法从文本中抽取知识，而不是由人从中抽取知识。

有两种思路来自动抽取知识。一种思路是要求网页上的内容有固定的格式。这样就可以使用程序自动收集网页，并按照定义好的格式从中抽取知识。图 6-2 就是百度百科中的词条“计算机视觉”内容的截图，里面有“定义”“原理”“应用”等条目，每个条目下还有具体内容。这样就可以让程序寻找各个条目，然后使用后面的文本作为这些条目的内容。

中文名	计算机视觉	所属学科	计算机科学
外文名	Computer Vision	应　用	人脸识别、自动检测、导航系统等

目录

1 定义
2 原理
3 应用
4 解析
5 相关
- 图像处理
- 模式识别
- 图像理解

6 现状
7 异同
8 问题
- 识别
- 运动
- 场景重建
- 图像恢复

9 系统
- 图像获取
- 预处理
- 特征提取
- 检测分割
- 高级处理

10 要件
11 会议
- 顶会
- 较好会议

12 期刊
- 顶刊
- 较好期刊

图 6-2　百度百科关于“计算机视觉”内容的截图

这样构建的知识库可能比较粗糙。因为每一条细目下的内容都是大段的自然语言文本。所以，不能以语义网络形式表示这样的知识库。

百度百科这样的资源也是人们有目的地整理出来的，与前述人工构建知识库的方法相比，其整理的人员更多，时间更长。由于整理的人员来自社会各界，因此，其知识覆盖面就会更广、更完整。

“百度百科这样的资源有点众包的味道。”

“这样的知识库的正确性是一个需要考虑的问题。”

另一种思路就是利用自然语言本身的特性，从互联网文本中自动提取知识。下面以微软的 ProBase 知识库为例介绍其一个技术点。

在英语中，有一个比较稳定的结构，“ NP such as {NP, NP, ..., (and|or)} NP”，其中的 NP 指名词短语。比如下面这个句子“I like fruits, such as apples and watermelons.”就是这样的结构。其中，前边的名词“fruit”是一个集合的名字，后边的“apple”“watermelon”是这个集合中的元素。这样就可以构建一条知识：有一个概念叫“fruit”，里面有两个元素，是“apple”“watermelon”，即：fruit={apple，watermelon }

在文本的另一个地方可能出现了这样的句子，“He likes fruits, such as apples and grapes.”由此也可以构建一条知识：有一个概念叫“fruit”，里面有两个元素，是“apple”“grape”，即：fruit={apple，grape}。这两个集合的名字相同，因此把它们合并，就得到 fruit={apple，watermelon，grape}，并且知道 apple 出现了两次。因为可用的文本很多，所以就会对上面的这条知识不断扩充，从而可以得到很全的各种水果的列表。

由于这样的句子结构很稳定，所以可以通过简单的程序首先把文本中的“such as”找到，然后取出“such as”之前的词或者词组作为集合的名字，然后再取出“such as”后面的词或者词组作为元素。

除了上面介绍的句子结构，英语中还有其他稳定的句子结构。ProBase 就是利用这种方法对互联网上几十亿个文档进行扫描和分析，在几个月内构建成的知识库就包含了几百万个概念（集合名称）及其成员（集合元素）。

“很巧妙啊。几个月内就建立了这么庞大的知识库。”

“如果句子结构不稳定就不行。”

“NP such as {NP, NP, ..., (and|or)} NP”这样的表示也被称为一个模板，程序按照这个模板自动抽取知识。

按照模板抽取知识是很多研究人员采用的方法，但是用这种方法，就需要使用的模板比较“稳定”。例如：“因为……，所以……。”就是一个因果关系模板，但是这个模板不稳定。有时句子里缺“因为”（路上太堵了，所以我迟到了），有时缺“所以”（因为路上太堵了，我就迟到了）。有时候“因为”“所以”都缺，表示的仍然是因果关系，例如：“路上太堵了，没办法，我迟到了”。有时候句子先后顺序是反的，例如：“我知道我迟到了，没办法，路上太堵了”。此外，人们表达因果还会采用“既然”“由于”“因此”等词语。

甚至于有些句子使用了“因为”“所以”，表达的也不全是因果关系，下面举几个例子。

“因为路上太堵了，我拿东西多，心里特着急，所以迟到了”，其中的“我拿东西多，心里特着急”不是迟到的原因。

“你怎么知道天亮了？”“因为鸡叫了，所以天亮了”，这里“鸡叫”不是“天亮”的原因，而是“我知道天亮”的原因。

“一个因果就这么多不同的表达方式，好麻烦。”

“语言的多样性给这种方法带来了困难和挑战。”

3. 构建隐含的知识库

预训练语言大模型（见第 5 章）中包含了大量知识，特别是包含了大量常识。看下面人与大模型 GPT-3 的问答。从中可以知道，GPT-3 包含了知识，也包含了常识。

Human: How many legs does a frog have?（人：青蛙有几条腿？）

GPT-3: A frog has four legs.（GPT-3：青蛙有四条腿。）

Human: Are there any animals with three legs?（人：是否有动物有三条腿？）

GPT-3: No, there are no animals with three legs.（GPT-3：没有三条腿的动物。）

Human: Why don’t animals have three legs?（人：为什么没有三条腿的动物？）

GPT-3: Animals don’t have three legs because they would fall over.（GPT-3：三条腿的动物会摔倒。）

预训练语言大模型通过对大量的自然语言进行文本建模和分析，获得了其中蕴含的知识。这对于知识的获取研究，特别是常识的获取研究是一个很大的贡献。以前的知识库都是以符号形式单独建立的，而大模型的知识是隐含地存在于大的语言模型中的。前面讨论过，人工构建常识知识库是一个非常困难的问题。虽然目前预训练语言大模型在常识方面还存在错误，但是已经在这个问题的解决上作出了很大的贡献。

通过“阅读”大量的自然语言文本来获得知识，太棒了。免除了前面两种方法的困难。

不只如此，看下面它对于知识的使用，也很了不起。

6.4　知识的使用

建立好知识库可以有助于更好地完成智能任务。这涉及知识的使用。

在使用一个知识库时，通常根据需要对知识库进行检索，找到相关知识，然后再结合使用的需求，给出输出。以问答系统为例，得到一个用户提问“高二四班的数学平均分是多少？”，系统需要理解提问的内容，把这个提问变成一个检索命令：检索“平均分”，限制条件是“高二四班”和“数学成绩”。然后对知识库进行检索。得到结果“90”后，再输出“高二四班的数学平均分是 90”。其中对问句的理解、将问句解析为检索命令、回答检索结果都需要专门编写程序来实现。

在传统的知识库构建中，一个重要的问题就是要保证知识库内容是正确、完备的，因为对于用户问题的回答和决策都是以知识库内容为基础进行的。但这导致了知识库构建的困难，特别是常识构建的困难。例如，知识库中会存在一条知识“鸟会飞”，在系统使用时，遇到了“企鹅”这个词，根据知识库的查找可以知道“企鹅是鸟”，于是根据“鸟会飞”，可以推断“企鹅会飞”，这就产生了错误。为了避免这种错误的发生，人们曾考虑把“企鹅”这样的个例加入知识库中，于是个例就包括“企鹅不会飞”“渡渡鸟不会飞”“几维鸟不会飞”“没了翅膀的鸟不会飞”“死鸟不会飞”……类似的个例根本列举不完，这曾经是人工智能研究中的一个困难问题。

当前人们在使用百度、谷歌等信息检索系统时，可以问“某某导演执导的电影有哪些？”“怎么打领带？”“怎么做宫保鸡丁？”在回答这一类问题时，检索系统可以基于用户提问和网络上已有的文本的匹配程度来得到检索结果。此外，还可以使用知识库回答这样的问题。在使用知识库时，需要首先理解用户的问题，然后把这个问题转化成知识库的检索命令并进行检索，最后把检索结果以自然语言呈现给用户。当然，检索系统给出的结果只是给出一些可能的候选答案，不能保证这些答案是正确的。

目前，ChatGPT 这样的大模型包含大量知识，可以回答用户的很多问题。因此，采用预训练语言大模型可以直接将模型中的知识以自然语言的方式呈现给用户。

由于知识的复杂性和多样性，在建立了显式的知识库时，知识的使用就需要专门编程来解析用户的问题，生成知识库检索指令，把检索结果转变为答案。这个过程很复杂。但是预训练语言大模型把对于用户的要求和知识的使用合二为一，让知识的使用自然而简单。

“预训练语言大模型把知识的获取、表示、使用合三为一了。”

“是。”

6.5 困难和挑战

对于知识库的构建，人们关心下面的问题：

获得的知识正确吗？

如何高效地获得知识？

如何动态更新知识库？

如何表达无穷无尽的知识？

如何获取和表达常识？

如何使用知识？

在构建知识库的三种方法中，虽然人工方法能够获得高质量的数据库，保证知识的正确性，但是构建知识库的效率低下，特别是在获取和表达常识方面存在很大的困难。依靠人工方法构建的知识库，适合小规模的封闭环境的任务，例如：几何题的自动证明。大部分的几何题的证明只需要使用几何知识，包括几何概念、公理、定理、推论等。可以把这些知识通过人工方式输入计算机中，构建知识库。对于给定的几何题，计算机通过已知条件和知识库，就能进行定理证明。

自动构建知识库的方法虽然效率高，也能动态更新知识库，但是构建的知识库可能存在错误。例如：在 ProBase 的构建中，下面这个句子“Eating disorders such as ... can be bad to your health.”（诸如……之类的饮食失调对健康有害）中的 Eating disorder（饮食失调、进食障碍）是一个集合的名字；而在“Eating fruits such as apple ... can be good to your health.”（吃苹果一类的水果对健康有益）中的 Eating fruit 不是一个集合的名字。为了保证得到的知识库准确，人们常常只使用能够保证正确的内容作为知识库中的知识，或者采取人工校验的方法。

使用自动抽取出显式知识的方法存在如下的困难：文本的表达格式不同（如电子邮件和新闻稿中的日期的位置和表达方式都不一样），这被称为异构数据；自然语言的表达不严格遵从模板，这样有大量的知识无法抽取出来。有时，人们构建了看起来“很大”的知识库，包含了几千万条知识，但是在应用时，往往会发现需要的知识不在其中。

大语言模型对于隐含知识库的构建效率高，也能动态更新知识库。这为开放环境下的翻译、问答等任务提供了一条成功之路。但是，大语言模型中的知识的正确性无法保证，看下面大模型 GPT-3 对于问题的回答。

Human：Which is heavier, a toaster or a pencil?（人：烤面包机和铅笔，哪一个更重？）

GPT-3：A pencil is heavier than a toaster.（GPT-3：铅笔比烤面包机重。）

这可能是训练语料的问题，或者是模型“过度”综合导致的。而大语言模型的知识表示是隐含的，可解释性差。这为知识的更新和矫正带来了困难。

常识的获取和表示是人工智能的一个非常困难的问题。依靠人工方法和自动抽取知识的方法都很难解决。预训练大模型中包含了大量的常识，这是用于常识获取和表示的一个行之有效的方法。

预训练语言大模型在知识的获取、表示和使用上，的确很有特点。但是，现实中的很多知识是以符号形式存在的，传统知识库也很有必要。在这种情况下，如何把传统的知识库和预训练语言大模型相结合，成为一个重要的课题。

“自动抽取知识就像人读字典、读百科全书；大模型抽取知识就像人读报纸、看小说学知识。”

“这两种方式都很有用。”

人们生活的世界是动态的、开放的，包含了无穷无尽的知识。人工方法和自动构建知识库方法都是不可能解决这个问题的。

现实世界是不断变化的，知识也是不断更新的，这就是现实生活。因此，要求一个知识库无所不包，可能太过苛刻。在一些日常对话中，是否只要大部分知识正确就可以满足通常的要求？在哪些任务中，我们应该以什么标准来要求系统的推理正确性？这些都是研究人员需要探讨的问题。

“我学习的知识没那么多，但也可以生活，胜任一些工作。为什么一定要知识库无所不包呢？”

“如果从完成一个智能任务角度看，的确不应该要求知识库包罗万象。事实上，不同的智能任务对知识的需求是不一样的。很多情况下，不需要一个智能系统具备那么多的知识。”

6.6　何谓知识：进一步的探讨

当前的研究集中在从语言中提取知识。而实际上，语言只承载了人类的一部分知识。这在第 5 章已经解释过。

看图 6-3，可以知道这是两张木材的纹理图像。如果没有图像，那么如何描述和表示木材的纹理？人们可以只用语言就把这两张图像准确地描述出来吗？如果不允许有误差，描述图像的最好方法就是使用图像本身。这在第 5 章也解释过。

图 6-3　两张木材的纹理图像

实际上，不是每一条知识都适合用语言和符号表示。现实世界中各种模态的数据，比如图像、声音、气味、味道，这些数据中都包含了知识，而人们无法仅仅用语言表示这些知识。在第 5 章讨论过语言的局限。这一局限的根本原因就在于语言是一个符号系统，它是离散的，而图像、声音、气味、味道的表示空间是连续的，这些连续的知识没有简单的规律可以描述。如果把连续空间离散化就会损失大量的信息和知识。

“我明白了。这就是说，对于任意的连续曲线，语言相当于线上的一些离散点，这些点不能没有误差地表示这条曲线。是吗？”

“好比喻。
除非这些点足够稠密才行，不过既然这么稠密还不如就用这条曲线来表示。”

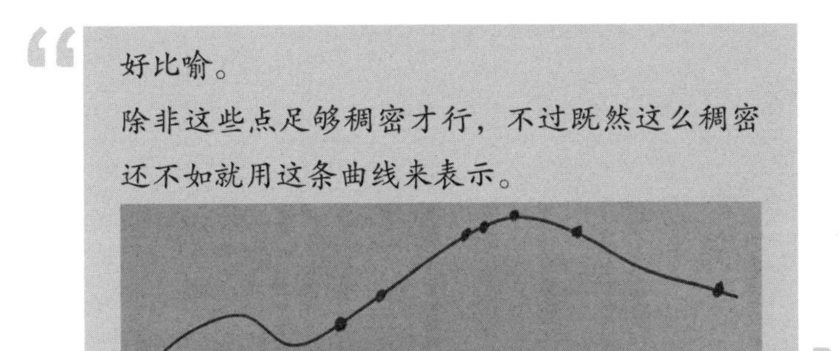

因此，多模态知识的表示、获取和使用是一个非常重要的问题。

什么是知识？对此并没有一个明确的定义。人们曾经从语言学、认知科学、哲学等层面做过很多的讨论。所有的知识都是可以表示的吗？应该怎样研究和开发知识表示和知识获取？这些都是研究人员关心的问题。

6.7 相关内容的学习资源

对目前存在的一些知识库（知识图谱），感兴趣的读者可以去相关网站查找相关内容。

扫描二维码可以阅读有关知识表示和知识获取方面的课程与书籍信息。

6-1

第 7 章

机器学习
——让机器拥有提高自身性能的能力

2010 年开始的这一波人工智能热潮中，“机器学习”大概是除“人工智能”以外人们接触最多的术语了。

关于机器学习曾经有过不同的定义。下面是其中的一个定义：“计算机系统能够利用经验提高自身的性能”，这里的“经验”含义广泛，因此，机器学习曾经发展了很多不同的技术路线。经过多年的研究，机器学习主流工作都是从数据中学习规律和知识。这里的“规律”和“知识”的含义丰富，例如，可以是线性函数中变量的系数，也可以是神经网络的权重。因此，机器学习的研究内容也就非常广泛。

从前面的章节中可知，图像中的物体检测是回归问题，图像识别、环境音的识别与乐器的识别、自然语言中下一个词的预测是分类问题。这些问题虽然在具体的任务上的表现不同，但都可以抽象地看成两个问题：回归和分类。机器学习就是研究解决这些共同的问题，需要采用什么方法和模型以及这些模型和方法的性质和局限等。

“机器学习就是要从学习的角度研究各类应用中的共性问题。这样，就可以把研究成果应用于视觉、听觉、自然语言等方面的问题解决中。”

“看起来，机器学习研究工作比较基础，它支持了各种应用研究和技术开发。”

“我原来以为“机器学习”就是让机器像人一样，读书、记忆、复习、思考、考试呢。原来不是这样。”

“人的学习是一个非常复杂的过程。机器学习只强调这个过程的一部分。”

现实中有很多的问题需要研究，有些可以建模为机器学习任务。因此，这里的机器学习任务不只是回归和分类，也有很多别的任务。

下面集中讨论几个典型任务。

7.1 机器学习任务：回归

回归（regression）问题主要研究如何预测一个连续变量的数值。在一些实际问题中，人们知道一个连续变量的取值和某些变量 x_1，x_2，…，x_m 有关，但是不知道它们之间的具体关系。例如，有一些长条形物体，物体的重量和长度有关，但是它们具体的函数关系可能还不能确定下来。

人们希望能够根据变量 x_1，x_2，…，x_m 的值预测这个连续变量的值。这时，可以把 y 看作 x_1，x_2，…，x_m 的函数，即 $y = f(x_1, x_2, \cdots, x_m)$。也就是说，人们可以把刚才的长条形物体的重量看成是长度 x 的函数 $f(x)$。如果人们知道了重量和长度之间的具体函数关系，那么这时根据长度就可以预测其重量，所以如何确定这个函数关系就成为了一个关键问题。

在很多情况下，虽然不知道函数 f 的具体形式，但是当提供了 x_1，x_2，…，x_m，y 的一些取值时，就可以考虑根据这些取值找到 f。在长条形物体的重量和长度这个问题上，考虑的就是如果已知一些这样的数据（长度、重量）时，如何利用这些数据总结出重量和长度的具体的函数关系。这样，当知道一个新的物体的长度时，就可以估算其重量是多少。

回归问题存在于实际生活中。例如，图像中的人脸检测就是需要算法确定包含人脸的方框的坐标。毫无疑问，人脸方框的位置是人脸图像的函数。所以，可以将人脸检测建模为一个回归问题：输入是一张包含人脸的图像，输出是包含人脸的方框坐标。再例如，人的体重就和身高有关。可以将体重看成是身高的函数。于是，这就成为了一个回归问题：输入是一个人的身高，输出是其体重。现实生活中还有更多的例子，这里不一一讲解。

“就是利用已知的一些人的数据，总结出体重和身高的关系。然后测量一个人的身高，用这个关系，估计他的体重？”

“就是这个意思。
知道了这个关系，就不必对每个人测量体重了。”

一个线性回归模型的学习过程

下面仍然考虑长条形物体的重量和长度之间的关系问题。如果已经测量了一些这样的长条物体的长度 x 和重量 y 的值，那么如何能够确定它们之间的函数关系？

上面这个问题的数据如图 7-1（a）所示：黑色的点是已知的 x、y 成对的数据。例如其中一个黑点的坐标是（29.0，28.7），这表示有一个物体长度是 29.0，重量是 28.7。在已知这些黑点的数据的情况下，出现了一个新的物体，只知道其长度 x'，问它重量 y' 是多少？参见图 7-1（b）。

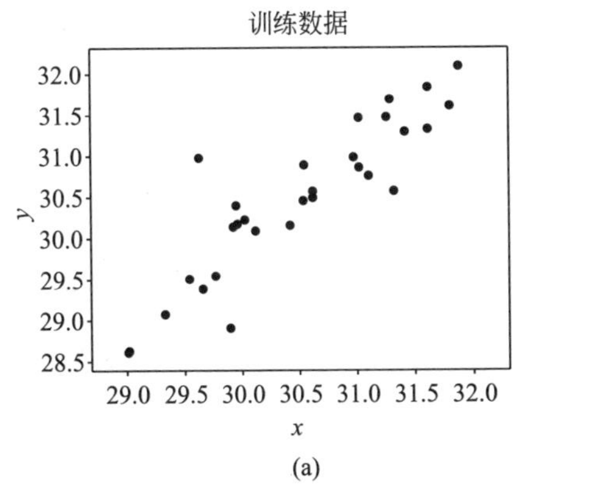

(a)

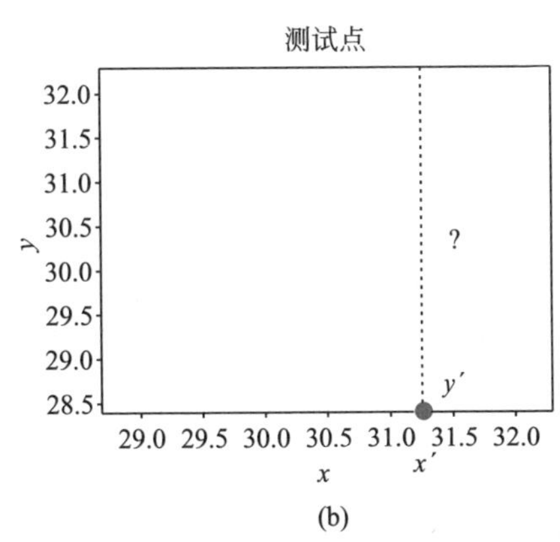

(b)

图 7-1　一个线性回归的例子

了解了这个问题，另外再对图 7-1（a）进行观察，发现 x、y 之间关系可以“近似”地用一个线性函数表示：

$$y = \theta_1 x + \theta_0 \tag{7.1}$$

上面这个发现就是我们对于该问题的假设。称之为假设是因为这是基于我们的观察和猜测，这类物体的长度和重量之间是不是这样的一个函数关系我们还不知道。一个线性函数定义的线性关系应该是一条直线，这时候黑点都应该分布在一条直线上。而根据观察，这些黑点分布在一条直线附近，所以可以用一条直线近似表示这些黑点。这里的“近似”是因为这些点并不是严格服从线性关系，而是存在一些误差。这些误差可能是物体的粗细不同、材质不同或者测量误差导致的，但是这些量没有被观测到。

另外，这里重量和长度之间的关系有可能很复杂，如果使用算法来找这个关系，就需要从各种可能的关系（函数）中寻找。这样，需要寻找的可能性太多，也就是说搜索空间太大。因此，这个问题就太复杂了。为了简化问题，根据观察和经验，可以用一个线性函数近似表示这个关系。这样算法只需要在线性函数中寻找这个关系，问题就被大大简化了。

上面的假设明确了 x、y 之间是线性关系。这样，这个函数关系的形式（也就是线性方程）就已知了，但是其中的参数 θ_1、θ_0 还是未知的。θ_1、θ_0 取不同值时，就会得到不同的直线。因此，这个线性方程包含了所有的可能的直线。下面的任务就是要确定这两个参数的数值。式（7.1）意味着把 x、y 的关系缩小到一个线性关系中。这里称 $\theta_1 x+\theta_0$ 为假设空间（hypothesis space），因为它包含了这个假设中的所有可能。

“用一个线性函数来表示重量和长度之间的关系，就是一个建模的过程。在这个例子里，建模就是用线性函数近似这些数据的过程。”

“就是用“数学”的眼光来看这些黑点之间的关系。”

“我就是“数学”的化身，我看这些黑点近似为一条直线。”

“你就是一个神话传说。”

下一步就是需要确定参数 θ_1、θ_0 的值，希望参数 θ_1、θ_0 确定的这条直线，能够对已知数据拟合得很好。因此，需要一个指标或者度量来衡量一条直线对这些数据拟合的好坏程度。

研究中提出的度量不止一种，$(\hat{y}-y)^2$ 就是一个常用的度量，其中，$\hat{y}$ 是这条直线在 x 点的函数值。这个度量给出的是这个直线模型的函数 $\hat{y}$ 和标准答案 y 之间的误差的平方。总共有 N 个数据点，所以需要计算每一个数据点处的误差平方，然后对这些误差平方求和，称之为误差平方和：

$$L=\sum_{i=1}^{N}(\hat{y}_i-y_i)^2 \tag{7.2}$$

因此，该任务就变为寻找参数 θ_1、θ_0 的值，使得上面这个误差平方和最小。

这是一个优化问题，因此需要使用优化技术和方法对这个问题求解，从而找到参数 θ_1、θ_0 的值。求解上面这个优化问题的方法过于复杂，这里就不详细解释了。

值得说明的是，通常来说，回归问题会变为对一个优化问题的求解。因此，优化方法就成了求解回归问题的基础。

当确定了最优参数 θ_1、θ_0 后，这个方程就确定下来了。实际应用的时候，输入一个同类物体的长度，根据这个方程就可以计算出这个物体的重量。

“好，有新任务了。我要学优化技术。该学什么课？用什么书？”

“有两大类优化技术：运筹学和智能优化方法，有相关的课程和教材。”

7.2 机器学习任务：分类

分类（classification）问题主要研究如何根据一些变量 x_1，x_2，…，x_m，预测一个离散变量 y 的数值。和回归问题一样，这里把 y 也看作 x_1，x_2，…，x_m 的函数，即 $y=f(x_1, x_2, \cdots, x_m)$。例如，人们知道，花卉和其他物体相比，其形状、大小、颜色、纹理都会不同。因此，可以认为花卉是由其形状、大小、颜色、纹理这些特征决定的，是这些特征的函数。可以定义花卉图片的值为 1，其他物体的值为 0。也就是说，这个函数把所有的花卉图片映射为 1，其他的图片映射为 0，它能把花卉和其他物体分开。

由于不知道这个映射函数 f 的具体形式，所以需要采集很多不同花卉开花的照片，再采集很多其他物体的照片，分别提取形状、颜色、纹理特征，然后就可以用这些数据来找到这个函数。这样，当有一张新的图像时，就可以利用这个函数判断图片是花，还是其他物体。

同样，对于一般的物体识别时，对每一种物体指定一个确定的值。然后收集这些物体的各种情况下的照片，提取这些物体的形状、颜色、纹理特征，并找到这些特征与指定值之间的关系函数。这样，当有一张新的物体的图像时，就可以利用这个函数给出物体的名称。

“一个是连续变量，一个是离散变量，看起来这两个函数没那么大的差别，怎么应用上的表现就那么不一样？一个预测体重，另一个识别各类物体。”

“是。数学上的差异不大，但是应用场景的变化往往很大。事情就是这么奇妙，实际中纷繁多样的问题在数学建模上往往很类似，甚至相同。”

“对很多物体做分类时，可以给各类物体任意指定一个数值吗？还是有什么限制？”

“一般来说，可以任意指定，最好指定的是一些整数。”

图像分类问题

在做图像分类时，可以采用神经网络模型（参看第 3 章的内容），模型的输入是图像，输出是图像所属类别标号。

考虑到采用神经网络模型来识别图像，如果要识别一张图像是否花卉，那么神经网络可以规定有两个输出神经元，输出可以定义为独热向量：花 =[1 0]，非花 =[0 1]。这种向量表示中，只有一维是 1，别的维为 0。

确定了网络结构，就需要确定目标函数，这里可以使用误差平方和。比如对花的图像，希望其输出是 [1 0]，而模型的输出是 [0.9 0.1]，则计算这两个向量的对应分量的误差平方和。对所有的训练图像计算其输出端的误差平方和，就得到了目标函数的值。这个数值代表的是模型的输出和标准答案之间的误差。

下面就要使用 BP 方法（参见第 3 章）训练这个神经网络。直到目标函数已经非常小，并且不再有剧烈变化。

我们的目的是要使得目标函数小。如果目标函数为 0，就说明模型可以把训练图像全部正确分类。在很多情况下，由于图像的多样性和图像识别问题的复杂性，目标函数通常达不到 0，而是一个比较小的数值。

一般来说，如果神经网络的层数很多，每层节点也很多，假设能够提供足够多的图像，那么这个神经网络就可以取得非常高的识别率。

“这就是一个计算机视觉问题，没什么新鲜的。”

“从机器学习的角度看，这是神经网络模型对图像分类的一个应用。这个方法和思路还可以应用于听觉、语言、医学信号、生物数据的分类。”

7.3 机器学习任务：聚类

在回归任务和分类任务中，对于每一个样本 x，有一个要预测的变量 y 和它对应。在训练数据中，x、y 的数值通常要求是准确的。这时，学习任务就是要根据 y 的数值来调整网络参数使得模型能够预测准确，这里的 y 起到了“监督”模型学习的作用。这类有监督数据的学习称为监督学习（supervised learning）。

“算法要求模型预测的结果 $\hat{y}$ 要和给定的标准答案 y 看齐。相当于标准答案 y“监督”着算法的学习过程，所以是“监督学习”。”

“好拟人啊。
你又化作“监督”数据去监督了？”

还存在另外一种任务，如图 7-2 所示。数据点自然形成了各种不同类型的“团簇”结构。这时，希望算法能够确定哪个数据属于哪一个团簇，这种任务叫作聚类（clustering）。和监督学习不同，这里的数据中，没有哪个数据是标签，也没有哪个数据用于指导算法来学习。算法只是研究数据本身聚集的状况，这一类学习任务被叫作非监督学习（unsupervised learning）。

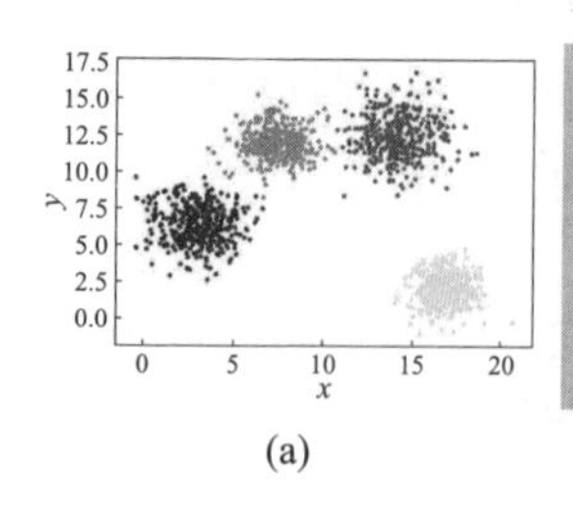

(a)

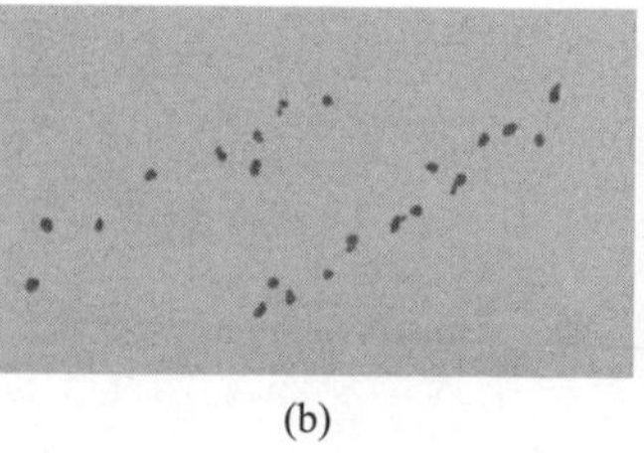

(b)

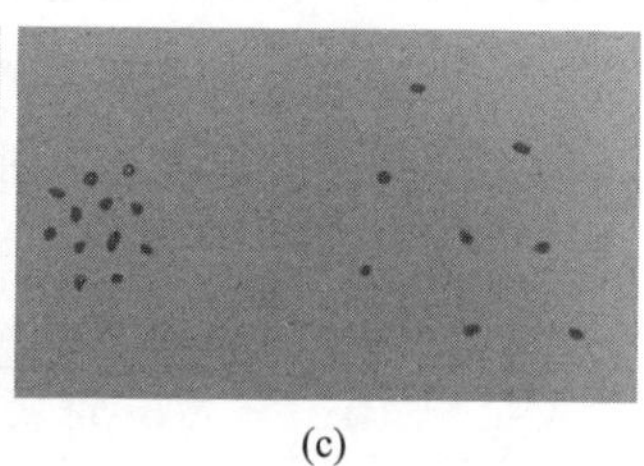

(c)

图 7-2 聚类图示

“这回没有标准答案做“监督”了。那算法自由了，可以任意玩了。”

“不能任意。算法还是要遵从一些规律做聚类，否则得不到有意义的结果。”

虽然没有监督数据了，但是算法也需要遵从一些原则，而不能太任意。例如：要求聚类的结果中，同一个团簇中的数据要比较相似。可以看到图 7-2（a）中的点构成 4 个团状结构；图 7-2（b）中的点构成两个线状结构；图 7-2（c）中的两团点的疏密程度不同。所以，根据问题的不同，需要确定不同的相似性度量。这样，算法就可以“相似性”为指导进行聚类，使得聚类结果中，每一个团簇中的数据都比较相似。从技术上来说，就可以给出相似性度量的定义并以此为目标函数，设计一个算法使得这个目标函数很小。

““监督”还是存在的，只不过不是数据了，而是更高层次的“相似性”。”

“是更高层次的“原则”。在这里表现为“相似性”。实际上，还有一些聚类算法采用了其他原则。”

一般来说，监督学习的效果通常会比非监督学习效果好，这是因为监督信息起了很大的作用。一些机器学习产品采用了监督学习方法，如人脸识别、花卉识别等系统。

而非监督学习由于缺乏监督信息，所以通常会出现各种错误。一般来说，人们在研究阶段使用非监督学习方法对数据做分析和处理，希望能够对数据有更多了解，这时，聚类产生的错误影响不大。

虽然监督学习效果好，但是监督信息如果是由人来提供的，那么这个过程通常会费时费力费钱。例如，一些机构和公司会请很多人对收集的大量图像标注人脸、人脸器官的位置，用于训练人脸识别模型。非监督学习不需要人工标注数据，所以有可能以廉价的方式获得大量数据，如在互联网上下载的图像和文本。

“既然聚类算法也有“原则”作为监督，为什么算法的结果不如监督算法来得好？”

“监督学习的“监督”信息就是数据，这种“监督”更具体。而“原则”太高层，“监督”力不够强。另外，很多情况下，人们想到的一些原则和监督信息，也很难用数学公式表示。而监督数据就避免了这个问题。”

7.4　机器学习任务：再励学习

再励学习（reinforcement learning），也被称为强化学习。这种学习方式是模拟人在环境中的学习过程：小孩在开始学习走路时，当他遇到台阶，按照通常的迈步，结果摔倒了；因此，他就知道遇到台阶要换一种迈步方式，而不能和以前一样。下次知道抬腿迈步了，但可能迈步不够高，还会失败，这时他要再试。在这个过程中，每次失败后，他会总结并换一个迈步的方法。这个过程被抽象为一个学习方法：再励学习。

再励学习和回归、分类任务不同。再励学习考虑的是一个智能系统，称为智能体，要和其所在的环境交互，并在交互中进行学习。

这种学习方式被建模为如下过程，见图 7-3（a）。一个智能体对环境有一个观察，并由此作出响应，然后再观察，再响应，这个周期循环往复。这里的观察就如同小孩对道路的观察，其响应就如同他的迈步。

下面考虑一个计算机程序来玩计算机游戏《超级马里奥》，参见图 7-3（b）。游戏中要通关的小人（马里奥）是由计算机程序控制的。图 7-3（b）

中的环境就是指这个小人所在位置附近的一小块图像。如果把整张图像作为环境也是可以的，不过这时问题会更复杂一些。这个小人根据其对环境的观察（感知环境）决定他的响应：向前走，向后走，向上跳。这 3 个响应对应键盘上的 3 个按键←↑→。

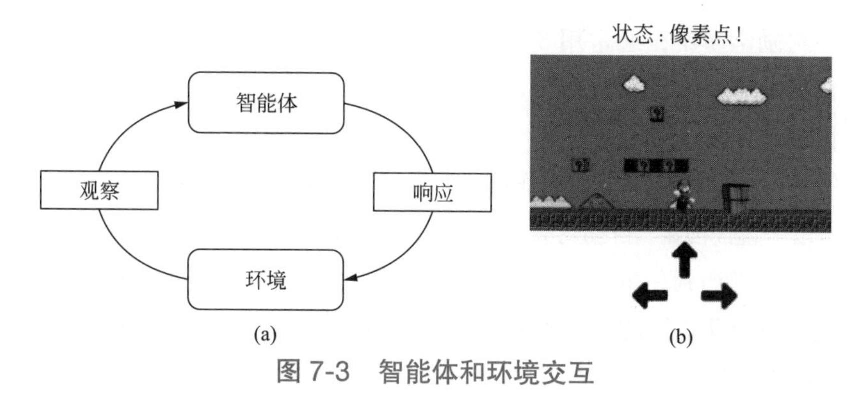

图 7-3　智能体和环境交互

一般来说，智能体对环境的响应可以是离散的取值，如《超级马里奥》游戏中的一些按键，对应小人（马里奥）的三种不同的动作，也可以是连续的，如在自动驾驶系统中，需要计算机程序控制的汽车的速度和方向，对应计算机程序调整汽车的速度和方向盘的转动角度。

通常情况下，智能体实施动作后会对环境产生影响，环境可能会发生变化。如上面游戏中，小人走动了，因此到了一个新位置；自动驾驶中转动了方向盘，这时汽车的状态，包括其位置、速度大小和方向都发生改变，汽车周围的道路状况、其他车辆的状况也和之前有所不同。

如果要让智能体完成一个任务，如游戏通关或自动驾驶一辆汽车，则可以采用不同的方法实现。例如，可以编写计算机程序告诉计算机，在什么情况下应该干什么。例如：小人（马里奥）遇到平地则继续向前走，遇到障碍就向上跳。而再励学习研究的是让计算机程序自己学会在什么情况下应该做出什么动作。这是和其他方法的根本不同点。

“再励学习就是考虑系统一边和环境交互，一边学习。可是学什么呢？”

“看看下面的讨论吧。”

在再励学习中，通常用 S_t 表示 t 时刻智能体观察到的环境状态；智能体需要做出响应，就是要做动作 a_t；完成了这个动作，环境会因此变化到新的环境状态 S_{t+1}.

智能体在某些状态下的动作可能非常确定。例如：小人马里奥在平坦的路面上可以一直往前走；自动驾驶汽车在空旷平坦的路上以一个固定速度向前开。

但是，当遇到新的状态时，或者对环境的感知具有不太确定的因素时，智能体要做的动作可能具有不确定性。例如，游戏中的小人（马里奥）到了一个不熟悉的环境，他不太确定该如何行动。他可以往前走，也可以往后退，还可以向上跳，他做这几个动作的概率（这是概率统计方面的概念，可以理解为可能性）会不一样。如图 7-4（b）所示，它在这个位置向上跳的可能性比较大，如每 20 次中会有 16 次，即 16/20 的可能性向上跳；以较小的可能性，如每 20 次中会有 1 次，即 1/20 的可能性往回走。

智能体在某个状态下以不同概率做不同动作被称为一个策略（policy）。图 7-4（b）显示的就是小人（马里奥）在当前环境下的策略。

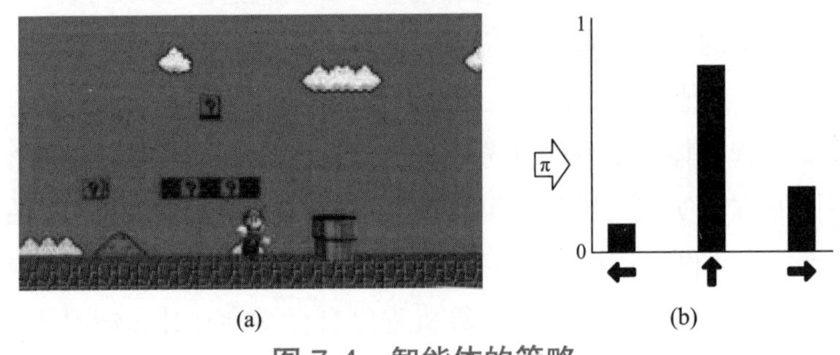

图 7-4　智能体的策略

智能体做了动作 a_t 就会转到一个新状态 S_{t+1}。例如：小人（马里奥）在平坦的地面向前走就会到达一个新的位置。但是，当他周围有鬼存在时，他继续向前走，有可能到了新的位置也会被鬼吃掉。这时的新状态具有不确定性。

智能体完成一个动作或者一系列动作后可能会得到一个或正或负的反馈，

被称作奖赏（reward），如小人（马里奥）获得金币（正奖赏），或者被鬼怪吃掉（负奖赏）。

再励学习的任务就是要学习在什么状态 S_t 下，以多大的可能性做一个什么样的动作 a_t。这就是在学习策略，其目的是使得能够得到的奖赏最大。

“再励学习和环境交互，另外，环境的反馈作为监督信号。这和回归、分类问题差别挺大的。”

“还不只这些。”

1. 再励学习：*K*- 摇杆赌博机

K- 摇杆赌博机（*K*-armed bandit）是再励学习中的一种简单模型。一个赌博机有 *K* 个摇杆，每摇动一个摇杆就会得到一些奖赏。但每次摇动同一个摇杆得到的奖赏有可能不同，例如，摇动第一个摇杆这次可能得到奖赏是 1，下次可能得到奖赏是 2。摇动不同的摇杆得到的奖赏也可能不同，但有的摇杆的平均奖赏会多，有的会少。*K*- 摇杆赌博机的问题是，在什么情况下，应该摇动哪一个摇杆？这就是一个策略。

该游戏的目的是希望得到的奖赏多。所以，如果已知摇动各个摇杆的平均奖赏，那么，每次摇动平均奖赏最高的摇杆一般来说得到的奖赏就最多。这是“仅利用”（exploitation-only）策略，也就是说，仅仅利用已知各个摇杆的平均奖赏这个信息就足以解决问题了。

如果对各个摇杆的平均奖赏一无所知，就需要尝试摇动这些摇杆，从而探索和了解（估计）不同的摇杆的奖赏情况。这是“仅探索”（exploration-only）策略，也就是说，没有已知的奖赏信息可以利用，只能探索未知摇杆。

大部分情况是已经知道了一些摇杆的奖赏情况，对另外一些摇杆还一无所知。而这里的任务是在有限的次数内得到的奖赏最多，因此就需要既探索又利用。探索是为了发现和估计其他摇杆的奖赏值，利用是为了使用已知摇杆获得高奖励。由于总的摇动次数是固定的，所以，探索和利用之间就存在矛盾。

“我打过几份工，有的工作很擅长，得心应手，有的干起来就有点费劲。到底是该一直干那个擅长的工作呢？还是再尝试找找别的工作呢？”

“哈哈，现实版的 *K*- 摇杆赌博机。”

可以通过下面的方法来解决探索和利用之间的矛盾。每次摇动摇杆时，以一定的可能性 ε 进行探索，以 1-ε 的可能性进行利用。在开始时，因为对于各个摇杆不了解，所以 ε 为 1。随着摇动总次数的增加，对于各个摇杆的奖赏情况了解就越多，这时，ε 就可以比较小。通常情况下，ε 会随着摇杆总次数的增加越来越小。

“是不是我做过的工作越多，就应该更少尝试新工作？”

“嗯。尝试新工作是需要成本的：寻找工作信息，发简历，应聘面试，等等。上面所说的 *K*- 摇杆赌博机没有考虑每次摇动新摇杆的成本。”

2. 再励学习：一般情况

K- 摇杆赌博机是一个非常简单的模型，因为每次摇动摇杆都会得到一个奖赏。但是在大部分实际问题中，能否得到奖赏，以及得到多少奖赏常常不是某一个动作导致的，而是前面一系列动作综合的结果。在游戏中，有时小人（马里奥）要先后退再跳跃或连续两次跳跃才能得到金币或避免惩罚；在

农作物的种植中，农作物的收成好坏是前面几十天，甚至上百天光照、浇水、施肥等操作的结果。

如果奖赏是由前面一系列的动作导致的，那么就有很多问题需要解决。下面考虑其中的一个问题。如果做了一次实验（也就是做了一系列动作）最后得到了一个奖赏，这个奖赏是一系列动作中的哪些动作起到了什么样的作用？

例如，经过一个学期的学习，包括每天的听课、课后复习、写作业、做实验、再听课……期末学生取得了好成绩。那么这个好成绩是这个学期中哪些环节起的作用？这些环节的作用分别是多大？

再例如，在农作物的种植中，经过几十天的光照、浇水、施肥等操作，最终有了收获，这些收获是其中哪些操作起的作用？这些操作有助于提高收成，还是减少了收成？

再例如，在下象棋时，经过几十步的走棋，最后赢了这盘棋。这次的获胜是其中哪些走棋步骤起了关键作用？其作用有多大？

上面的问题叫作信用分配（credit assignment），也就是根据最后的奖赏来确定前面各个动作的作用大小。

如果只有一条数据，也就是只做过一次实验，就很难确定其中的各个动作的作用。但是如果做过多次实验，有了多个数据，问题的解决就有可能。

看下面例子。图 7-5 给出的是采用再励学习方法走一个简单的迷宫得到的 4 条路径。图中 S 表示迷宫的入口，E 表示迷宫的出口。白色方块是可以通行区域，浅蓝色折线表示的是给出的路径。

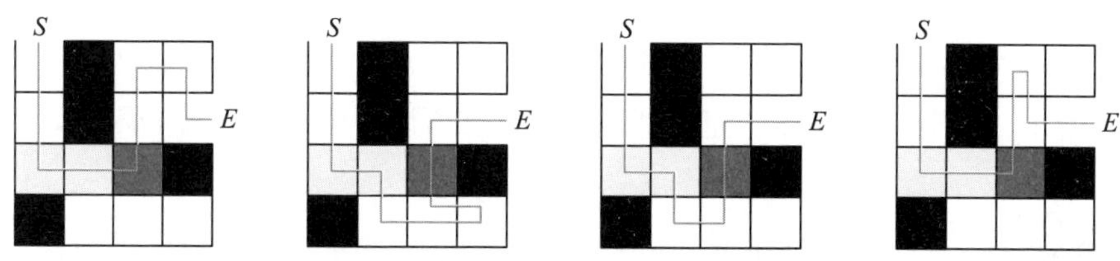

图 7-5　用再励学习方法走迷宫时得到的 4 条路径

在算法到达 E 点出口时，可以得到一个奖励，因为通关了。那么，算法如何知道在一系列的决策中，即在哪个位置应该朝哪个方向走，哪一步的决策是关键的？在这个例子中，当得到 4 条行走路径时，可以根据这 4 条路径找到关键决策，即要到达靠近中间的蓝色方块，并且在这个位置向上走。

如何找到这些关键决策？这涉及再励学习算法细节。再励学习算法过于复杂，这里不再介绍。

“不只是下棋最后赢了。下棋中，我吃了对方的很多棋子，这就说明中间的一些走棋是对的。”

“是的。中间吃掉对方棋子也是一种奖赏。”

如果需要经过一个很长的动作序列后才得到一个奖赏（这被称作奖赏稀疏），那么这时的信用分配就非常困难。例如：如果图 7-5 的迷宫非常大，只是在出口处给一个奖励，那么算法就很难知道几十个步骤中的哪些步骤是很关键的，即使尝试了多次也得到了多个通关的路径，但是因为迷宫太大了，有限的几条路径不足以总结出行动策略；如果下围棋只以最后的输赢作为奖励，同样也很难知道上百步的走棋中，哪些走棋是好的，哪些走棋不好；如果只以小人（马里奥）是否通关作为奖赏，想知道他在中间向前走、向后走、跳跃是对的还是错的，这也很难判断。

而事实上，在有些问题中，可以在中间设置奖励，而不只是在最后。例如：每次课后作业的成绩；下棋时吃掉了对方的棋子或者被吃掉棋子；农作物种植中，每次光照、浇水、施肥后作物的生长状况；游戏中小人（马里奥）有时获得了金币，躲避过了鬼怪。充分利用中间奖赏可以缓解再励学习的困难。

“设置中间奖赏是一个重要技术。如何设置奖赏值对于学习效果的好坏影响很大。”

“是。我作业得了 100 分，实验得了 100 分，哪个奖赏应该多一点？这会影响我继续学习的侧重点。”

再励学习就是要设计算法让智能体通过较少的尝试得到较大的奖赏。再励学习有两种用途：一种是采用再励学习方法训练好一个系统，然后让这个系统完成实际任务，例如，下围棋的 AlphaGo；另一种是一个系统通过再励学习方法已经达到了较好的性能，这时开始使用，但是在使用过程中仍然继续学习，不断改进系统的性能。

7.5　使用机器学习方法的几个关键问题

在使用机器学习方法时，有下面几个关键问题需要考虑。

1. 输入和输出

在有些情况下，输入和输出比较容易确定。如通常的图像识别问题中，输入是原始图像，输出是图像的类别标号。

在另外一些情况下，使用什么数据作为输入和输出什么结果，要依赖于解决方案的确定。例如，使用用户电话咨询数据判断用户对客服的回答是否满意。对于这个任务，输入信息具有不确定性。输入数据是电话咨询的文字记录，还是电话咨询的语音信号数据？输入不同，后面采用的方法和工作步骤、系统的性能都可能不同。

2. 确定目标函数

这个目标函数主要用于自动度量模型的好坏，从而指导算法进行学习。在不同的任务中，目标函数会很不一样。值得说明的是，目标函数的选取会影响到后面的假设空间和寻优方法。

3. 确定假设空间

就是要确定在什么函数范围内进行学习。这个假设空间可以是线性函数，如在线性回归问题中使用的模型，或者是一个神经网络表达的函数，如在图像分类问题中使用的模型。

4. 确定优化方法

给出优化目标函数的方法。

5. 准备训练数据

确定和准备训练数据。在回归和分类任务中，需要系统研发人员准备数据，并对数据进行标注，然后用这些标注数据训练模型。在再励学习任务中，需要智能体与环境交互，自动获得数据，学习行动的策略。

“我要好好学习和掌握这几点。”

“这些是关键问题。非关键问题也要学习和解决。你实际做一做实验，就能学到很多。”

7.6 过拟合与泛化

机器学习研究中，有一个很重要的问题就是泛化（generalization）问题。“泛化”是在机器学习、人工智能中的一个专有名词。

在前面讨论的回归问题中，观察发现 x、y 之间的关系可以“近似”用一个线性函数表示。而实际上，我们并不知道这些数据“真正”是从哪个模型中产生出来的。我们的任务是把这些训练数据拟合好。而训练好模型后，会发现数据（图 7-6 中的黑色圆点）和找到的这个线性函数（图 7-6 中黑色直线）之间有误差（图 7-6 中的虚线）。

我们的目的是希望数据拟合得尽可能地好，因此可以尝试其他模型。图 7-7 展示了用一阶、二阶和十阶多项式模型拟合另一组数据的情况（黑色的直线、曲线是拟合结果）。可以看到，随着多项式函数的阶次增高，拟合误差越来越小，当然，拟合结果曲线越来越复杂。由于训练样本数有限，所以，某个阶次以后的多项式函数的拟合误差可能都是 0。

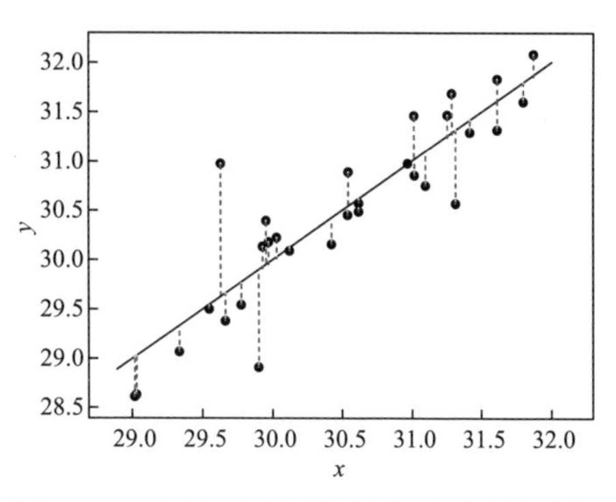

图 7-6　用线性模型拟合带来的误差

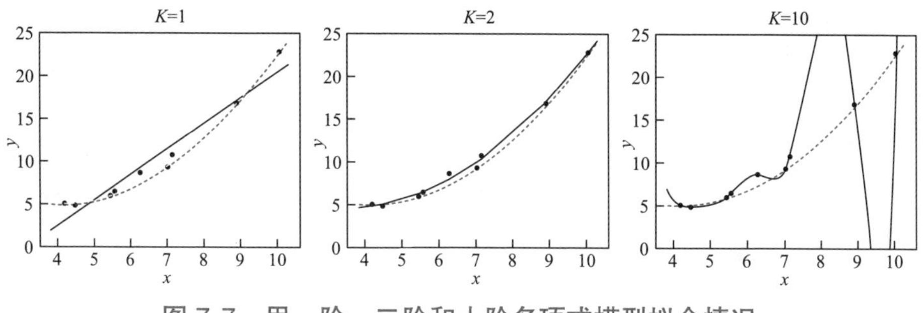

图 7-7　用一阶、二阶和十阶多项式模型拟合情况

如果真实情况是这样的：这些训练数据是从一个二阶多项式（如图 7-7 中的虚线）上产生出来后，又加入了一些噪声，那么，考虑一个训练数据外的其他的数据点，如 $x = 8$，就会发现，图 7-7 右图中的十阶多项式对这个点的预测误差会非常大，尽管其在训练数据上的拟合误差为 0。

一般来说，如果一个训练好的模型在训练时误差特别小，但是在测试集上的预测误差特别大，就被称为过拟合（over fitting），也称为过学习。过拟合也叫作泛化性差。

导致过拟合的出现可能源自下面三个原因：数据太少，模型太复杂，目标函数设置问题。数据少的时候，由于追求目标函数（误差平方和）最小，算法就在所有的可能中，找到了很复杂的函数（高阶多项式），这样可以使得目标函数为 0。前述任何一个条件不存在，过拟合也不会发生，例如：有大量的数据，或者模型就是一个线性模型，或者目标函数不只是误差平方和。

机器学习不只关心模型在训练数据集上性能好，还要关心在没见过的测试数据集上性能好。

“机器学习内容挺难的。我看看是否可以让老师给圈一下考试范围，最好出一套练习题，考试就考其中的几道题。这样机器学习这门课就拿下了。”

“这就是过学习。”

“啊？”

“过拟合地学习过拟合。”

欠拟合

前面讨论了模型太复杂时出现的过拟合情形，而如果模型太简单，那么模型就不具备拟合好训练数据的能力，这时的拟合误差就会比较大。这被称为“欠拟合”（underfitting）或“欠学习”。图 7-7 中 K=1 所示的就是模型的表达能力不够时导致的欠拟合情形。

怎样判断一个模型的训练是欠拟合还是过拟合？有这样一种做法，把给定的数据集分成两部分：训练集和验证集，用训练集数据训练好模型，然后用验证集数据测试这个模型。这时会有下面 3 种可能的情况：

欠拟合：在训练集上误差比较大，在测试集上误差也比较大，如图 7-7 中 K=1 的情况。

过拟合：在训练集上误差比较小，在测试集上误差比较大，如图 7-7 中 K=10 的情况。

拟合恰当：在训练集上误差小，在测试集上误差也小，如图 7-7 中 K=2 的情况。

“我复习题做不好，考试也考不好，就是没学会；复习题做得好，考试成绩差，就是没有真学会；复习题做得好，考试成绩好，就是学会了。”

“分别对应欠拟合、过拟合和拟合恰当。”

“那复习题不会做，考试成绩好，是怎么回事？”

“考题太容易了。老师早就知道是欠拟合，不用考也知道，所以放水了。”

欠拟合的发生通常是因为模型太简单，表达能力不够，所以，这就需要选择一个表达力更强的模型，如更高阶的多项式，或者层数更多、宽度更大的神经网络。出现过拟合时，说明模型太复杂，但是样本太少。这时就需要选择一个简单一点的模型或者修改目标函数，或者增加更多的训练数据。这里的数据量大小是一个关键因素。即使模型很复杂，如果有足够多的训练数据，也不会发生过拟合。

能否让算法自动选择合适的模型？对这个问题的研究称为模型选择。

拟合得刚刚好是最理想的结果。能做到这样是很难的。实际中，人们常常采取这样的策略：让模型略微地过学习，但不要欠学习。

7.7 机器学习的思想

在传统的科学研究中，对客观世界的认识规律是依靠数学来支撑的。比如说物理学中的欧姆定律用一个方程来表示电压、电流和电阻之间的关系；牛顿第二定律也是用一个方程描述力、质量和加速度之间的关系。这些发现来自科学家对研究对象的深入理解和感悟。

但是，这样的研究思路在心理学、经济学等学科上遇到了困难。人们发现，很难找到适当的方程或者数学工具来准确描述这样的研究对象及其规律。

和传统的思路不一样，机器学习采取了数据驱动（data driven）的思路。下面以一个具体问题为例来解释这两者的不同。

如果一条曲线是圆，那么就可以使用圆的方程来表示这个圆。但是如果这条曲线比较任意，例如自己随手画一条很任意的曲线，那用目前已知的一些简单的数学方程就很难显式并准确地描述这条曲线。换句话说，很复杂的曲线很难用简单的方程准确描述。

现在这样考虑这个问题。如图 7-8 所示，如果已知图中浅色的点和深色的点，那么这个圆就确定下来了。如果点的数据量非常大，例如：几万个、几十万个或者几百万个时，这些点对于这个圆的“描述”就会非常准确。图 7-8 中只画出了点，并没有画出圆，但是我们都很清晰地知道这个圆的存在。这就是以数据为核心的思路。大量的数据本身，就能够表示或者近似表示一条曲线、一个区域、一个方程或一个数学概念。

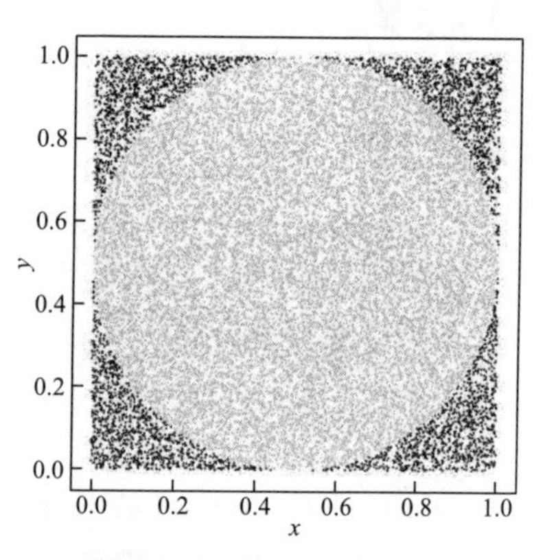

图 7-8 正方形和圆

当然，怎么使用数据是比较技术层面的问题。一种思路就是把数据收集好，不对其做处理，使用时直接找其中最合适的数据。这种思路的一个代表算法就是近邻法。人们使用的很多检索工具，如百度搜索、图书馆信息检索系统，都采用了近邻法的思想。百度搜索系统从互联网上大量的网页信息中，寻找和用户搜索要求最相近的网页；图书馆信息检索系统是从图书馆数据库中寻找与用户检索要求最相近的图书和资料。如果把这种思路用在欧姆定律上，就需要在各种电路中测量电压、电流、电阻的大量数据。这样，当你已知了一个电器的电压和电流，就可以从大量的已知数据中寻找与当前电器的电压电流最接近的数据记录，这样就能得到对应的电阻值。

另一种思路就是利用数据学习出一个函数替代真实函数。要学习的函数可以是人们比较熟悉的函数，如线性函数、多项式函数、指数函数等，也可以是用一个神经网络表示的函数。如果把这种思路用在欧姆定律上，那么仍然需要在各种电路中测量电压、电流、电阻的大量数据。然后用上面提到的函数来建立电阻和电压、电流之间的关系，并用已经获得的数据训练这个函数，确定其参数。这样，当已知了一个电器的电压和电流，就可以输入到这个函数，从输出端得到电阻值。这种方法和欧姆定律的方程表示很类似，区别在于，欧姆定律是人的研究成果，而这里的函数是算法学习得到的，是对欧姆定律的近似。

这就是机器学习的思想。

“看起来，以后不用研究事物的机理了。研究机理怪麻烦的，只要有大量数据就够了。”

“在很多情况下，获得大量数据也很难，不亚于研究机理。
研究机理还可以获得对事物的更多认识，而机器学习方法更注重对数据的应用。”

“既然研究机理，获取数据都很难，那有没有既不用研究机理，又不用获取数据的好方法？”

“你抬头，张开嘴。等等看，掉到你嘴里的是馅饼还是鸟屎？”

1. 黑盒和白盒

人们研究的图像识别系统、声音识别系统，是对于人脑相应功能的模拟。但是，人是如何理解图像、声音的？其实我们对人脑的工作机理和过程是不清楚的。这里，人脑是一个黑盒（black box），人们看不到盒子里面。现在的算法只是从功能上模拟这个黑盒，也就是给一个输入，例如图像或者声音，希望模型的输出和人的判断相同。

而对于某些实际任务，人们能够说清楚数据的产生机理以及数据之间的关系，这时可以根据其机理建立模型，对数据分类。这时的研究问题就是一个白盒（white box），人们可以看到盒子里面。如相同材质、相同粗细的一些长条物体，其重量就是长度的线性函数，因此就可以将重量和长度的函数确定为线性函数。这个关系有物理学知识做支撑，这个模型就是一个白盒模型。

相比之下，解决白盒问题要更容易，因为可以在其机理指导下解决问题。盒子越黑，人们对问题机理和知识了解得越少，越需要更多的数据，因此对数据的依赖性就越强。所以，在机器学习中人们会关注两个方面：数据和知识。在第 2 章也讨论过这个问题。

有时，人们对要解决的问题有一些知识，但又不充分，这时可以把已知的知识放入模型中。这个模型就变得有点灰，而不是全黑，这样可以减少对于数据的依赖性。比如，对于文字识别这个任务，我们知道笔画和形状是关键特征，而颜色一般来说和要识别的文字无关。这样，就可以不考虑图像的颜色，而使用黑白图像，也就不必收集不同颜色的文字图像，从而减少了对数据的需求。

“那有没有一种方法既不太需要知识，也不太需要数据？”

“哇，你这么渴望鸟屎？”

如何把知识加入模型中，是一个重要的研究课题。模型本身的设计就是加入知识的方式，如卷积神经网络中卷积、池化操作，Transformer 中注意力机制的操作等。另外，还可以通过加入正则约束的方式将知识加入目标函数中，如研究中常用的稀疏约束等。稀疏性就是一类重要的知识。

2. 同分布

机器学习中还有一个重要概念：同分布。这个概念来自统计学，涉及的知识比较多，这里不作详细解释。简单说，两个数据集是同分布的，是指这两个数据集的统计性质相同。

例如在一所大学，随机找 100 名同学并统计他们的身高。这样做两次，每次都会得到一组身高数据。因为这些同学是随机找的，所以这两组数据很有可能不完全相同。但是它们的统计特性是一样的：在任何高度，人数的多少“统计意义上”是相同的。其差异是来自抽取的同学多少和抽取过程的“随机性”。如果抽取的同学数量很大，例如 10000 名同学，这个差异就会非常小。

如果在一所大学和一所小学各随机抽取 100 名同学，这两组同学的身高数据就不是同分布的，它们的统计特性不同，例如：大学身高 1.7m 左右的学生可能更多，小学则不然。即使抽取的同学数量再大，这个差异也依然存在。

再举一个例子，一组同学在照相馆拍摄了各自的人脸图像，同样这组同学在火车站或者闹市区环境下也拍摄了各自的人脸图像。这两组图像就不是同分布的，其人脸的姿态、光照、背景等因素都会存在差异。

在机器学习中，原则上，用于训练集和测试集的数据（或者实际使用该模型时的数据）应该是同分布的，否则，模型的测试效果不会太好。人们可以理解：一个用照相馆拍摄的人脸标准照训练好的人脸识别系统用于火车站广场环境进行人脸识别，效果不会太好。一个好的做法是，在火车站广场环境下采集人脸图像来训练人脸识别系统，然后再用于这个广场来识别人脸。

如果训练数据和测试数据不是同分布的，模型的泛化性能一般来说是不好的。

“李老师平时戴眼镜，有一次他摘了眼镜，我就觉得不像李老师了。”

“是。你昨天理发了，换了一个发型，也觉得不一样了。都是图像的分布发生了变化。”

7.8 机器学习生态

机器学习方向包括了理论研究、方法研究、应用研究和应用开发等不同的方面。

机器学习方法研究主要关注新模型、新算法等方面的工作，例如：卷积神经网络的提出和改进、Transformer 模型的提出和改进等。理论研究主要关注方法的性质、特点、局限等方面的工作，例如神经网络模型作为一个函数逼近器的推导和证明、统计机器学习的理论等。

应用研究关注如何把机器学习方法应用于解决一些实际问题，例如：如何使用卷积神经网络更好地识别花卉，如何在预训练语言大模型基础上解决医疗、健康方面的咨询和问答。

应用开发的工作主要关注如何把已有的应用研究成果转变为可以实际使用的产品，例如使用预训练语言大模型、语音识别技术、语音合成技术研制用户的自动电话咨询和回答系统。

当然，其中的界限没有那么明显。有些工作涉及方法和理论；有些工作涉及方法和应用研究；有些工作涉及应用研究和应用开发。从事机器学习研究的人的研究侧重点会不一样，有些人可能专门去做理论，有些人可能更关注应用，有些人一心一意做产品开发。由于时间和兴趣因素，一般来说，一个人在一段时间内只比较关注其中的一个或者两个方面。

我正在推导公式，突然打电话让我接待一下客户的咨询，我的思路就被打断了。”

“再想推导公式，还要慢慢进入状态。
人的状态的切换是有“成本”的。”

一般来说，人们了解比较多的是方法研究成果和应用研究成果。这些成果数量多，通常都会以论文形式发表，所以能被广泛关注和了解。而机器学习理论研究内容通常比较抽象和艰深，其论文阅读起来很花时间，对读者的基础知识要求比较高，还需要读者有大段的安静时间进入状态。另外，这些研究成果通常距离实际应用比较远。因此，理论研究工作被了解的程度要小一些。应用开发的成果很少以论文形式发表，而主要体现在产品上，其成果细节就不太会被广泛了解。

当前的研究中，深度神经网络成为很多人关注的模型。神经网络模型的设计和要解决的实际问题密不可分。例如卷积神经网络，特别考虑了图像的特性，其卷积和池化操作非常适合图像一类问题。Transformer 模型，特别考虑了语言的特性，其注意力机制非常适合语言数据。因此，在方法研究中势必要了解实际问题，因此在方法和模型研究、应用基础研究之间就没有明显的界线。只不过具有不同侧重点的人看问题的角度会有不同。

“看到有论文提出了一个新方法，做理论和方法研究的人会问：这个方法为什么能用？它在什么情况下好用？怎么改进一下会更好？做应用研究和开发的人会问：这个方法可以解决我们的那个问题吗？应该怎么变成产品？”

“嗯。
看到西红柿，农学家：能不能改良一下品种？怎么样产量更高？商人：怎么能卖个好价钱？美食家：怎么做更好吃？都是一个道理。”

机器学习理论

机器学习理论研究包括很多内容，大部分内容都很艰深，不容易被大众理解。例如莱斯利·瓦利安特的计算学习理论。当然，也有一些比较容易被理解的成果。下面介绍统计学习理论的一点工作。

统计学习理论研究数据比较少的情况下算法的泛化性能和数据、学习函数之间的关系。其研究告诉我们，通过机器学习方法得到的系统或产品，在实际应用时的性能和研发时的性能之间是什么关系。

举例说：人们在研发阶段训练了一个图像识别系统，错误率低至0.01%。这个人脸识别系统在实际应用时效果如何？理论研究结果告诉我们，如果训练这个识别系统时，用到的数据非常多，那么实际应用时错误率就会接近0.01%；如果这个图像识别模型非常简单，实际应用时错误率也会接近0.01%。但是，反过来，如果使用的数据非常少，并且模型又很复杂，实际应用时，其错误率可能非常高，也就是会过学习。

莱斯利·瓦利安特（Leslie Valiant，1949—　），出生于匈牙利布达佩斯，英国计算机科学家。1984年，他提出概率近似正确学习框架（probably approximately correct（PAC）learning framework）。他开辟了计算学习理论方向，为机器学习研究提供了理论基础，开创了机器学习新时代。他于2010年获得了图灵奖。

莱斯利·瓦利安特

7.9 相关内容的学习资源

机器学习涉及的内容非常多，有大量的教材、书籍等供大家学习。扫描二维码可以获得资料清单。

7-1

第 8 章

推理

——让机器懂逻辑会推理

毫无疑问，推理被认为是人的智能的重要方面。在人工智能的研究中，推理一直备受重视。因此，推理也成为了早期人工智能研究的主要问题之一。那时的计算机程序就已经能够自动证明定理。相关内容参见第 1 章。

推理包含的内容比较广泛。本章讨论的推理问题是要根据已知的一些条件，逻辑地推出一些目标结论。

要让计算机进行推理，就需要把一个实际问题输入计算机中，让程序能够在其基础上推理。因此，研究推理的第一步，就是把问题的已知条件和目标结论以某种表达方式输入计算机中。

表示已知条件和结论可以有很多表示方法。例如：在第 6 章知识表示讲过的谓词表示方法。用这种方法，“赵小龙是清华大学的一名学生”可以表示为：THStudent（赵小龙）。其中的 THStudent(x) 是谓词（predicate），表示 x 是清华大学的一名学生。

THStudent 本质上就是一个用字符串构成的符号。在实际应用时，可以根据自己的喜好使用不同的符号来表示这个意思，以方便阅读和理解，如 Tstudent(x) 或 T(x)，其中的 x 是变量。变量不同，可以得到不同的表示，比如 THStudent（王小龙）、THStudent（张大龙）。谓词表示方法很灵活。

8.1 推理规则与形式化推理

对于推理研究来说，设计推理算法是关键。在已知一些条件和目标结论的情况下，需要算法来决定每一步要做什么事，才能根据已知条件，逻辑地推出目标结论。

传统的推理算法通常是利用推理规则对推理问题进行形式化推理的过程。下面来解释什么是推理规则，什么是形式化推理。

现在有这样几句话：

（1）所有的奇数都可以表示成一个偶数再加 1。

（2）数字 5 是一个奇数。

（3）数字 5 可以表示成一个偶数加 1。

请证明（3）是（1）和（2）的逻辑推论。

“请证明（3）是（1）和（2）的逻辑推论”是指，如果知道 1 和 2，那么使用逻辑的方法证明 3 是对的。

证明上面例子并不难。第一条是一个普适的规则，所有奇数的一个性质。而第二条给出一个奇数的例子 5。所以最后的结论是对的：数字 5 也能表示成一个偶数加 1。实际上，这是人们常用的推理方法。

实际中的很多推理任务，包括一些很复杂的推理任务，都是由一些基本的推理单元构成的。只不过，复杂的推理任务需要的推理步骤可能更多。人们经常使用的推理规则有很多，下面列出几个。

- 附加：$A \Rightarrow (A \vee B)$
- 简化：$(A \wedge B) \Rightarrow A$
- 假言推理：$((A \rightarrow B) \wedge A) \Rightarrow B$
- 拒取式：$((A \rightarrow B) \wedge \sim B) \Rightarrow \sim A$
- 析取三段论：$((A \vee B) \wedge \sim A) \Rightarrow B$
- 假言三段论：$((A \rightarrow B) \wedge (B \rightarrow C)) \Rightarrow (A \rightarrow C)$

由于上面的推理规则是用谓词逻辑的方式表述的，所以需要做一点解释。下面解释一下其中的几个。

第一条“附加”解释为：如果 A 是成立的，那么 $A \vee B$ 也是成立的。$A \vee B$ 表示 A 成立或者 B 成立。现实生活中，当我们知道“2023 年赵小龙百米赛获得冠军”，就会说：“赵小龙获得过百米赛冠军”。即使除了 2023 年，赵小龙没有获得过别的百米赛冠军，“赵小龙获得过百米赛冠军”这句话也是正确的。这里，A=“2023 年赵小龙百米赛获得冠军”，B=“2023 年之外赵小龙百米赛获得冠军”，$A \vee B$=“赵小龙获得过百米赛冠军”。

第二条“简化”解释为：如果（$A \wedge B$）是成立的，那么 A 就是成立的。$A \wedge B$ 表示 A 和 B 都是成立的。现实生活中，当我们知道“赵小龙是一个三好学生”，我们就会说：“赵小龙学习成绩好”。这里 A=“赵小龙学习成绩好”，B=“赵小龙品德好，身体好”，$A \wedge B$=“赵小龙是一个三好学生”。

“推理部分需要细致地想，慢慢琢磨才能理解。”

“是。你静下心来，进入状态，这样读起来就会很快，效果也好。

其实，静下心来进入阅读状态也是一种很好的享受。”

值得注意的是，上面的这些推理规则中，不论 A、B、C 这些符号的具体内容如何，上面的推理过程都是正确的。以第一条“附加”为例，A 可以代表“3 是一个奇数”，也可以代表“赵小龙是一个三好学生”。这种脱离了命题的具体含义进行的推理叫作形式化推理（formal reasoning）。形式化推理研究的就是一些与具体内容无关的推理规律、规则等。

“形式化推理和代数运算有点类似。

像 1+1=2，不管是 1 个瓜加 1 个瓜，还是 1 棵树加 1 棵树，都是对的。

像 $a(b+c)=ab+ac$，不管 a、b、c 取什么数，这个等式总是对的。”

“嗯，你的数学感觉不错。”

对于一个推理问题，一旦把已知条件和目标结论形式化为符号表示，如：谓词表示，就可以使用形式化推理规则一步步地进行推理。看下面这个例子。

已知下面 4 个条件：

（1）$P \vee Q$

（2）$P \rightarrow R$

（3）$Q \rightarrow S$

（4）$\sim S$

请证明 R 是上面条件的逻辑推论。

证明过程大致是这样的：

（5）$\sim Q$［根据条件（3）和（4），利用拒取式规则］

（6）P［根据条件（1）和中间结论（5），利用析取三段论规则］

（7）R［根据条件（2）和中间结论（6），利用假言推理规则］

这就得到了最后的结论。

从上面这个推理过程可以知道，其中的每一步推理［条件（5）、（6）、（7）］都是在已知条件和中间结论的基础上，用某一条推理规则进行的推理。所以，如果有一个算法能够知道使用哪条推理规则，使用哪几个已知条件或中间结论进行推理，这个算法就起到了推理的作用。因此，设计推理算法就成了推理研究的核心问题。

8.2 推理算法

下面讨论推理算法，也就是让计算机知道在什么情况下应该使用哪些条件进行推理。

一个简单的思路就是把所有的推理可能都试一试。把任何两个已知条件拿出来，看看是否可以根据推理规则推理。如果可以，就进行推理。在上面例子里，发现根据条件（3）和条件（4）利用拒取式规则可以得到一个新结论（5）。得到新的推理结论后，就把新结论中任何一条和所有已知条件中任何一条以及中间结论中的任何一条组合起来，看看是否可以进行推理。如果可以，就进行推理。在上面例子中，根据条件（1）和中间结论（5），利用析取三段论规则，得到了中间结论（6）。然后，继续上面的过程，把新得到的结论中任何一条和所有已知条件中任何一条，前面中间结论的任何一条，以及新得到的中间结论中的任何一条组合起来，看看是否可以进行推理。如果可以，就进行推理。在上面例子中，根据条件（2）和中间结论（6），利用假言推理规则，得到结论（7）。这样的过程一直进行下去，直至得到最后的目标结论。如果所有条件和中间结论都无法进行推理，那么就证明这个推理任务是不可实现的。

简单说，就是考虑已知条件和中间结论中任何两个条件组合在一起进行推理的可能性。可以看到，上面这个过程的写法规律性很强，这样的规律特别适合计算机程序实现。

上面这个过程有点“宽度优先搜索”的味道，可又不完全一样。

是有“宽度优先搜索”的灵魂在其中。你学算法的感觉不错。

在推理算法中，有两个关键点需要关注。

选择哪些条件进行推理？

在图像识别问题中，输入一张图像，算法会直接输出识别的结果。但是在推理这个问题上，算法不是把推理证明一次给出的。推理算法会根据已知的一些条件，不断得到一些中间结论［如前面例子中的中间结论（5）、（6）］。这些中间结论也会被用来做进一步的推理。这是一个多次循环的过程。而在这个过程中每一次推理时，会面对很多的已知条件以及得到的中间结论，应该选择哪两个（或者哪几个）条件做推理？这是一个关键点。

在上面的简单推理算法中，因为不知道应该用哪两个条件做推理，所以就采取了一个“笨”办法：遍历所有两个条件组合在一起的可能性。这样做的优点是，如果有两个条件可以做推理，就一定不会遗漏这种可能。其缺点是计算量比较大。

使用什么推理规则？

选择了两个已知条件或者中间结论时，用什么推理规则进行推理？这是推理算法的另一个关键点。在前面的推理过程中，没有明确指出应该如何挑选出适合的推理规则。实际上，可以采用遍历所有的规则的“笨”方法。也就是逐条规则地尝试，看是否可以进行推理。当然，这么做的缺点就是计算量大，算法比较慢。

如果存在一条推理规则，只要使用这一条规则就可以完成推理过程，那么推理算法就会简单很多。推理研究中有一个成果：归结原理（resolution principle）。使用归结原理推理时，只要反复使用归结这一条规则就可以了。

我做数学证明题的时候不是上面描述的那样。我看到已知条件，会突发灵感，想起可以用哪个定理。根据得到的中间结论又会获得使用别的定理的“灵感”。

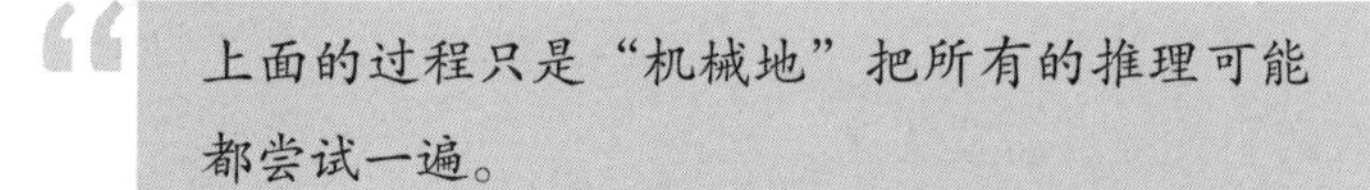

上面的过程只是“机械地”把所有的推理可能都尝试一遍。

我的困惑是，没有灵感时，我证明不出来。

遍历的方法没有这个困惑，因为它根本就没有灵感。

除了归结原理方法，推理研究还发展了很多推理方法，这些方法适合解决不同类型的问题。下面列举几个。

基于规则的方法

基于规则的推理非常容易被人接受，因此也是一种常用的推理方法。使用基于规则的方法时，需要把已知的条件和规则写成“if *A* then *B*”（如果 *A* 那么 *B*）这样的形式。每次做推理的时候，就是看看当前的事实能够满足哪一条推理规则的前提条件 *A*，如果满足就进行推理，得到 *B*，然后进行下一轮的推理。

例如，有这样一条规则，“如果下雨，那么草地会潮湿”。根据观察，现在正在“下雨”，因此，这条规则前提条件“下雨”和事实相符，这条规则就被启动，由此得到结论“草地潮湿”。新的事实“草地潮湿”就是中间结论，可以放到数据库。

“好像人通常是这么推理的，是吗？”

“心理学研究也很认可这种推理方式。
这种推理方式很自然，人非常容易理解算法的推理过程。”

时空推理方法

如其名称，时空推理方法适合解决与时间、空间因素相关的推理问题。下面举一个时空推理问题的例子。

关于 *a*、*b*、*c*、*d*、*e* 5 个物体有下面的 4 个描述：“*a* 在 *b* 的后边”“*e* 在 *b* 的前边”“*c* 在 *a* 的后边”“*d* 和 *c* 在同一排”，要求把这几个物体的先后顺序排列出来。

用一个简单方法就可以解决这个问题。根据每一句的描述用箭头（表示先后关系），或者等号（表示并列关系）连接两个物体，最后根据箭头和等号把所有物体连起来就可以了。

根据上面这个方法，就会有下面这个过程。根据“a 在 b 的后边”，可以得到“$a \rightarrow b$”；根据“e 在 b 的前边”，可以得到“$b \rightarrow e$”；根据“c 在 a 的后边”，可以得到“$c \rightarrow a$”；根据“d 和 c 在同一排”，可以得到“d=c”。这样根据箭头的指向，把所有中间结果连接起来就得到先后顺序为：e、b、a、(c、d)，其中 c、d 并列。

时空推理方法是一类推理方法的统称。人们可以设计不同的算法完成时空推理问题。

“有点像儿童智力游戏。”

“是的。
这个问题很简单，非常适合儿童游戏。即使问题更复杂，物体更多，这个方法的思路也可以用。
人工智能研究往往从简单的、游戏一样的问题开始，从中找出解决问题的思路和方法，然后将其扩展到一般的、困难的问题。”

贝叶斯网络方法

贝叶斯网络方法是特别重要的一类推理方法。它采用概率统计方法来解决具有不确定性的推理任务。而归结原理、基于规则的方法更适合确定性的推理任务。

不确定推理是推理研究中很重要的一个方向。贝叶斯网络是其中最有影响力的方法，成为人工智能研究中一个重要的研究方向。

贝叶斯网络方法内容很多，也很艰深，这里不讨论其内容细节。

贝叶斯网络推理算法有很多，但是相当多的算法计算量特别大，有的算法计算量甚至是指数爆炸级的。因此，有一些研究工作就是在寻找快速、高效的推理算法。

朱迪亚·珀尔

朱迪亚·珀尔（Judea Pearl，1936—　），美籍以色列裔计算机科学家和哲学家。

朱迪亚·珀尔提出了概率图模型方法。概率图模型是结合了图论和概率论来研究推断问题的方法，可以直观建模随机变量之间概率依赖关系。他下面的专著在学界有很大的影响：

《智能系统中的概率推理：合理推断网络》（*Probabilistic Reasoning in Intelligent Systems: Networks of Plausible Inference*）

后来，他致力于因果关系和因果推断方面的研究。他因人工智能概率方法和因果推断方面的工作于 2011 年获得了图灵奖。

深度神经网络方法

以 ChatGPT 为代表的预训练语言大模型表现出了推理能力。图 8-1 就是这样一个例子。这样的预训练语言大模型在不确定性推理方面，使用常识进行推理，把知识的获取、表示和使用合而为一，探索出一条新的路径。

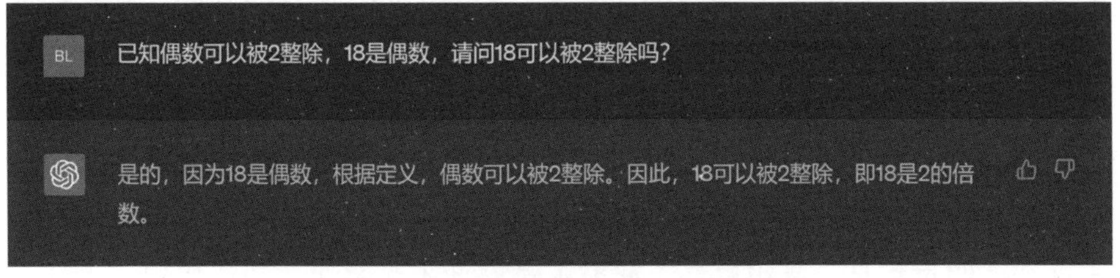

图 8-1　ChatGPT 表现出的推理能力

8.3　关于推理的理论问题

人们不只关心各种推理算法，还关心如下一些理论问题。

算法推理过程正确吗？

这是一个基本要求。之所以研究推理，就是希望给出的过程在逻辑上是正确的。但遗憾的是，ChatGPT 给出的推理过程可能会出错，见图 8-2。

BL 小明属猴，并且小明年龄在10岁到20岁之间，请问小明是哪年出生的？

根据您提供的信息，小明属猴并且年龄在10岁到20岁之间，那么可以推断出小明的出生年份应该在2028年到2018年之间。

具体的计算方法为，首先确定今年的年份是2023年，然后用今年的年份减去小明的年龄的上限20岁，得到小明最早可能出生的年份为2023-20=2003年；再用今年的年份减去小明的年龄的下限10岁，得到小明最晚可能出生的年份为2023-10=2013年。由于属猴的年份是出现在12年一个周期中的，因此小明出生年份的可能性为2016、2004和1992年，但是由于小明的年龄在10岁到20岁之间，因此小明的出生年份应该在2013年到2003年之间。

因此，小明出生的年份可能是在2013年到2003年之间的任意一年。

图 8-2 ChatGPT 出现的推理错误

算法能找到问题的解吗？

如果根据已知条件和推理规则，一定存在一个证明过程，那么算法能找到这个证明过程吗？使用遍历的“笨”方法是一定能找到这个解的。

算法的计算复杂度如何？

研究人员希望推理算法推理效率高。而使用遍历的思路，会尝试所有的推理可能性，以免遗漏可能的推理途径，一般来说，这样的算法计算量都非常大。

在第 2 章讨论的搜索问题研究中，研究人员很关心算法给出的解的性能，非常关心一个解是不是最优的，如果给出的解是次优解，那它和最优解差多少。但是在推理研究中，研究人员更关注一个证明过程是否能够被找到。至于这个证明过程是不是很复杂，研究人员对此不太关注，毕竟找到一个证明就已经很好了。

“我想用铁锹挖个大坑。”

这件事可能吗？如果地下是一块巨石怎么办？
挖个多大的坑？估计要花多少时间？

你这好像是挖坑的“理论问题”。

8.4　深度学习时代推理新任务

深度学习时代，在计算机视觉、自然语言处理、计算机听觉等方面取得了可以落地的技术成果。在这种情况下，出现了和推理相关的新课题。

在传统的推理研究中，已知条件和证据都是以谓词或者规则的形式人工输入计算机中的。在前面列举的例子中，“赵小龙是清华大学一名学生”可以表示为 THStudent（赵小龙），根据“a 在 b 的后边”可以得到“$a \rightarrow b$”。这样的转换过程传统上是人工完成的，人工将这样的转换完成后才由算法进行后面的推理。

但是在实际应用中，推理问题往往是通过自然语言，数学语言等来描述的，其中还可能包含描述问题的图片等。人们希望从语言的描述或者包含问题的图片到谓词的这个转换过程也要让算法来完成，这样就可以实现从实际问题描述到推理结果的完整的自动化过程。

下面看一道几何题。

已知直角三角形 ABC（图 8-3），AD=3，BD=12，求 CD 的长度。

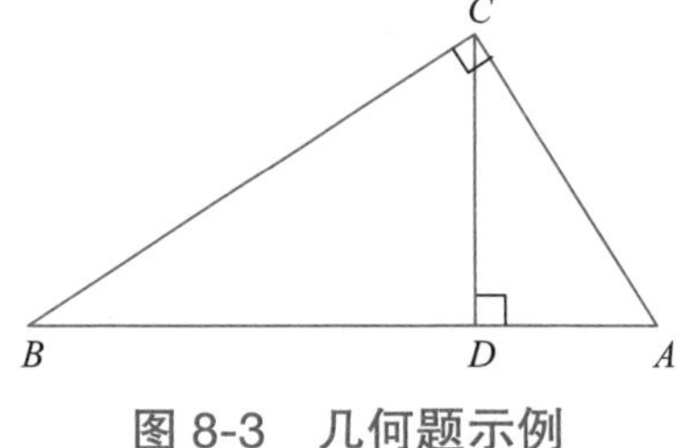

图 8-3　几何题示例

这道题包含了自然语言、数学语言和几何图形。如果希望计算机做这道题，就首先需要计算机能理解自然语言描述（如已知三角形 ABC）、数学语言（如 AD=3），读懂几何图形（如图 8-3），并将这些问题描述转换成谓词：

Triangle (A, B, C)——三角形 ABC

Equals (LengthOf (Line (A, D)),3)——AD=3

Triangle (A, C, D)——三角形 ACD

Triangle (B, C, D)——三角形 BCD

Perpendicular (Line (A, C), Line (B, C))——AC 垂直于 BC

……

在这里读懂几何图意味着，理解各条直线之间的关系（相交及其交点、直线之间的垂直关系、三条线段构成的三角形），以及符号 A、B、C、D 与各个直线交点的对应。在得到文字和图的符号表示以后，就可以使用传统推理算法进行计算。

“就是说让算法先“理解”题意，然后再计算。”

“是。
理解题意就是转换成谓词的过程。”

在上面的这个思路中，是先把问题描述转换成为谓词，然后使用传统方法进行逻辑推理，也就是先感知，再推理。这个思路很直接、清晰，但是这样可能会有下面的问题。

1. 感知的过程可能会出错

根据当前的技术特点和技术水平可以知道，在把问题描述转为谓词时（或者转换为其他符号形式时）会出现错误。例如，在前面的几何题中，图像识别算法如果把几何图中的字母 D 识别为字母 O，下面的推理就无法进行了。

“天哪，已知条件都是错的还怎么进行后面的证明啊？出题老师玩我呢？”

“误解，误解。
这是说，你粗心大意读题读错了的情况下该怎么办。”

“哦。那就证明不出来呗。”

“证明不出来怎么办？你再读一读题？”

在传统的推理研究中总是假定已知条件是正确的，因此，需要考虑当推理无法进行的时候，修改前面的感知过程的结果，是否可以继续进行推理。对此，反译推理（abductive reasoning）等技术和方法会有助于这些问题的解决。

2. 一个推理问题的已知条件可能非常多，导致推理算法的计算量非常大

在前面的讨论中可以知道，采用遍历搜索的思路进行定理证明时，如果已知条件特别多，算法就会非常慢。而在实际问题的解决时，已知条件可能会非常多。

下面以图 8-4 为例来讨论。我们知道同一平面内任何两条不平行直线都会相交，并由此产生 4 个角。这 4 个角的关系是补角和对顶角关系，由此可以产生 6 个方程。任何三条互不平行的直线都会形成一个三角形，根据三角形内角和定理就会得到 1 个方程，根据三角形的外角和内角之间的关系又会出现 3 个方程。所以，读图 8-4，就产生了大量的已知条件。因为要遍历搜索各种可能性，所以推理算法的执行时间非常长。因此，在众多的条件中，如何滤除不必要的条件，选择出要进行推理的条件，是需要解决的问题。

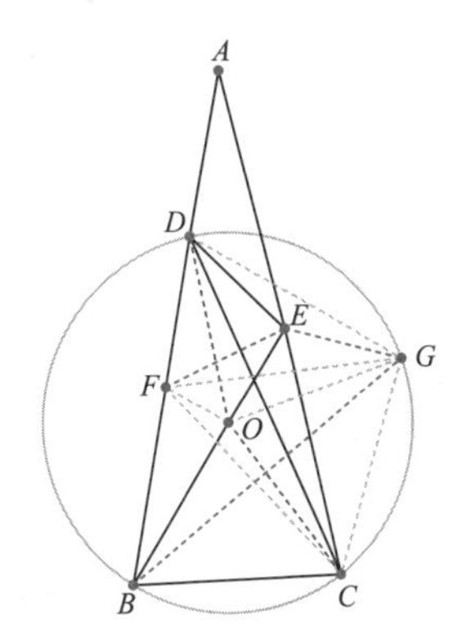

图 8-4　复杂的几何题示例

“其中很多交点和三角形在证明时是用不到的。我才不会把所有的方程罗列出来。”

“但是计算机不知道哪些有用，哪些没用。为保险起见，就都列出来了。
选择其中有用的信息是一个很有意思的课题。学术界在做这样的研究。”

3. 推理过程中需要用到的知识如果没有提前列举出来怎么办？

在求解几何证明题时，通常会有一个知识库，其中包含了常用的几何定理，例如：平行线的相关定理、三角形相关定理、平行四边形相关定理、圆的相关定理。但是，如果一道题的证明过程不只需要几何定理，还需要用到代数知识、三角函数知识，而这些知识又不在知识库中，那么算法就无法给出证明过程。

很多证明题之所以难，就是需要使用人们不常用的一些知识进行证明。当然有很多情况是，某个人或者某些人不具有相关的知识，因为每个人的知识都是很有限的。

“我看到有些机器学习理论方面的论文，有的用到了很高深的代数几何、拓扑学、微分方程的知识。这些我都不会，更别提用这些知识解决机器学习的问题了。”

“是。这就是很多研究的困难所在，当然也是科研工作的魅力所在。”

“魅力？”

“进入状态，就会感受到魅力。”

知识是无限的，人们不可能把所有知识都存到计算机内供推理使用。因为不知道推理时会使用哪些知识，所以知识库中可能不存在要使用的知识。这也被称为“开放环境”（open world）下的推理问题。在“开放环境”下的推理是指推理算法运行之前，无法确定所要使用的知识边界，而知识库中的知识是有边界的。

在基于规则的推理方法中，如果规则库中没有包含需要使用的推理规则，那么对于算法研究人员来说，这就是一个开放环境下的推理问题。在人类社会，如果一个生物学课题需要使用高深的数学知识，对于某些生物学家来说，这个课题可能就是一个开放环境下的研究课题。

“那人类从事的很多研究课题都是开放环境下的研究课题吧？因为在研究结果出来之前，不知道会用到哪些知识，也就没办法对于要使用的知识提前给出一个清晰的知识边界。”

“是。而讲解科研成果就是一个“封闭环境”下的任务。因为科研成果已经产生，人们很清楚需要用到哪些知识，所以就可以先讲需要的基础知识，然后再讲如何用这些知识解决问题。”

“那上课就是一个“封闭环境”。这样的话，学生怎么学会搞科研呢？”

“老师和学生可以一起探讨和尝试解决一个没有答案的问题。因为问题还没有答案，所以开放的味道会很重，这样学生就能学会如何解决开放问题。这个过程可以在课堂上进行，也可以在课堂外进行。”

“课堂外？”

“就是通常说的，导师指导研究生做课题。”

以 ChatGPT 为代表的大模型表现出了推理能力，参见图 8-1。和刚才的思路（先感知再推理）不同，在这里，大模型将感知和推理结合在了一起，这是对人工智能的贡献。用大模型做推理，也是学界的研究方向。

4. 预训练语言大模型在不确定性推理、常识推理方面开辟了新道路

传统的常识推理通常要使用建立好的常识库进行推理，但是常识的获取本身就是一个难题（见第 6 章）。预训练语言大模型实现了一条和传统方法不同的路径，并有很多成功的推理例子。

不确定推理一直是推理研究中的难题。预训练语言大模型把知识的不确定性和推理相结合，实现了和传统方法不同的路径，也有很多成功的推理例子。

5. 大模型将知识的获取、表示和使用合为一体

传统方法通常先建立知识库，然后进行推理。推理算法因为知识库的不同而不同。由于知识，特别是常识的多样性，所以知识库的推理算法纷繁复杂。而预训练语言大模型把知识的表示、推理结合在了一起，模型简单，展现了很好的推理能力。

> 大模型这么牛，大家可以躺平了吧？

> 大模型还有很多问题。接着往下看。

使用大模型进行推理，并不能解决所有问题，下面的关键问题需要重点考虑。

预训练语言大模型有时会出现推理错误。参见图 8-2。大模型的解释性不够好，我们不知道系统为什么会出现这样的错误，因此，如何避免这样的错误发生就是需要研究的问题。

关于预训练语言大模型进行推理研究的理论工作。预训练语言大模型也是通过学习算法实现推理功能的。既然都是学习问题，其泛化性能如何？也就是说，它能够对训练数据中没见过的推理问题给出证明吗？

> 图 8-2 这个例子错得好奇怪。眼看着就要得到正确结论了，怎么一下子走偏了呢？

> 这就说明模型还没有“真正理解”问题，也没“真正学会”推理。

8.5 和推理密切相关的一些任务

1. 自动定理证明

自动定理证明是推理的典型任务。除此之外，人们还希望人工智能系统能够发现和证明新定理。当然，这是一个更难的课题。

2. 对话和问答

在使用对话和问答系统时，人们可能会问下面的问题：

"孔子吃过葡萄吗？"

"5 的对数加 2.4 的立方是多少？"

要回答前一个问题，需要知道孔子的生卒年月、葡萄引进中国的时间；如果这两者时间没有重叠，回答就是否定的。这些都是回答该问题的知识。然后利用这些知识逻辑顺畅地给出回答。

第二个问题是一个典型的数学运算问题。对于数学运算问题，也是需要进行推理才能给出正确答案的。

3. 事实确认

在现实生活中，人们往往会对自己知道的事情进行转述。转述是对已有事情进行加工和再陈述的过程。这时会有这样的问题：这个再陈述符合事实吗？这样的任务叫作事实确认（fact verification）任务。看下面这个例子。

清华大学官方网页有如下陈述"清华大学前身清华学堂始建于 1911 年"，那么如下陈述符合事实吗？"清华大学建校有 100 多年了"。

要回答这个问题，就需要系统具备推理功能。

但是，事实确认问题往往会比较复杂。看下面这个例子。

有这样一句事实描述："桌上有几个红富士苹果"。下面的陈述是不是事实：

（1）"桌上有苹果"。

（2）"桌上有水果"。

（3）"桌上有东西"。

有这样一段事实："小明在种植红富士苹果，他找到了给红富士苹果浇水、施肥的生长规律"。下面的陈述是不是事实：

（1）“小明找到了苹果生长规律”；

（2）“小明找到了水果生长规律”；

（3）“小明找到了事物变化规律”。

对上面这两个事实的转述，人们的看法差异很大。很多人能够接受“桌上有水果”的转述，但不能接受“小明找到了水果生长规律”这个转述，虽然都是用“水果”代替了事实描述中的“红富士苹果”。这个问题不只涉及推理，还涉及对句子的感知。

“ChatGPT 会说一些和事实不符的话。事实确认这项研究是否能解决 ChatGPT 乱说话这个问题？”

“不能根本解决。ChatGPT 乱说话涉及的问题很多。但是，事实确认这项研究如果做得好，至少能不让它说不是事实的话。”

8.6　神经感知和符号系统的关系

在人工智能发展中，符号系统曾经得到过重视和研究。从 20 世纪 50 年代中期至 80 年代末的几十年中，符号人工智能研究占据着很重要的位置，并取得了一系列研究成果。推理、知识表示、知识库与专家系统、搜索都是采用符号系统的方法。例如，谓词表示中，每一个谓词就是一个字符串符号；每一条规则也是字符串到字符串的映射；搜索中的每一个节点也是一个字符串符号。历史上，很多研究者认为，智能就是一套符号系统。这一思想在人工智能研究中占据了很长的时间，对计算机视觉、听觉、自然语言处理与理解等研究领域都有深刻影响。

符号系统的优点是可解释性好，人能够理解其工作机制和工作过程。

在很多情况下，人在思考一些和推理相关的任务时，非常清楚自己的思考过程，并可以用语言表达出来，这就是符号系统的特点。离散是符号系统的一个重要特性。

而人工神经网络中基本运算是连续向量的运算，而不是离散的符号运算。人工神经网络采用的是和符号系统不同的技术路线，表现出人们对人工智能不同的看法和观点。这两种流派之间有过激烈的讨论。

“这两派吵过架，是吗？”

“不是吵架，是学术讨论。
只是客观地讨论学术观点和技术路线，和社会上情绪激动地高声叫喊，甚至出言不逊不同。”

“它们水火不容吗？”

“看起来不是。所以这两个系统才要联合。”

在前面讨论几何题的证明的时候，采用的是先感知再推理的思路。这里涉及两个系统“神经网络感知系统”和“离散符号系统”的联合。

一般来说，神经感知系统适合完成感知任务，如识别图像、语音，理解语言。这个系统在训练时通常很慢，并需要使用大量数据，而一旦训练完成，系统执行感知任务时就非常快。例如，通常要使用大量图像和很长时间训练一个图像识别系统，而一旦训练好这个系统，使用这个系统识别图像时是很快的。实际上，人也是这样。例如，人们开始学习游泳、打球、骑自行车时，学习过程会花比较长的时间。而一旦学会了这些动作，人们就会“下意识”

地进行运动，而不必思考手、脚的动作。

而符号系统是一个逻辑的、结构的系统。这个系统的工作过程通常很慢。例如，人们做几何证明题的时候，通常需要慢慢想。题目越难，需要的时间越长。

通常来说，识别图像、语音和理解语言都是在神经感知系统完成的。但也有例外，如果一个人遇到了没见过的图像，就需要慢慢观察、思考和识别，这时就是符号系统在工作；如果一个人遇到了一个结构复杂的句子，就需要慢慢分析其句子结构，思考其含义。

而逻辑和推理问题，如果长时间反复出现，人们也可以快速给出结果。例如，人们可以不假思考地说出 2+2=4，也可以快速说出 log2+log5=log10，只要对这些运算足够熟练。这也是经过反复的训练后由神经感知系统完成的。

我以为识别图像就一定是感知系统在工作；推理就一定是符号系统在工作。

通常人们特别熟悉的事情，包括看、听、说都是感知系统在工作。对自己特别熟悉、日复一日的工作也大多是感知系统在工作。
你识别一下第 9 章的图 9-11 中的文字，你想想是哪个系统在工作？

认知科学家认为，在人脑中有两个系统：系统 1 和系统 2。对这两个系统的特点总结如下：

系统 1：

- 快速、直觉、情感；
- 自动，无意识，无努力；
- 依赖经验、本能、联想；
- 容易受到偏见和启发式的影响；

- 适用于简单、熟悉、常见的问题。

系统 2：

- 慢速、深刻、逻辑；
- 有控制，有意识，有努力；
- 依赖信息、推理、分析；
- 可以避免或者纠正错误和偏见；
- 适用于复杂、陌生、罕见的问题。

这两个系统可以对应于人工智能中的神经感知系统和符号系统。

在人工智能研究中，如何联合神经感知系统和符号系统完成实际任务，是近些年人们关心的研究方向，被称作“神经符号机”（neural symbolic machine）。

ChatGPT 这样的大模型就是一个以隐含形式表示的知识库，它和传统的知识库之间的关系也是当前的研究课题。这也是神经感知系统与符号系统之间关系的一个表现。

8.7 因果关系

探求事物之间的因果关系，是一个重要的课题。例如，人们非常想知道是什么原因导致癌症等疾病的发生的。一旦知道了原因，就可能找到治疗这些疾病的方法。

而机器学习解决的很多问题都不是因果性的问题。例如，人们知道“公鸡叫，太阳就要升起了”。我们可以把这个写成一条规则用于预测太阳的升起，但是，公鸡叫不是太阳升起的原因。再例如，根据温度计上的数值可以判断一个人是否发热了，可以把这条知识写成一条规则用于判断一个人是否发热，但是温度计上的数值不是一个人发热的原因，而是相反。

实际上，机器学习方法依赖的是事物之间的关联关系。它可以根据“因”预测“果”，如：根据今年降水量预测农作物的收成；也可以根据“果”推测“因”，如：根据学生成绩推测学生学习努力状况；还可以对共现的事物进行预测，比如餐桌上有面包，预测附近有牛奶。

无论根据“因”预测“果”，还是根据“果”推测“因”，都没什么稀奇的。根据共现关系预测才比较好玩。

基本上，使用大数据解决应用问题依赖的通常是“共现”关系，而非因果关系。

因果发现和推断关注很多问题，下面列举3个问题。

根据结果事件推断原因事件。有一件事情发生了，问这件事情发生的原因是什么。寻找导致癌症发生的因素就是这样的问题。

根据原因事件预测结果事件。有一个事件发生了，问这件事会导致什么样的结果。一种疾病出现了，会对社会造成什么影响。

研究两个事件，或者多个事件之间的因果关系。例如：饮食结构和癌症之间有因果关系吗？

这几个问题研究味儿好重啊。

是。

科学研究特别关注事物之间的因果关系。

我学好了人工智能，会有什么后果？

“纠正一下：不是“后果”，是“好处”。这里的“好处”是学好人工智能的结果。”

8.8 相关内容的学习资源

推理是人工智能的传统内容，在很多的人工智能教材中都有相应的章节。

贝叶斯网络和概率图模型是一个专门的研究方向，也有专门的教材和课程。

扫描二维码，可以阅读有关推理方面的资料列表。

8-1

第 9 章

多模态信息处理
——让机器的眼睛和耳朵协调工作

人对于世界的感知一般通过下面几种途径：视觉、听觉、触觉、味觉、嗅觉。在认知科学中，通过上面每一种途径得到的数据就是一种模态的数据。多模态信息是指上面几种模态信息。人们希望智能机器人能够通过多种模态信息，更好地感知环境。因此，人们希望给机器人配备视觉、听觉等功能，让它能看到环境，听到人的指令和问询，完成指定的任务。

和人的多模态不同，在人工智能及其相关研究领域，“多模态”含义更广泛。人们可以通过技术手段获得类型更为广泛的数据，每种不同类型的数据被称为一种“模态”的数据。例如，虽然都是图像，但通常的照相机、手机拍摄的可见光图像，与红外图像、X 线透视图像、磁共振图像是不同类型的图像，因此这些图像被称作不同模态的图像。与之类似，脑电信号、心电信号、皮电信号、手机的位置信号、电表中的用电信号这些也都被称为不同模态的数据。

另外，对于语言，人是通过看文字（即视觉信息）和听人说话（即听觉信息）来接收语言信息的，因此语言在认知科学中不是一种通常的模态信息。但是，计算机可以直接通过键盘输入接收文字信息，因此在人工智能中，语言是一种单独的模态数据。

> 不只看，也不只听。一旦多模态，生命立刻丰富多彩了。

“研究也更有趣味和挑战了。”

“脑机接口技术好像也能获取人的语言信息，是吗？”

“是。通过脑电信号可以获得大脑皮质的一些信息。目前的脑机接口技术获得的还仅仅是一些简单的信息，远没有自然语言包含的信息丰富。”

由于传感器技术因素，人们还没有太多的触觉、味觉、嗅觉的数据，所以，涉及这些模态信息的研究工作比较少。

有的软件系统中既有图像数据，又有文字数据，还可能有声音数据，但是这些数据之间在完成任务时没有发生关联，其独立性很强。例如，一个图书管理系统，对于每一本书，除书名、作者、出版社等信息外，还可能保存了每本书的封面图片，但是系统并没有对文字信息和图片信息进行综合处理。这些模态的数据没有在智能任务中发生关联。这样的系统也不在本章讨论范围内。

“好像很少听说计算机可以闻味？”

“对气体的检测是计算机嗅觉研究的第一步，已经有了一些这样的设备，例如检测甲醛、酒精等设备。这样的研究还比较初步，没有为大众所熟知。”

1976 年在《自然》(*Nature*)杂志上的一篇文章 *Hearing lips and seeing voices*(《听嘴唇，看声音》)。文章报道了这样一个现象：有一段视频，视频的画面中人在说“gaga”，而视频的配音是“baba”。有意思的是，看视频的人觉得视频里人说的是“dada”。这篇文章说明在对环境感知时，人的听觉和视觉之间发生了相互作用。这叫作“麦格克效应”(McGurk effect)。关于这篇文章的视频在 YouTube 上可以找到，类似的视频在 bilibili 网站也可以找到。

受这项工作启发，后来人们尝试在做语音识别的时候加入说话人的口型信息，也就是视觉信息，从而提高语音识别的性能。这是多模态信息处理早期的工作。

后来，多模态方面出现了大量的研究工作，基本上都是关于视频方面的研究。例如：视频镜头切换检测（把两个镜头的切换位置找到），视频摘要（用很少的几帧图像来代表一小段视频，从而让人们大致了解视频的内容）等。视频、图像、声音都是媒体数据，这些工作也称为多媒体（multi-media）计算。2000 年之后，由于谷歌、百度这样的检索系统的发展和影响，人们也希望对媒体数据进行检索。所以，多媒体检索得到很多的研究。

2010 年后，深度学习技术在图像识别、语音识别等方面取得了成功。由此，人们也把深度学习的方法应用于多模态数据。这些统称为多模态学习。

“深度学习的春风吹到了多模态领域。”

“你还是一个文艺青年。
不过，这话有点酸。”

9.1　多模态学习任务举例

在已有的研究中，人们设计了很多多模态学习任务。这里列举其中的几个。

在多模态任务中，有一类任务是和语言相关的。下面几个任务都是使用语言来要求智能系统完成一些任务。

1. 语言指导的图像编辑

该任务是让一个智能系统能够根据用户的语言指导，对一张图片进行编辑。如图 9-1 所示，第一排是原始图像，第二排是智能系统对图片编辑后的结果。图片上方的文字是用户给出的指导信息。

图 9-1 语言指导的图像编辑

2. 语言指导的图片 / 视频生成

该任务是让智能系统根据用户的自然语言指导信息，生成一张图片或者一段视频。图 9-2 就是根据“一艘青花瓷质感的战舰”生成的一张图片。生成该图片的系统是“文心一格”。除了图片，人们也希望系统能够根据文字提示来生成视频，如要求系统生成“一个人在冲浪”的短视频。

图 9-2 根据“一艘青花瓷质感的战舰”生成的图片

3. 语言指导的视频定位

人们常常对视频中的某一小片段感兴趣，但是人工查找相应片段往往费时费力，所以希望智能系统能够自动定位到感兴趣的片段位置。任务就是智能系统根据用户的语言指导信息，定位到一段视频的具体位置。例如，用户的要求可能是：男子百米赛跑从开始到结束。系统就需要根据该信息从给定的一部电影、电视或新闻片中找到相应视频。所谓定位就是要确定相应视频片段的第一帧到最后一帧。

4. 语言指导的机器人操作

人们希望机器人能够根据人的语言指导信息完成一些任务。语言指导的机器人导航就是其中的一个任务。在这个任务中，可以要求机器人“向前走到走廊尽头，然后进入左侧的房间”。

随着智能机器人技术的发展，类似的任务可能会更多，例如要求机器人“把这份文件送到 314 房间”“倒一杯水送过来”“把办公桌整理一下”等。

“为什么这么多任务都是使用自然语言来布置任务？”

“自然语言是人和外界沟通得非常自然、便捷的方式。

今后各类机器人会越来越多，通过语言或者语音让机器人做事会越来越普遍。现在大都是使用按键或者菜单，这太麻烦了。”

人在和机器进行交流的时候，有时也需要机器能够以自然语言和人交流。下面这个任务是让智能系统使用自然语言对图像、音视频进行描述，这样人能够快速、大致理解相应的图像、音视频内容。

其中的一个任务是图像描述（image caption）。图 9-3 显示的就是智能系统对这张图像的语言描述：A black and white cat is lying on the floor.（一只黑白相间的猫躺在地板上。）

当然，也可以让智能系统对一段短视频做描述，例如“两个男孩在跳绳”；也可以对一段音频做描述，例如“足球比赛进球了”。

图 9-3　对猫的图像描述

上面几个任务大多涉及的是语言和视觉两个模态的数据。下面这个任务涉及的是听觉和视觉两个模态的数据，其中包括几个侧重点不同的任务。

一个任务是这样的，给定一个人的人脸图像，希望系统根据一段语音生成一段这个人说这段语音的视频。这个任务的关键是要让生成的视频中人的口型和语音对应好。例如，人在发拼音“a”的声音的时候，嘴巴是张开的；发拼音“m”的时候，嘴巴是闭合的。这样的系统可以用于类似新闻播报的视频生成。用户可以提供给系统一张自己的人脸图片，或者一张自己喜欢的人的照片（在经过对方同意的情况下），自己读新闻稿生成语音，或者使用语音合成系统生成语音，然后让系统生成照片人物播报新闻的视频。当然，如果能够提供带有说话的人或卡通人物的三维信息的模板，那么由此生成的视频，从不同角度看，人物口型与语音都能够配准，视频也就更生动。

当然，如果用户只提供新闻稿文本，也可以让系统根据新闻稿同时生成语音和图像视频，这就涉及语言、语音和图像视频数据了。

“播音其实挺辛苦的。如果有这样一个系统，就可以减轻播音的压力了。”

“不只播音，很多工作都太辛苦，太累了。研发这些技术就是想减少一点人的劳动，减轻一点人的压力，让人们生活得更好些。”

当然，人们还希望系统能在口型与语音对应基础上加入说话人的手势动作，这样生成的视频就更生动。人在说话的时候，特别是在演讲的时候，会有一些动作使得演讲更生动和有感染力。这个任务的目的就是希望生成的动作更关注语音的节奏和情感，从而生成相应的动作，包括手势、头部动作、表情等。

根据语音生成哑语是一个单独的任务。这里生成的动作具有语义成分。哑语是一种语言，聋哑人需要使用动作来描述环境和表达自己的想法，因此动作不只具有节奏和情感，更重要的是表达了具体的意义。哑语可以用动作表示“花开”“爱”。因此，在这个任务中，特别要注重动作的含义。

“如果有一个系统可以根据人的语音生成哑语，这样聋哑人就可以“听到”普通人说话了。”

“如果再有一个系统，能识别哑语动作，并用语音播出来，这样聋哑人就可以“说话”了。”

“一想到今后这些可能性，就有点小激动。”

还有一个任务是有关音乐和视频的。这个任务要求根据一段音乐，如小提琴的演奏录音，生成一个人演奏小提琴的视频。人在听音乐的时候，往往还希望能够看一些东西。以往，人们会在计算机屏幕上生成一些抽象的视频，对听到的音乐“伴奏”。其实，人们还希望能够看到演奏家在拉琴时的情形。由于某些原因，现在只保留了一些著名演奏家的演奏录音，而没有他们的演奏视频。有些听众希望能够感受这些大师的演奏视频。

“如果能看到贝多芬演奏自己的钢琴协奏曲的情景，该多好啊！”

“是。你是不是又有点小激动了？”

下面这个任务是基于音视频的问答。这个任务需要根据一张图片、一段视频或者一段音频，对通过语言提出的问题做出回答。就图 9-3，对于问题“这只猫的毛是什么颜色的？”或者“这只猫在做什么？”进行回答。这样的问题似乎太简单，因为看图片并不是一件难事。但是，可以设想，一个盲人胸前佩戴一个手机，手机能够拍摄盲人前方的图像和视频。有了这样一个系统，就可以让盲人“看到”图片，“看到”周围的环境。

此外，人没有时间看视频或者听音频的时候，这样的系统就可以言简意赅地描述视频内容或者音频内容。

“让计算机看短视频，不让我看？我只听它的转述？太没意思了。”

“让它给你预览，然后你来挑选，再慢慢享受好视频。这样岂不是更好？
你平时花了很多时间看了一些“烂”视频，漏掉了一些“好”视频，多可惜。”

9.2 两类方法

上面给出的只是众多多模态任务中的一部分，实际上还有很多别的任务。这些任务差异很大，因此采用的方法也很不一样。在深度学习时代，大部分研究工作都采用了人工神经网络的方法，但是网络结构会有不同。尽管如此，这些网络结构还是有一些共同点的。

基本上，有两类结构。

图 9-4（a）给出的是一类思路。把一种模态数据输入到系统，先经过一

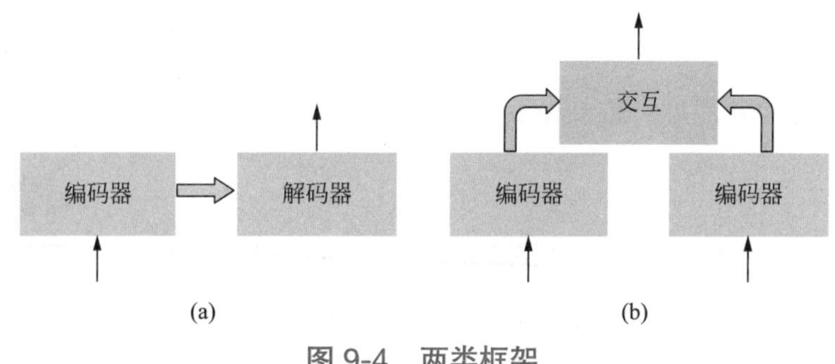

图 9-4 两类框架

个编码器模块，然后再经过一个解码器模块输出成另一种模态数据。这个思路和 Transformer 的结构是类似的（参见第 5 章）。数据经过编码模块后成为了语义向量，然后再通过解码模块实现模态的转换。

很多多模态学习任务的解决都可以采用这一种思路。例如：在图像描述任务中，输入一张图像。编码器模块负责获取图像语义，转变成为一个语义向量，然后解码器根据这个语义向量生成一句话来描述这张图像。根据语言生成哑语视频也是这样：输入一个句子，编码器模块获取句子的语义，然后经过解码器后，将哑语视频形式输出给用户。

图 9-4（b）给出的是另一种思路。两种模态数据都作为输入，经过编码器模块后交互，最后输出结果。在基于音视频的语音识别的任务中，语音数据经过编码，视频数据也经过编码，这两部分综合以后给出最后的识别结果。

“这两种思路只是多模态学习中的一些共性结构。实际上，不同的任务采取的模型会在这些共性结构基础上有很多变化。”

“容易理解。都是剪刀，但具体的形状、材质、大小、颜色都可能不同；都是先上课再复习，每个老师的上课形式、作业形式、上课和作业的要求也不完全一样。”

9.3　多模态学习中的关键点

在多模态学习中，有 5 个关键问题：表示、对齐、融合、翻译、共同学习。下面逐一讨论这些问题。

1. 表示

前面章节讨论过，要完成一个任务，首先要对数据进行表示。输入系统的图像、声音、语言等数据，其本身的数据格式并不是最适合解决任务的格式。

目前，人们会采用深度神经网络将这些不同模态数据编码到语义空间。和单模态任务不同的是，在多模态学习中，要让不同模态数据的表示产生联系。

图 9-5 给出的是两种模态数据学习的表示框架。这两种模态数据会各自经过编码模块后映射到一个各自的语义空间得到各自的语义表示，见图 9-5 中的表示 1 和表示 2。如何建立这两个表示之间的联系，是一个重要问题，可以采用的方法依问题的不同而不同。例如，对于一段音视频中的情感进行分析时，音频数据和视频数据的情感应该是一致的，而音频数据的语义表示（表示 1）和视频数据的语义表示（表示 2）中都含有情感成分，因此，就可以要求这两个表示中的情感应该相同。这样，使用情感一致性这个约束，这两个表示就产生了联系。再比如，一段语音的数据和一个视频口型的数据，其语义都是相同的，因此，可以通过语义相同这一约束把这两个空间的语义向量联系起来。

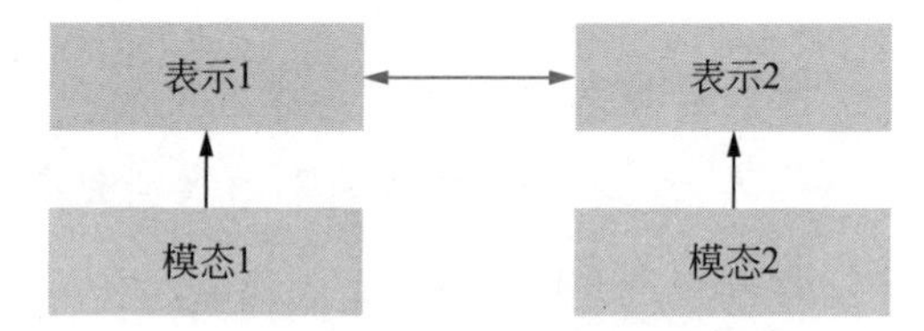

图 9-5　两种模态数据的表示框架

增加这样的约束会使得语义空间的向量得到更好的表示（图 9-6）。

“多模态数据很重要的一点就是各个模态数据之间有联系。在表示层面的联系有助于更好地解决问题。”

“嗯。各个任务中数据的联系不同，所以采取的具体约束方法也不同，是吗？”

“你说呢？”

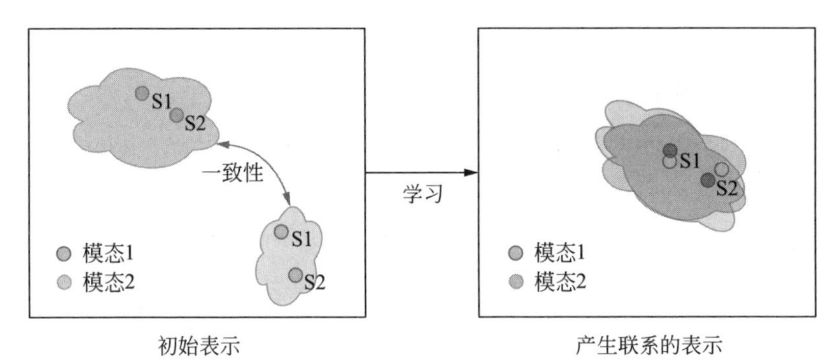

图 9-6　通过约束得到更好的表示

2. 对齐

要进行多模态学习，就要求多模态数据之间存在关联。如果两个多模态数据集彼此没有联系，那么对这样的数据进行学习，就没有什么意义。例如：一段关于月球表面的视频数据和一些微信群聊美食的聊天记录，这两种模态数据没什么直接联系。因此，要对其进行多模态分析就很难知道要分析什么，更不要说使用什么模型、什么目标函数、什么学习方法。

在多模态学习中，一个关键点是要对不同模态数据做对应，这被称作对齐（alignment）。例如，对图像的描述可能是“学生在操场跑步”，这里的对齐就是要把文字“学生”和“操场”与图像中的“学生”部分与“操场”部分做对应。

有些多模态的数据是显式对齐的。图 9-7 给出的是一只篮球落地后弹起又落地的视频中的几帧图像，以及录制的对应的声音数据。因为这个视频是同期录音完成的，所以篮球落地的图片和篮球落地的声音就是对齐的。

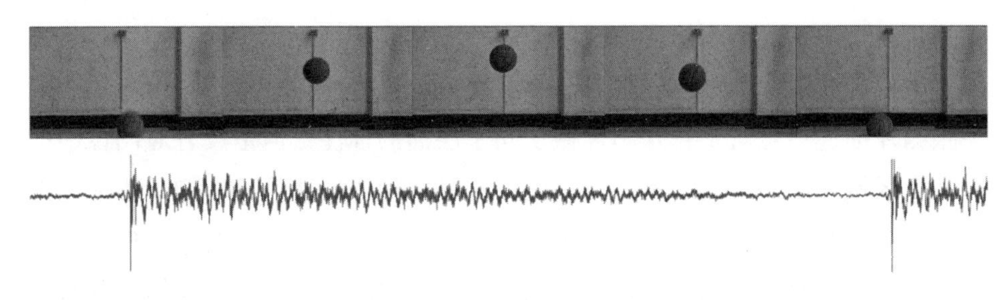

图 9-7　显式对齐的数据

人们在生活中发现，图像（如篮球落地）和声音（篮球击打地面）是共同发生的，并且根据声音定位功能可以知道声音是从哪里发出的，从而能够确定图像和声音之间的联系（对齐）。而当人们在观看电影、电视等视频时，看到一个物体的碰撞或者运动，同时听到了播放的声音，虽然没有声音定位辅助，也会认为这个声音是由物体的碰撞或者运动发出的（实际上是喇叭发出的声音）。这是事物共现对人的影响。当然，人的这一判断可能是错的，因此，也许视频中物体（如海绵）的运动根本不会产生声音，播放的声音仅仅是人为制造的音效。

在音视频的显示对齐中，“同时发生”是一个重要线索。利用这个线索实现了数据对齐。

“同时发生的事情多了，还需要别的条件吗？”

“是的。前面说了这些数据要有关联。拍摄的月球表面视频和微信群里的聊天是同时发生的，但是没有直接联系。”

在很多情况下，不同模态的数据不是显式对齐的。图 9-8 给出的是对于左侧图像的语言描述“A bird is eating leaves on the bookshelf”（一只鸟在书架上吃树叶）。这里图像和文本两种模态数据都是对于同一件事情的描述，但是并没有明确句子中的“bird”“leaves”“bookshelf”是图像中的哪些区域。在计算机视觉中，确定物体所在区域的一个方法就是用一个包含该物体的最小外接方框来表示，如图 9-8 左图中的方框。从数据标注角度看，用一句话对一张图片描述只是对于整张图片做了句子层面的标注，但是没有对图像中的每一个区域使用一个词来标注。因此，这是一种弱标注信息。如果要采用人工方法对图像的每一块区域进行标注，并且图像数量很大的时候，那么工作量就太大了。而如果能够通过算法做好单词层面的对齐，对于图像的理解就会更深入。

图 9-8　不同模态数据的对齐，右图给出的就是一种理想的对齐结果

在多模态学习中，有的方法采用了注意力机制（见第 5 章），这就能让某些多模态数据实现了数据的自动对齐。

图 9-9 所示就是将图像描述句子中的词与图像中的物体实现了对齐。图 9-9 最上面两行是两个词 fry（薯条）和 branch（树枝）在不同图像中对应的图像块。也就是说，通过大量的图像和文本句子的分析，算法知道了哪些区域是薯条、哪些区域是树枝。

彩图 9-9

图 9-9　采用具有注意力机制的模型中文本的注意力对应区域

“这很神奇。算法已知的只是图像和句子，居然就能确定词和图像块这么细节的对应。”

“有点类似儿童的学习。看图说话也是提供了图像和句子，儿童就能确定句子中的某些词汇就是指图中的某些物品，即使这些物品他没见过。”

“算法是怎么实现这种对应的？”

“细节很复杂。大致上有两个原因，一个是注意力机制起了作用，另一个是大量的数据起了作用。算法对于一些常见的词汇，如“鸟”，能够通过注意力机制逐渐“聚焦”在正确的位置上。”

一般来说，图像更适合表现物体和实物，但有意思的是对于句子中的形容词和动词，注意力机制也能将词与图像块做出正确的对应。图 9-9 中的最后一行图像显示的就是 red 一词对应的区域。我们可能会问“什么是红色？”，和名词不一样，并不存在一个具体的实物叫作“红色”。这个系统呈现的是各种红色的物体，比如说红色的车。第四行显示的是 wooden 对应的一些图片片段，都是“木质”的物品。

“如果问儿童什么是红色，儿童也会给我们展现一些红色的物品？”

“你做一做这项研究吧。
儿童不太可能抽象地解释红色这个概念。成人很多时候说一些抽象的话，儿童理解起来很费劲。”

单张图像对于动作的表现是有局限性的，一般来说，视频更容易表现动作，但是图 9-9 中第三行能显示出动词 fly（飞）对应的图像片段。对于 fly 这个单词，系统给出的是 fly 这一动作的主体（鸟、飞机、人）在 fly 这一动作时的状态。以鸟为主体时，这一动作会与天空联系在一起，因此，系统给出的是鸟在天空飞的状态，而不是鸟停在树杈的图片。对于飞机、人也是这样。

通过观察发现，给定一个动词，算法的注意力集中在施加这个动作的主体、这个动作涉及的客体以及这个动作发生时的状态。除了图 9-9 中第三行显示的动词 fly 的图像片段，还有更多的例子。如，句子中有“吃”这个词的时候，系统给出的是“吃”这个动作的主体“嘴”，以及被吃的“食物”的图像块；给定“写”的时候，算法给出的是“写”这个动作的主体“手”或者“笔”在客体“纸”或者“木板”上写的状态。

“很有趣，以前没注意到动词如何用图像来表示，直接想到的就是用短视频表示。”

“是。研究人工智能算法时，往往会有意外收获。”

除了图像和文字，其他多模态数据中也存在对齐问题，例如：人读一句话，获得的语音数据和文字不是自然对齐的，需要通过算法将每一段文字和语音中的片段对齐。很多音乐是乐团根据乐谱演奏的录音，但是得到的音乐录音（音频）和乐谱也不是自然对齐的。根据剧本拍摄的电视剧和电影，和剧本也不是自然对齐的。如果实现了对齐，对多模态任务的完成会更有利。

事实上，除了多模态数据，单模态数据也存在对齐问题。例如，图 9-10 左图中有两条实折线，在有些任务中需要把这两条折线“对齐”，也就是将其起始点、转折点和终点做对应，如图中虚线所示。人根据这条折线手画了一个类似的折线，见图 9-10 右图，有时也需要把图 9-10 左图的折线和手画的折线对齐。

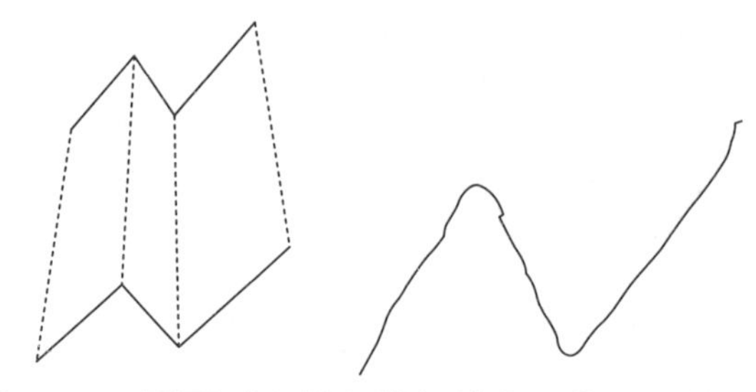

图 9-10　需要对齐的两段折线和一段手画的折线

在计算机视觉中，图像对齐也被称作图像匹配。人在识别一些陌生的图像时，有时是在和脑中的模板做匹配。例如，当你看图 9-11 中的文字时，就是在把局部图像和对应的文字“可可西里”“蟹”的局部做匹配（对齐）。

图 9-11　图形文字

“人在识别图 9-11 中的文字时，是系统 1 还是系统 2 在工作？”

“这个过程是缓慢的、逻辑的、理性的过程。你说应该是哪个系统在工作？（参见第 8 章）”

在多模态学习中，对齐是一个关键点。数据的对齐质量高，就说明算法真的像人一样“学到了东西”，这样才可能很好地完成智能任务。例如，在语言指导的图像编辑中，如果希望把图像中人的头发变为卷发，那么这时就需要系统自动准确确定头发区域，并改变纹理。如果对齐做得不够好，就可能出现这样的情况：一个人额头上方的头发变成了卷发，但是垂肩的头发还是直的。

3. 融合

不同模态数据具有互补信息。融合可以使得算法利用多模态数据的互补性更好地完成任务。如利用音视频进行语音识别时，就可利用这两个模态数据的互补性，当语音有噪声时，利用视频中的口型以提高语音识别的识别率。

融合可以发生在两个阶段。如果两个模态的数据是同类型的数据，并且已经做好了对齐，就可以考虑在数据层面融合。图 9-12 给出的是可见光彩色图像（左）和深度图像（中）的融合结果（右），扫描二维码可以看这三张图像的彩色版。深度图像中的红色（浅色）表示物体距离摄像头近，而蓝色（深色）代表物体距离摄像头远。右图融合左图和中图的信息。其中既有可见光图像信息，又有深度信息。

彩图 9-12

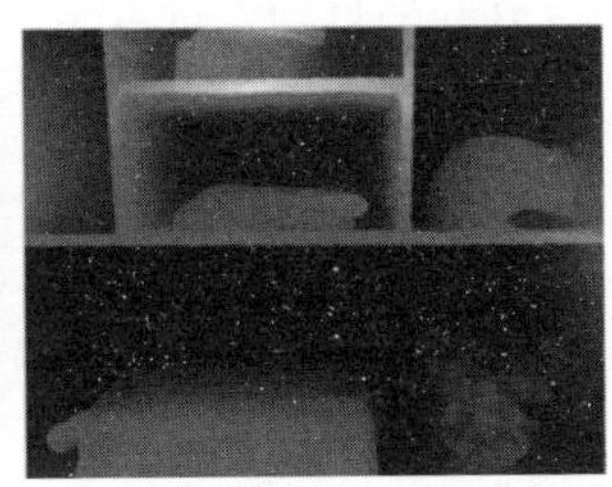

图 9-12　彩色图像和深度图像的融合

另一个阶段是在两种模态的数据各自输出结果时，对结果进行融合。例如根据视频识别的结果，可以知道某一物体是一只猫或者狗，但是由于视频不太清楚，所以不是很确定到底是什么。而根据动物的叫声比较确定是猫叫，综合这两者的结果，最后确定是猫。

融合多种模态的信息，预测结果会更可靠。特别是在一种模态信息不充分时，另一种模态数据可以弥补其不足。

4. 翻译

某些多模态任务要把一种模态数据翻译（或转换）为另一种模态数据。如输入语言，输出哑语视频，就是把语言翻译成视频；图像描述问题就是把图像翻译成语言。

这里使用的“翻译”一词，是利用了自然语言中的机器翻译的含义。这一类任务实际上具有一些共性，都采用了先对输入数据编码，然后再解码的结构，参见图 9-4（a）。

这些任务都属于生成任务这一大类。这类任务就是生成一句话、生成一张图像 / 视频，或者生成一段声音。这些工作的一个困难在于如何对生成的数据进行评价。在人脸识别问题中，输入一张人脸图像，如果系统识别的结果和人脸本人的名字不同，就是识别错误。因此，软件系统可以自动评判人脸识别系统的性能。但是在生成问题中，生成的数据可以多种多样，但可能都是正确的。例如：根据“盛开的鲜花”，可以生成的图像千差万别。而分类问题的方法在这里就行不通，不能因为生成的图像和数据库中的“标准”图像差异大，就认为生成的图像是错的。类似的问题在图像、视频、声音、文字的生成任务中都存在。在自然语言处理与理解部分讨论过这个问题。与之类似，对生成的各类数据，现在还没有好的自动评价方法。虽然人工评价有很多缺点，但是目前大多依旧采用人工评价方法。

“印象派画家莫奈画了几百张睡莲，每张都不一样，但主题都是“睡莲”。”

“况且每个人对于画的评判标准也不一样。
根据一个主题可以画出无穷多的画，对不同的画的评判标准也千差万别。这些都使得对生成的画的自动评判很困难。”

5. 共同学习

共同学习是指不同模态数据中的知识可以相互影响。这里的知识可以是数据的表示、模型参数等信息。

在新闻播报视频中，图像和语音往往是对齐的。这时，可以用语音信号作为输入，其对应的图像作为监督信息，训练系统完成根据语音生成视频的任务；也可以用图像作为输入，用语音识别后的文字为监督数据，训练唇语识别系统，即根据口型判断其说出的文字。在图像描述问题中，输入是图像，输出是句子。但这个数据集也可以反过来用，用句子为输入，图像为输出，训练根据文字信息生成图像的系统。这些系统彼此协作，也能提高各自系统的性能。

预训练大模型在语言上的突破激发了多模态大模型的研究。训练一个大模型需要大量的数据。当前，只有语言、图像、语音的数据量足够大，并且这些数据和要完成的任务联系紧密。因此，当前的多模态大模型多是关于这些模态数据的。

“很多视觉语言大模型的演示结果特别惊艳。”

“的确。
从学习和研究的角度出发，既要看到这些研究取得的成就，也要看到其不足。”

9.4　多模态数据让智能系统更好地理解世界

在第 5 章讨论过语言的局限性。语言只是承载了人类知识的一部分。同样，视觉、听觉、触觉、味觉和嗅觉中的任何一种模态的数据也只承载了人类知识的一部分，这些不同模态的数据之间不能彼此替代。

不只是上述这些模态的数据，人所获得的红外图像、深度图像、可见光图像都能捕获客观世界物体的某些方面的信息，这些信息彼此不能替代。

在语言和图像两种模态的学习中，对齐就是要把语言中的词和物理世界中的物体做对应，称为“落地”（grounding）。完成好对齐任务，有利于机器人根据语言的指导在现实世界执行任务。

语言在多模态数据中具有特殊地位。语言本身包含了大量的信息，包括人们对世界的视觉描述，如红色的花；听觉描述，如旋律很优美；嗅觉描述，如花好香啊等。语言的预训练大模型有助于多模态大模型的训练，有助于弥补其他模态数据的不足。

除语言、图像、声音外，其他模态的数据还非常少，主要原因就是传感器的问题。对于一种新的模态数据，如果能够获取大量这样的数据，就意味着人工智能又会得到大发展。

“如果计算机嗅觉技术可以实用，那么机器人就可以实时告诉我们家里是否有煤气泄漏，是否有甲醛超标。”

“如果计算机味觉技术可以实用，那我就能知道菜有多甜，有多咸。”

“还能告诉你，你喜欢的臭豆腐是微臭、中臭，还是变态臭。”

9.5 相关内容的学习资源

多模态的研究成果会根据其成果的侧重点而发表在相应方向的会议和期刊上。如：图像描述方面的文章会发表在计算机视觉或者自然语言处理方向的会议和期刊上，取决于文章的侧重点是在图像的理解上，还是语言的生成上。另外，相关研究成果也会发表在人工智能的综合会议和期刊上，以及多媒体方向的会议和期刊上。

扫描二维码可以看到更多相关方面的信息列表。

9-1

第 10 章

多智能体系统
——让多个智能机器构成一个社会

前面的各个章节，都是讨论如何让单个智能系统完成智能任务。本章讨论多个智能系统之间的交互和关系。

人们生活在社会中，每个人都或多或少要考虑别人的存在。很多人在一起形成了组织、社区、城市乃至国家。现实中的很多事情是需要很多人一起才能完成的。

本章讨论的多智能体系统中的基本单元是单个智能体。构成多智能体系统中的单个智能体通常具有以下三个特点：

（1）适应性。当环境发生变化时，能调整自己的行为。

（2）自主性。能主动感知和决策。

（3）交互性。能和其他智能体交互。

虽然已经有很多智能系统应用于实际，但是这些系统还没有构成多智能体系统。因为它们可能缺少上面的某些特性。

“火车站每一个进站口有好几个人脸识别系统，能让大家刷脸进站，为什么它们不是多智能体系统呢？”

“它们虽然可以感知镜头里的人脸图像，并做出决策（识别人脸），但是这几个人脸识别系统之间没有交互。如果一个识别系统能告诉另一个系统，“我这里光线太强，识别不了这个人，你来试一试”，那就有多智能体系统的味道了。”

我们可以把现实生活中的人看成是智能体。例如，有些工程项目需要多个人（多个智能体）一起合作完成；两个人下棋就是双方（两个智能体）对弈的游戏。

此外，也可以把某个组织看成是智能体。例如，一个企业和另一个企业的竞争，就是两个智能体之间的互动。企业向用户销售商品也是企业和用户两个智能体之间的互动。人们使用软件打车系统，可以看成是软件系统公司、出租车司机和乘车人三个智能体之间的交互。

与单智能体系统相比，多智能体系统具有以下优点。

1. 并行性（parallelism）

并行性是多智能体系统的特点。例如：在送快递任务中，如果一个人在北京市范围内送一批快递需要 1000 天，那么请 1 万个人分区并行送货，就可能在几小时内完成这批快递的配送。

现在的快递公司就是聘请了很多快递员。无法想象只聘请一个人来送北京的快递。

所以，多智能体是非常必要的。

交互在哪里？

一个快递员会给另一个快递员打电话：“这个快递应该是你那个区的，我给你送过去”，或者“我有点头疼，最后这几单你帮我送了吧？”

2. 鲁棒性（robustness）

单个智能系统有可能会出错。而多智能体系统中，某个智能体出错对整个系统的影响不大，这被称作鲁棒性。单智能体系统一旦出了问题（如停电、系统宕机等），也许会带来很大的损失，而多智能体系统的整体容错性就比较好。例如：在送快递这个任务中，如果一个人临时有事请假，那么就可以安排其他快递员来完成这个人的任务。这样的调整对快递任务的完成影响不大。

3. 可扩展（scalability）

现实生活中，要完成的任务量可能不是一成不变的。这时，可以根据任务量的大小调整智能体的数量，从而能按时完成任务。多智能体系统可以比较灵活方便地增加或减少智能体数量，所以系统的可扩展性好。例如：在送快递任务中，在节假日前后，快递量急剧上升。解决快递积压的一个方法就是临时聘请更多的人来送快递，当然这样做会有一些困难，但至少是一个可以选择的方法。如果快递是由无人系统（无人车、无人机）来送的，那么快递量的激增问题就更容易解决。

“临时聘请更多的快递员不太现实。不只是临时找不到那么多人，就是找到了，还要签合同、办手续，很麻烦。”

“签合同在机器构成的多智能体系统中不存在。这是人工智能系统的优势。”

4. 更简单的编程（simpler programming）

有时，虽然多智能体系统完成的任务比较复杂，但是系统的编程可能会相对比较简单。

在多智能体研究中，研究人员关心每个智能体应该和其他智能体存在什么关系，如何交互，从而应该具有什么功能或者完成什么任务。

10.1 群体智能

群体智能（swarm intelligence）是一项比较早期的研究工作。我们知道，很多复杂现象背后的机理是比较简单的。那么如果多个智能体之间只有一些简单的交互，会发生什么现象呢？下面看两个例子。

举例：生命游戏系统

生命系统中个体的自我繁殖特性是很多研究人员关心的事情。当然，生命的繁殖离不开蛋白质，但是，如果不考虑蛋白质这一因素，那么多智能体系统中个体的自我繁殖是怎样的呢？

为了研究方便，生命游戏（Conway's Game of Life）假设生命体都存在于一个二维正方形中的各个网格中。每个网格就是一个生存位置，该位置取值为 1 就表示这里有一个生命体；取值为 0 就表示这里没有生命体。参见图 10-1，图中白色空格表示该位置为 0，蓝色格表示该位置为 1。

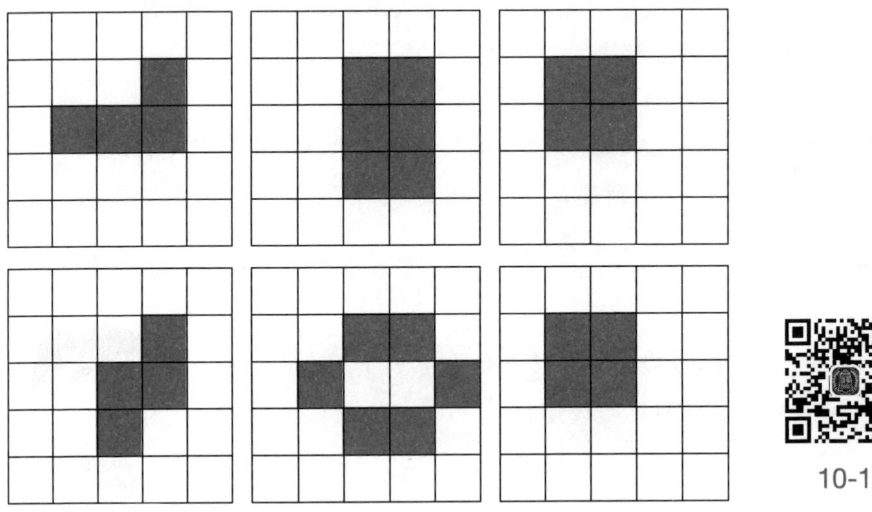

图 10-1 生命游戏中的几种形态

除此以外，还假设正方形的左右边界是相连的，也就是说，越过左边界就到了正方形右侧网格中。与之类似，上下边界也是相连的。这是一个简化的模型。

假设这个正方形网格空间中已经有了一些生命体，也就是说，有些是白色空格，有些是蓝色格子，那么在什么情况下，这个生命系统可以不断繁殖、生存？为此，研究人员设计了两个规则。

规则 1：对于状态为 0 的网格位置，如果它的 8 个邻域中有 3 个位置有生命体，则该位置下一个时刻就产生一个生命体；否则，该位置继续保持状态 0。这里的 8 个邻域是指该位置的上、下、左、右、左上、左下、右上、右下 8 个位置。

可以这样解释规则 1：对于一个空闲位置，如果其周围有生命体且不太拥挤，那么就产生一个生命体，否则就不产生生命体。

规则 2：对于状态为 1 的网格位置，如果它的 8 个邻域中有 2 个或者 3 个有生命体，那么该生命体就继续存活，否则，该位置生命体死亡，并变为空闲状态 0。

可以这样解释规则 2：如果一个生命体周围有生命体且不太拥挤，那么这个生命体继续生存，否则该生命体就死亡。

这两条规则从技术上刻画了群居社会的特性：周围要有别的生命体存在，不能太孤单，也不能太拥挤。

“人类好像可以在很拥挤的情况下生存。”

“所以，生命游戏是一个非常简单的抽象的模型。你可以研究一下，上面的规则中，如果把邻域中个体数改多一点或者少一点，看看会发生什么。”

按照上面的两条规则，图 10-1 第一排的形态在下一个时刻就会变为第二排对应的形态。

给定网格上的一个初始形态，也就是哪些位置为 1，哪些位置为 0，按照上面的两条规则，这个系统会开始不断变化。图 10-2 就是这个系统运行中的一个状态，可以扫描二维码找到视频片段的链接。

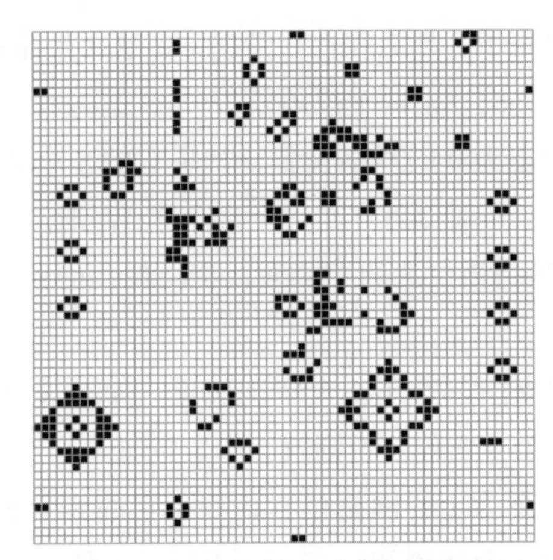

图 10-2　生命游戏中的几种形态

在演示视频中，会发现系统中出现了这样的图形（ ）。它会在空间沿着一条线移动，也被称为滑翔机（glider）。两架滑翔机相遇之后，两者都会消失。

还有这样一种结构（ ）和方块结构（ ），它们都很稳定。方块结构（ ）会一直保持不变，而 和 则互相转换。

在这个游戏中，两条规则只规定了在什么情况下可以出现个体，什么情况下个体要消失，并没有专门设计几何形态。换句话说，这些几何形态不是人们直接定义和设计出来的，而是在简单的两条规则基础上自发出现的。这些不同的形态可以看成是一些个体构成的“社区组织”。由此可见，“社区组织”是自然形成的。

“人类社会会出现类似“滑翔机”的结构吗？”

“城市中的房屋是规划出来的，不是自发建设的，和生命游戏的机制不同。
另外，人类繁衍不严格遵从上面的两条规则。”

“那研究生命游戏有什么意义？”

“从这样一个简单的抽象模型可以启发我们进一步研究人类社会的组织和结构的形成。”

举例：Boid 系统

研究人员曾经对于鸟群、鱼群、马群、牛群的整体快速运动的形态很感兴趣。以鸟的飞行为例，是谁在引导鸟群的飞行呢？根据观察，没有发现其中哪一只鸟比其他鸟更特殊，那么鸟群的运动是怎样形成的？

“大雁南飞就有领头雁，一群大雁会飞出漂亮的人字形。”

“这里研究的是成千上万只鸟群飞时的情形，不仅是大雁的这种特殊飞行。”

虽然我们不知道鸟群飞行形态形成的机制，但是如果能够设计和实现一个具有这样整体运动形态的系统，那么这个人工系统可能就和鸟群的飞行有相同的飞行机制。即使其机制可能不同，也可从功能上模拟其运动。

Boid（bird-oid object）就是研究人员设计的一个模拟鸟飞行的系统。其中每只鸟都是存在于三维空间里的个体，每只鸟的运动都遵循下面三条规则。

分离：每个个体不能距离周围个体太近

图 10-3（a）给出的是一个二维场景。图中每一个图形（ ）都代表一只鸟，

图形尖端所指为鸟飞行的方向。图 10-3（a）给出了几只鸟的位置和飞行方向。这一条规则的设计是为了避免鸟和鸟之间发生碰撞。

计算时，对于任何一只鸟［例如，图 10-3（a）中心的鸟］，需要考虑它周围［图 10-3（a）中灰色的圆圈］的每一只邻鸟，计算邻鸟与自己的距离和方向，然后朝相反的方向飞，其速率和两只鸟的距离成反比。也就是说，两只鸟相对越近，就需要越快速地朝相反方向移动，其最终的飞行方向和速率是与每一只邻鸟的关系综合的结果。

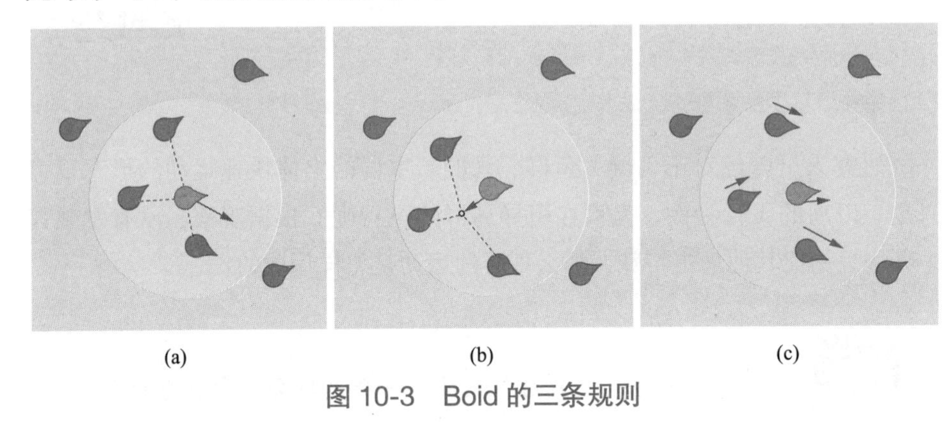

图 10-3 Boid 的三条规则

群聚：每个个体不能距离周围个体太远

这一条规则的设计是为了避免某只鸟离群索居。

在计算上，某只鸟要向着周围鸟的重心移动。图 10-3（b）中心鸟（●）上面的箭头展示了该鸟要移动的方向和大小。所以，首先要计算周围邻鸟的重心，然后算出中心鸟的运动速度向量。其方向就是该鸟指向重心的方向，其移动速率和该鸟与重心的距离成正比，也就是说，其距离重心越远，就移动越快。

当然，这一条规则考虑的是一只鸟距离邻鸟比较远时的情况。

对齐：每个个体移动速度和周围个体一致

简单说，周围的鸟怎么飞，某只鸟就怎么飞，这样就能让这只鸟和邻鸟保持一致的运动。准确一点表述就是：一只鸟的飞行速度是其邻鸟飞行速度的平均。这里的速度包括了速度的大小和方向。图 10-3（c）中心鸟（●）上面的箭头表示这只鸟要移动的方向和大小。

在计算上，对于任何一只鸟，首先计算邻鸟的平均速度。然后，这只鸟的速度向平均速度靠近。也就是说，调整自己的速率和方向，接近平均速度。图 10-3（c）中每一个实线箭头代表邻域中每只鸟的方向和速度，中间的虚线箭头代表了这群鸟的平均速度。

上面的每一条规则都会产生一个运动速度，这三个运动速度相加就可得到某只鸟最终的运动速度。

“这三条规则感觉挺合理的。”

“虽然我们不是鸟，但感觉鸟是有可能以这几条规则在飞行。”

上述描述中还涉及鸟的邻域概念，可以理解为鸟的视野范围，如图 10-4 所示。视野范围包括了距离和角度。视野范围大，表示鸟可以看到更远更广处的鸟。这里的角度设置是考虑到鸟一般不能看到身后的景物。对于鱼群来说，清澈的水可以让鱼的视野范围更大。这样的两个参数可让模型适应很多不同的情况。

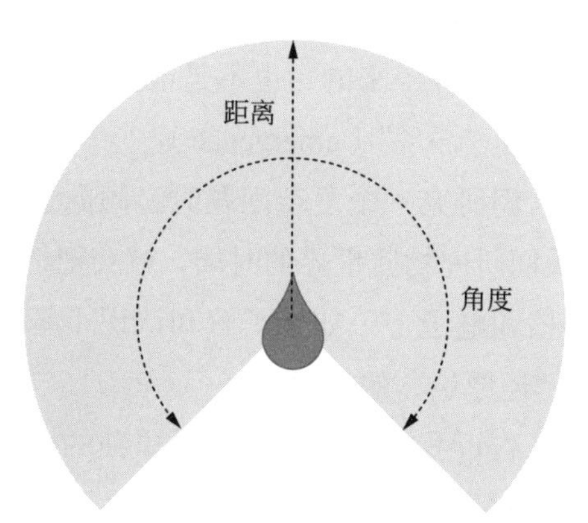

图 10-4　Boid 中个体的视野范围

10-2

有了上面几条规则，就可以在计算机上实现这个系统。在空间上确定一个初始形态，也就是确定哪些位置有鸟，以及每只鸟的飞行速度和方向。然后按照上面的三条规则，系统就可以运行了。扫描二维码，可以得到一些演示程序运行视频的链接。

在这个例子中，仅规定了每只鸟的移动规则，结果就出现了鸟群运动的整体形态。这些整体形态不是人们直接定义和设计出来的，而是个体在飞行中自然形成的。

“挺神奇的。这三条规则就导致群体移动现象的出现。除了鸟、鱼、牛、羊，还研究过别的生物群体运动吗？”

“还研究过蚊子等生物的飞行等。”

上面给出的是众多群体智能研究中的两个例子，文献中还有更多的相关研究。

研究者发现，一群个体之间的简单交互可以导致整体上的新现象出现。这些新现象不是被人直接设计出来的，也不是根据个体交互行为能够“直接”预测到的。这种现象称为“涌现”（emergence）。

在科学研究中，人们研究一个复杂问题时，倾向于把复杂问题分解，研究基本单元。例如：人们研究物质世界的时候，就会把物质分解成分子，然后再分解为原子、原子核和电子……如果了解和认识了基本粒子，那么就了解了物质世界。这就是“还原论”的思想。

但是上面两个例子告诉我们，即使了解了单独的个体，也并不意味着了解了整体。还原论方法在一些情况下存在局限。

“嗯。涌现这个工作很有意义。
估计很多人仍然在以还原论的方式做科研。”

“认识和理解基本单元很重要，但还不够。”

“在自然语言处理与理解部分，ChatGPT 也有涌现现象出现。”

“是的。人们没有预料到这个模型能够完成那么多自然语言处理和理解任务。”

早期的这些工作引发了被称为人工生命（artificial life）的研究。

早期的人工生命研究关注生命个体的一些特性，例如，个体的繁殖特性、自组织特性、演化特性。人们尝试在脱离蛋白质的情况下，研究生命个体行为、特性，研究其机制和规律。

“一听“人工生命”这个词，我以为是要“人造”一个真昆虫之类的研究。”

“其实，合成生物学就是要建立人工生物系统（artificial biosystem）。它的基础元素包括基因片段、基因调控网络等。有人认为这也应该算是人工生命的研究内容。”

10.2 合作的智能体

合作是很多多智能体系统的特点。通过合作，一个多智能体系统可以完成一些复杂的任务。下面以蚁群系统为例进行讨论。

蚁群系统

通过观察人们发现，蚂蚁找到远离蚂蚁窝的食物后，就会想办法把食物从食物源搬回蚂蚁窝。然后，蚂蚁会逐渐走出一条从食物源到蚂蚁窝的很短的路径。研究人员想知道蚂蚁是怎样找到这条路径的。

研究发现，蚂蚁在行进时不断向周围散发一种被称为“信息素”的物质。这些“信息素”会对其他蚂蚁起到引路的作用。因为，蚂蚁总是会朝着“信息素”浓度高的方向爬行。所以，短的路径走的蚂蚁就多，留下的“信息素”浓度也高。短路径就是这样被找到的。

图 10-5 是一个图示。人们在从蚂蚁窝到食物源的路径［图 10-5（a）］上设置了一个障碍物，见图 10-5（b）。当蚂蚁遇到障碍物时会向两侧走。第一只蚂蚁会随机地（以 50% 的可能性）选择向左或向右爬行，这时因为左右两侧以前都没有蚂蚁走过，没有“信息素”留下来。其后边的几只蚂蚁也都会这样走，因为左右两侧的“信息素”浓度一样，参见图 10-5（b）。但是，由于左侧的路程长，右侧路程短，所以，一些蚂蚁走过后，右侧路上的“信息素”

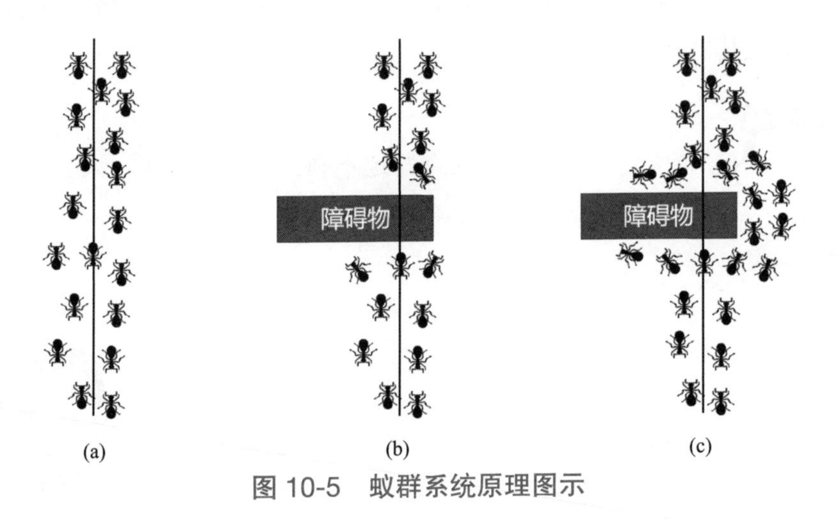

图 10-5　蚁群系统原理图示

浓度会更高。因此，后续的蚂蚁多会朝着右侧路径走。就这样，右侧路径上的蚂蚁越来越多，这条路上的“信息素”浓度也越来越大。最终蚂蚁都会沿着这条短路径爬行，见图 10-5（c）所示。

> 每只蚂蚁散发的信息素能有这么大的作用。

> 后续蚂蚁朝浓度高的方向走，这很关键。

> 人类也在不断地发表和转发各种信息，这些是否也是“信息素”？

> 是的。每个人都对自己看过的电影给出评分。人们倾向于看评分高的电影。逐渐，高评分的电影就被更多人找到了。
> 当然，人的信息传播行为更复杂。在研究人类社会的信息传播机制和规律时，有人是从社会学、新闻传播的角度开展研究，也有人是从计算的角度开展研究。

寻找最短路径是工程研究中的一个重要问题。人们根据上述原理设计了蚁群系统（ant system 或 ant colony system）算法来寻找一个问题中的最短路径。实际上，现实中的很多优化问题都等价于最短路径问题。因此，人们也尝试用蚁群系统算法解决其他优化问题。

蚁群系统算法是受到自然界的启发而设计出的优化算法。这样的算法还有一些，例如遗传算法、果蝇算法等。这类算法被称作智能优化算法（intelligent optimization algorithms）。

“还有哪些算法是受自然界启发设计出来的？”

“你在网上可以查到很多。
不过，你可以观察和研究一些你喜欢的动物，
看看从中是否可以获得某些启发？”

蚁群系统仅仅是多智能体合作的一个例子。多智能体如何通过合作来解决实际问题，是一个重要课题。

10.3 非合作的智能体

非合作的智能体系统是另一种常见情形，例如：下国际象棋的双方就是对抗和竞争的关系，足球比赛双方也是对抗和竞争关系。

在非合作智能体的研究中，有一个经典的问题就是囚徒困境问题。下面来介绍这个问题。

举例：囚徒困境

囚徒困境（prisoner’s dilemma）研究这样一个问题：有两个同案犯小笨和小懒被分开审讯。他们每个人都有两种选择：认罪和沉默，这样总共有 4 种选择的可能性：{ 沉默，沉默 }，{ 认罪，沉默 }，{ 沉默，认罪 }，{ 认罪，认罪 }。在这四种情况下对他们的惩罚如图 10-6 所示。

		小笨	
		沉默	认罪
小懒	沉默	小笨: −1, 小懒: −1	小笨: −15, 小懒: 0
	认罪	小笨: 0, 小懒: −15	小笨: −10, 小懒: −10

图 10-6　囚徒困境

两人都沉默时各罚 1 分；一人认罪另一人沉默时，认罪的不罚分，沉默的罚 15 分；两人都认罪时，各罚 10 分。

在这种情况下，同时沉默对他们来说是最优的结果。

但实际上，对于小懒来说，不管小笨是沉默还是认罪，小懒认罪都是最好的结果。而对于小笨来说，不管小懒是沉默还是认罪，小笨认罪都是最好的结果。所以，两者都认为认罪是更好的选择。

“图 10-6 中的几个数字 0、−1、−10、−15 是精心设计出来的吗？”

“是设计出来的。有些数值是可以在一定范围内改变的。例如：把所有的 −1 都改成 −2，也是可以的。但是，如果把所有的 −15 都改成 −5 就不行了。”

当然，如果小笨和小懒彼此都很信任则不会出现这个结果。但彼此如此信任很难做到，是一个太强的假设。这里，两者都是理性的人，也就是说，他们都知道选择对自己最有利的策略；但同时他们又是利己和自私的，他们会更多地为自己考虑。这被称为“理性的经济人”。

这个结果说明，在一些情况下，“从利己目的出发，结果损人不利己，既不利己也不利人”。

“人往往会这样，本来想占点便宜，结果反而吃了大亏。这就是“偷鸡不成蚀把米”。”

“这就是人们说的“吃亏是福”？”

“如果小懒和小笨都选择吃亏，结果就是全局最优解。当然，前提是他们足够信任对方，并为对方着想。”

“那他们就应该叫：小勤和小聪了。”

上述囚徒困境的结果被称为纳什均衡（Nash equilibrium），类似的事情在现实生活中也存在。例如，广告竞争就是囚徒困境在商业活动中的一个表现。两家竞争企业都可以选择做广告或不做广告。如果两家彼此足够信任和合作，就可以都不做广告。但是现实情况是，每家企业都会选择做广告。这样的结果是增加了广告成本，同时销量增加不多。

类似的例子在生活中还有很多。

囚徒困境是博弈论（game theory）中的一个典型例子。博弈论研究不合作的两方（或多方）参与者（players）会以怎样的策略采取行动，以及会获得怎样的收益（payoff）。在囚徒困境中，参与者就是囚徒，其收益是负值，也就是会受到惩罚。

约翰·纳什（John Nash，1928—2015），著名数学家和经济学家，博弈论是其主要研究内容之一。他与另外两位数学家在非合作博弈方面的开创性的贡献，对博弈论和经济学产生了很大影响，因而获得1994年诺贝尔经济学奖。他也是电影《美丽心灵》男主角原型。

约翰·纳什

“在电影中，男主角面对一个喜欢他的美女，顿生灵感，得到了好的思路和结果。这段给人印象特别深刻。”

“太卷了吧。恋爱都不谈了，面对美女想到的都是科研，美女脸上有公式吗？”

“做科研需要一种沉浸的状态。很多了不起的科研成就都是科学家在一种对问题朝思暮想状态下的结果。一个小的环境因素也可能会“激发”科学家的灵感。
这强调的是科研的专心致志和沉浸状态。”

博弈论是在多智能体系统研究中的重要工具。

在现实生活中，非合作智能体系统的例子有很多。例如：打车系统平台公司、出租车司机与乘车人，商家和客户，两个对弈的棋手，两个竞争企业等。

10.4　多智能体学习

由于多智能体系统的复杂性以及机器学习取得的成功带来的影响，当前研究人员多采用机器学习的方法解决多智能体系统中的问题，这称为多智能体学习。与图像识别、玩《超级玛丽》这样相对简单的学习任务相比，多智能体系统有一些特殊之处，这导致多智能体学习问题更复杂。下面列举其中几个因素。

1. 合作与竞争

前面讨论了合作和非合作的多智能体系统。而在很多实际问题中，智能体之间往往同时具有合作和非合作的因素。在现实生活中，各位开车司机不是只争抢路权，其实也会彼此谦让。只谦让或者只竞争都是不对的。在无人驾驶系统中，当多辆车同时接近并且要通过一个狭窄的路口时，如果只有竞争，则很可能会发生碰撞；而如果只有谦让，则很可能各车都会停车等对方先走。既然要求多智能体协作来完成任务，每个智能体就需要考虑完成自身任务和提高整体效率的关系，必要时做出权衡。因此，智能体之间的合作策略和竞争策略就是一个问题。

2. 同质与异质

现实世界的很多问题中，各智能体不一定是同种类型（同质）的。例如：在自动配送系统中，有大货车、小货车、无人机等智能体，这些智能体在速度、负载、花费等方面都有所不同，并且运送货物时的运行数据、行驶数据等也会不同，因而对这些数据的学习就需要有特别考虑。在这种情况下，一个智能体上的经验、数据、策略不能直接复制应用于异质的其他智能体上。

3. 局部感知与全局感知

不同类型的智能体的感知特性可能会不同，例如，无人机上摄像头的拍摄角度和无人车上摄像头的拍摄角度就不一样。无人机感知范围更大，但无人车上可能装有一些特殊的传感器，如激光雷达来获得距离信息。在自动驾驶系统中，无人车只能感知周围的环境（局部感知），而交通管理中心的系统则可以获得整个区域的交通数据（全局感知）。这些差别会导致其要完成的任务不同，当然决策也不同。

4. 智能体之间的通信

一般来说，合作智能体之间有信息交流。例如：在足球比赛中，同队的球员之间会有交流；在任务执行中协作完成任务的智能体之间，可以不断交流来调整决策。因为大量多智能体系统中，智能体之间既有合作也有竞争，所以以竞争为主的系统中，智能体之间如何通信和交流就是一个问题。例如：在无人驾驶系统中，要通过同一个狭窄路口的不同汽车公司的车如何通信才能让彼此尽快安全通过，就是个问题。

5. 资源冲突

资源冲突是多智能体系统中常见问题。例如：在无人驾驶系统中，多个无人车要同时走同一条道路，这里的道路是资源；在无人仓储系统中，多个无人车可能需要从同一货架位置取货物，这里货架位置是资源。这种资源冲突就需要智能体之间有协作。

实际应用中情况复杂多样，所以，多智能体系统也会很不一样。

这容易理解。
货运公司和制药企业的员工工作方式肯定不一样。
企业的员工就是“活”智能体，各个企业就是多智能体系统，它们的组织结构、工作方式当然不一样。

上面这些因素导致多智能体学习有很多困难。相比之下，单智能体学习的研究工作更多，其中的理论工作也更多，已有的研究可以指导人们解决实际问题。而多智能体方面的理论工作比较少，因此指导人们设计多智能体系统的理论还是比较缺乏的。

好多多智能体论文都是在研究如何解决具体的实际问题，我很喜欢。

需要先尝试解决实际问题，然后从中总结经验，发现规律，发展相关的理论。

在多智能体的学习中，有如下几个方面的问题需要研究。

1. 涌现现象

涌现现象虽然并不涉及多智能体系统的学习问题，但是对于多智能体系统依然非常重要。因为人们需要知道，多智能体系统会出现什么涌现现象，以及涌现现象是否会影响到系统的使用，所以需要研究这个问题。

> 设计和实现一个智能系统，一般会更关心其中的基本操作和流程，而整体上的新现象也是应该受到关注的。

> 其实这也是多智能体系统有趣和迷人的地方。有时候，设计人员非常希望能看到一些设计阶段并未意识到的好功能的出现。

2. 学习通信

对于一个合作的多智能体系统，每一个智能体感知的可能只是该智能体所在环境的局部信息。这时，各个智能体之间传递什么信息才能更好地完成任务？对于一个送货系统，每一个送货智能体都会得到其周围环境的信息以及其执行任务时的各种数据。哪些数据对于其他智能体是有用的？应该如何传递？

对于非合作多智能体系统来说，是否能够发布一些迷惑信息，从而让己方得到更多的利益？例如，在下棋时，走一步什么棋可以迷惑对方从而让对方产生误判？

> 在人类社会，就是指：
> 学会告诉同事，“我走的这条路上有一个坑，你走的时候要小心”；
> 在你生气的时候，我知道应该说点什么或者做点什么让你高兴。

在足球比赛中，学会做假动作就可以绕开对手。

3. 学习合作

有些任务需要多个智能体合作来完成。但是，何时合作？如何合作？这需要通过学习的方法来发现和实现。

例如：一个任务可以由一个智能体完成，也可以由多个智能体完成。各个智能体通过探索后发现：对于这个任务合作是更好的策略，因为这样得到的收益更高；而对于另一个任务单独完成可能更合适，因为收益高且成本低。再例如，如果需要打扫一个很大的仓库，那么几台扫地机器人可以自己学习划分扫地区域，互相协作。当发现有的地方脏，需要多花时间；而有的地方干净，不需要花很多时间，这时，机器人可以动态改变各个机器人的清扫区域，从而更快、更好地完成任务。

一方有难，八方支援。

好善良的感觉。你上升到了道德的高度。

4. 环境不确定性

在很多实际应用中，环境可能具有不确定性。例如，道路上的行人、其他车辆的行动具有不确定性，这时，无人驾驶车辆需要能够理解和处理这些不确定性。

“动态环境是造成人工智能研究困难的关键因素。”

“嗯。面试往往比笔试更让人有压力。不确定考官临时问什么问题，而且思考的时间不多。
随机应变对人来说也是一个挑战。”

5. 对其他智能体建模

下面以无人驾驶系统为例来讨论。一辆无人车行驶时，需要观察周围其他车辆的运动，并估计下一步它们可能的状态。例如，需要对其他车辆下一时刻的行动做预测，估计其加速、减速、左拐、右拐等行为的可能性。要估计其他车辆的行动，就要对其他智能体建模，根据模型预测和估计它们的行为。

“就是要“猜”别的车会怎么走，这样来决定自己是要刹车，还是加速。”

“这里的“猜”要通过科学的方法来实现。技术上就是“先建模，再预测”。”

前面讨论了多智能体系统的特点和任务，由此可以知道多智能体学习和单智能体学习有很大不同。下面从技术上解释，为什么多智能体学习比较困难。

1. 其他智能体的存在

多个智能体的存在使得问题变得复杂。当然，每一个智能体在学习的时候，可以把周围其他智能体看作环境。这样的好处是，这就变为一个单智能体的学习问题，直接采用单智能体学习的方法就可以。但是，每一个智能体并不是静止不动的，因此，这个“环境”就可能不断在改变。其他智能体数量越大，环境的变化因素就越大，这导致在学习时，搜索空间特别大，需要的数据特别多。可即便这样也不能对智能体之间的合作、通信等方面很好地进行学习。

2. 不完备信息

在非合作多智能体系统中，一方很难得到对方完整的信息。例如：在无人驾驶系统中，一辆无人车不知道周围其他车辆（特别是对方企业的车辆）的速度和意图，因此，就只能通过图像数据、激光雷达数据来估计其他车辆的速度和意图。

不完备信息下的学习和决策，一直是人工智能中比较困难的课题。信息的不完备增加了学习、推理、决策的复杂性。这不仅发生在多智能体学习中，而且在单智能体学习时，由于对环境数据不够，需要的信息不完全，如何做决策也是很困难的，例如：被遮挡的物体的识别问题。

“不完备信息是造成人工智能研究困难的另一个关键因素。”

“踢球时，我知道我比对手跑得快，那我就去抢球；我如果跑不过别人，就换一个策略。如果我完全不知道对手实力，那就麻烦多了。”

“俗话说，“知己知彼，百战不殆”。不知彼就是不完全信息情形。”

3. 很大的状态空间

在多智能体系统中，智能体系统受到每个智能体的行为的影响。如果要考虑每一个智能体带来的影响，就可能需要考虑各个智能体状态的组合。例如，如果有 n 个机器人，每个机器人有 m 个可能的状态（机器人可能的位置、速度等），那么整体的状态空间的大小就是 m^n，要在这样大的空间搜索和学习就太难了。

4. 信用分配

在第 7 章中已经讨论过再励学习中信用分配问题。而在多智能体系统中，一次任务是由很多智能体合作完成的，这时应如何确定其中哪一个智能体的哪一个动作更重要？各个智能体的各个动作的贡献分别是多大？

在人类社会中，这往往也不是一件容易的事情。例如，在合作完成一个工程项目后，如何评估其中每一个成员的贡献？特别是其中涉及某些步骤必须几个人合作才能完成的时候，这个评估就会比较困难。如果对于工程执行过程没有观察和记录，只依靠项目完成的时间、质量来评估，就是一个更难的任务。

“一个团队长期合作完成了一个复杂任务，一般是根据岗位的重要性来分配奖金的。同一个岗位上人的奖金往往相同。这说明，人其实并没有办法准确地量化每个人在其中的作用。”

“合作时，不同人的贡献不太好分得清。”

“那么，多智能体系统该怎么给各个智能体的各个动作分配奖赏？”

5. 合作和竞争

前面讨论过，一个系统中的多智能体之间往往同时具有合作和非合作的因素。在什么情况下这些智能体需要合作？在什么情况下它们会不合作？在不同情况下，其学习的目标函数是不同的。

6. 奖赏设定

在第 7 章讨论过，奖赏值的设定是再励学习中的重要问题。在多智能体系统中，奖赏设置会影响智能体之间的合作状况。过高奖赏单个智能体的行为，会让智能体选择单独完成该任务，而不和其他智能体合作；而有时，不奖励单个智能体的行为，会导致单个智能体选择和其他智能体合作来完成一个简单的任务。一个好的奖励函数，既要能激励智能体进行合作，又要能激励智能体提高自我能力。如何设定这样的好的奖赏函数就是一个难题。

当然，也可以让算法自己从大量的尝试中去寻找奖赏函数。

“就是说，系统尝试这次奖赏大一些，下次奖赏小一些，从而找到一个合适的奖赏值？”

“这是一种办法。
这样系统就更“聪明”，当然算法就需要更复杂，技术难点也更多。”

10.5　人类社会的启发

人工智能的很多研究都从人类智能的研究中获得启发。多智能体系统与我们人类社会密切相关，因此，研究人类社会的形成、组织、行为，可能会给多智能体系统的研究带来一些启发。

人类社会中有着大量的合作和竞争，例如：球类比赛，一个行业上下游企业之间的关系，大型工程各个阶段的合作。这些都可以给多智能体研究以启发。人类在科学研究上的合作也特别多。在科研工作中，一篇论文常常是多个作者合作完成的，而某个难题的解决，可能需要几代人的努力才能完成。我们的研究思路可能来自别人的讲课和报告，而我们研究中的数据、论据、方法也可能被别人使用。如何借鉴人类的这些做法，开展多智能体的研究，就是一个很好的课题。

人类社会从个人开始，逐渐发展为部落、社区、村、镇等多级结构。这样的结构有什么优缺点？如果有大量的智能体，它们是否会形成这样的结构，从而更好地完成任务，为人类服务？

“人类社会有几千年的发展史，这些都可以作为多智能体研究的思想来源。”

“如果就想实现一个用于仓储的多机器人系统，也要像人类社会结构那么复杂吗？”

“有的多智能体系统结构可以很简单，就能完成特定任务。

如果要考虑多智能体系统的设计和构建应该遵循什么原则，是否有统一的方法和理论，从而更好地指导工程实践，就需要考虑这些问题。”

10.6 相关内容的学习资源

扫描二维码，获得进一步学习的资料列表。

10-3

第 11 章

可信的人工智能
——让机器人的言行符合人类的规范

当前，一些人工智能技术已经转化为产品应用于实际，成为人们生活中的一部分，因此，需要研究一些新的问题，比如人工智能技术和人以及人类社会的关系问题。这大概包括两方面的研究内容，一方面需要从社会和管理的角度开展研究；另一方面需要从技术角度开展研究。

本章讨论人工智能技术应用于实际时遇到的几个主要问题。

11.1 公平性

先看一个关于公平性（fairness）的例子。

某公司人事部门经常收到大量的应聘简历。为节省人力，该公司开发了一个人工智能小工具对这些简历进行筛选和过滤。但是人们发现，这个简历筛选软件对公司中的一些职位更倾向于给予男性应聘者而不是女性应聘者。

后来人们寻找原因，发现问题出在数据上。他们使用机器学习算法来训练这个简历过滤模型，而训练数据则是过去几年这些职位的就职人员的简历，其中大部分为男性。模型发现并使用了性别这个特征，结果就是在实际筛选简历时更倾向把那些职位给予男性，而轻视了女性。

下面再给出关于公平性的另外一个例子。

某医院联合学术机构开发了一个智能辅助系统。对于每一个病人，该系统会自动列出病人所需的医疗资源，例如，病床使用时间、检查设备、所需药物等。但测试发现，这个系统倾向于为高收入的病人分配更多的医疗资源，即使该病人的症状很轻微。

后来经过研究发现，这个问题同样出在数据上。他们使用了曾经在该医院就诊的病人的数据作为训练数据，而这些数据中包含了病人花费金额、职业等数据。模型发现并使用了这些特征，这样在测试时，算法倾向于让高收入人群使用更多的医疗资源，而低收入人群情况则相反。

> 上面这两件事是近些年出现的吗？为什么以前没有发现这个问题？

> 提高模型的准确性是人工智能的最基本的问题。以前的研究更多注重提高模型的准确性，并且其技术也没有应用于实际。
> 这些年，人工智能技术被广泛应用，因此，发现了上面这些新问题。

当前的人工智能系统大多数是使用机器学习方法实现的，而机器学习方法要使用数据来训练模型。因此，一旦训练数据出现了问题，这些问题就会表现在模型上。

由此，人们开始研究数据、数据的收集、数据的标注中可能存在的偏差（biases）和不公平性。下面举几种类型的数据偏差现象。

1. 数据量存在的偏差

世界上有几千种语言，大语种语言的数据量很大。而相比之下，小语种语言使用的人数不够多，其训练数据就少很多。不同语言的数据量很不平衡。

因此，当前的自然语言处理与理解方面的成果基本上都是针对大语种语言的分析和理解的。实际上，说小语种语言的人们更需要了解世界，不过他们人数少这一“弱势”，导致他们得不到高科技带来的福利。

2. 数据报告中的偏差

训练语言模型的大量数据都来自互联网。有人对于从互联网上下载的文本中的词进行了统计，得到了如下一些词的出现次数。

“spoke”（说）　11 577 917

“laughed”（笑）　3 904 519

“murdered”（杀害）　2 834 529

“inhaled”（吸气）　984 613

“breathed”（呼吸）　725 034

“exhale”（呼气）　168 985

上面的数据中，“吸气”比“呼气”次数多很多；而“吸气”比“笑”次数少太多，当然事实与之相反。更让人没想到的是，“杀害”居然超过了“吸气”和“呼气”次数。

仔细想一想这并不难理解。说话、写文字都需要花费时间，用技术的话说，这个通信的通道很窄。因此，对于司空见惯的没有新意的事情人们说得不多，而说得比较多的是觉得少见的、比较惊奇的事情。“杀害”次数多大概就是这个原因。同样，虽然人们时刻在呼吸，但这也没必要不断说，除非“倒吸了一口冷气”。因此，人们用文字描述的事物、事件，与其在客观世界中发生的频率不吻合。而在训练某些机器学习模型时，这种偏差就可能会产生一些问题。

当然，ChatGPT 一类的大模型并不是简单地根据训练数据集中的词频来生成句子，但是训练语料对于模型的生成内容至关重要。假如训练语料中总是有大量脏话而不是文明用语，那么语言模型生成的文字中也会脏话连篇。

“互联网上乱七八糟的文字太多了，骂人的、违法的、色情的都有，是不是 ChatGPT 也把这些都学会了。”

“是的，如果使用了这些文字的话。
除了互联网，我们还有别的途径能得到那么大量的语料吗？”

3. 数据选择中的偏差

现实世界存在很多数据，如果我们对这些数据收集和选择方式不当，那么也会出现偏差。例如，要收集英语文本数据，人们想到的是从英国、美国、加拿大、澳大利亚这些国家收集数据。但事实上，世界上说英语的人群，北美约 2.51 亿人、英国约 0.6 亿人、澳大利亚约 0.26 亿人，此外非洲还有约 0.79 亿人，亚洲有约 1.2 亿人也在说英语。因此，收集的文字与说英语地区的人口数量成正比例吗？如果训练语料缺少了来自亚洲的数据，那么模型就无法学习到关于亚洲的一些事物的描述，学习不到亚洲人的文化、习惯、观点等。

“对同一个问题的回答，不同类型语料训练出的模型回答会不同。”

“如果问：他怎么感冒了？中国人会说：他可能着凉了，多穿点衣服吧。日本人会说：他衣服穿太多所以感冒了。大模型也会这样吗？”

“是可能的。这就是语言中的文化因素导致的。”

另外，在现实生活中，人们习惯上说吃苹果是指熟苹果，而不是没成熟的或烂了的苹果；说到程序员会认为是男性。这些也是数据中的偏差。

有些人对此争辩说：尽管这些数据存在偏差，但这不是人为编造的结果，客观世界就是这样。在现实生活中，程序员就是男性居多。

对此，另外一些人说：尽管这些是事实，问题的关键在于，这些数据要被用于做什么？这些数据被使用后会使得现状更糟还是变好？

如果程序员岗位目前大多数都是男性，因此就只给男性机会来就职该岗位，那么这就是错误的。如果因为现实世界女性在某些职位的工资低，因此，对于应聘的女性人员就给出低工资，那么也是不公平的一种表现。

“是的。如果互联网上有脏话，模型因此说脏话，这就不好。”

“如果发现语料中的脏话，并因此提出一些建设性的积极建议，那么这个模型就更牛了。
这是人工智能今后的一个任务。”

技术人员对于公平性的研究主要从两方面展开：公平性算法和公平性度量。

在公平性算法方面，已经有了一些思路：在算法中不使用和性别、种族等可能引起不公平性的因素和特征来训练模型，以免算法使用了这些特征而做出不公平的预测。例如，在简历过滤算法中，不使用性别和种族特征。当然，这个思路在某些情况下是不合适的。例如，对某种疾病的发生进行预测，性别特征是需要使用的，因为有些疾病的确和性别有关。

但是，上面的思路会给算法的研发带来困难。例如，人脸图像本身就带有种族（例如：黑皮肤）和性别因素，如果不能使用这些特征，就意味着要从图像中去除这些因素，然后进行模型的训练和预测。与之类似，在使用人的语音数据时，人的语音中也带有性别信息。而要从图像和语音中去除这些信息不是一件容易的事情。要这么做，就要从图像和语音中，把性别、种族等因素和其他因素“解耦”，然后把这些特征分离出去弃而不用，而“解耦”这些特征就是一个课题。

“一定要先“解耦”，再进行后续的训练吗？”

“当然还可以有别的技术途径。只不过，各种新的技术都是需要人们进行研究和探索的。对于文本中的性别和种族信息，简单地从简历中去除这两栏就是了。”

公平性度量是用来评价一个算法、模型是否公平的标准。当训练好一个模型后，就需要使用公平性度量来测试系统，从而知道这个模型在公平性方面的性能如何。

基本上，有两种度量，一种叫作“组间公平”（group fairness），另一种叫作“个体公平”（individual fairness）。

下面举例说明这两种度量的不同。假设一所中学有3600名学生，给了60个名额看展览。第一种分配方法是按照年级分配，从初一到高三共6个年级，每个年级10张票。这里采用的就是组间公平性的考虑，每个年级是一个组。

第二种分配方法是按照人数分配，每名学生能得到名额的可能性都是1/60。这里不考虑年级，而是考虑个人，是个体公平性的体现。

当各年级人数不等时，这两种度量会有差异。例如，假如高三年级只有10个人，而初一年级有100人。采用组间公平性时，高三年级每个人就能有一张票；而初一年级平均10个人才有一张票。而采用个体公平的准则，则每名学生的机会是一样的，和年级无关。

在实际中，要使用哪种公平性度量，取决于要解决的实际问题和人们对算法结果的意见。

“能让算法来决定用哪种公平性度量吗？”

“用哪种公平性度量体现的是人的价值观，一般来说，还是由人来决定比较好。
当然，在提供的信息充足时，算法也可以“模仿”人来做这样的决策。这是另一个课题。”

11.2 隐私数据和隐私数据保护

隐私（privacy）和隐私保护（privacy preservation）是很多人关心的问题。当前的机器学习要使用数据训练模型，涉及数据的收集、模型训练等环节，因此隐私数据和隐私保护方法就受到了重视和研究。下面举例和解释可能存在的隐私泄露问题。

1. 隐私数据

很多数据中包含了人们的隐私。例如，银行和金融系统中存有大量的用户的隐私数据。银行中个人的存款数额、资金往来信息，证券公司中包含的个人的证券信息等。这些都是人们非常关注的隐私数据。

有些数据看似平常，其实也存在个人隐私。人们使用计算机时，常常需要输入一些文字，人们按键的动作和输入的文字就包含一些敏感信息。例如，在输入“machine learning”“努力工作”这样的文字时，人输入这些文字时是有节奏、有规律的，每个人都不同，所以，这个规律可以用于个人身份认证。比如，当一个陌生人使用你的手机的时候，使用了这个规律的算法就可以判定：不是你在使用这个手机。

另外，人们经常使用某一个输入法软件（如微软拼音、搜狗拼音）来输入汉字。这些软件的一个功能就是把个人经常输入的某个词确定为新词。例如，某个人输入“×××”，输入法就弹出他自己的名字。这里，个人自定义的这个词就是一个敏感词，这个软件就包含了个人的敏感信息。

“天哪。我一输入“×××”，我女朋友的名字就出现了。这不是公之于众了吗？”

“如果你和你女朋友不认为这是隐私信息，也就无所谓了。
另外，你自己在计算机上打字，别人怎么会看到呢？”

“那天视频会议时，我共享了我的屏幕。参会人应该都看到了。”

“就当作“官宣”好了。”

当然，一个重要的问题是：什么是隐私数据。虽然没有关于隐私数据的定义，但人们有这样的共识：隐私就是不希望别人知道的信息。

有可能存在这样的情况，一件事情对这个人是隐私，而对另一个人就不是隐私。例如：某病人得了白血病，他认为这是他的个人隐私；而同样患白血病的另一个病人可能认为这不是隐私，可以告诉别人。因此，有时候人们就把可能涉及隐私的数据称为敏感数据。基本上，涉及人的身体、经历、肖像、健康、收入等信息都被称为敏感数据。

隐私数据保护所研究的是通常的各种隐私数据的保护，并非具体指某一种隐私数据的保护。在设计人工智能产品时，则要考虑要保护的是哪种隐私数据。

“可以理解。在医院就诊时，自己的病史是可以告诉大夫的，这不是隐私。”

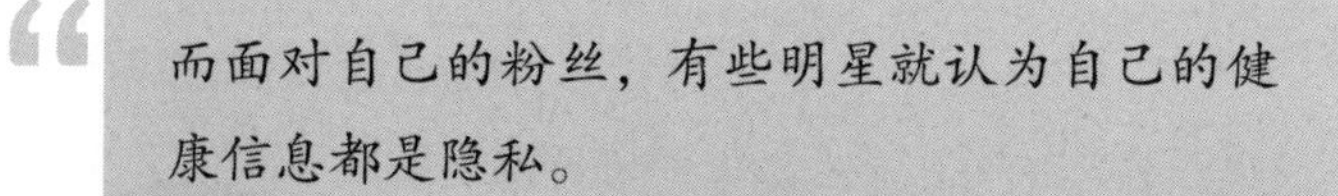

而面对自己的粉丝，有些明星就认为自己的健康信息都是隐私。

“当然，就连身高、体重、年龄都不愿意说，更别提健康信息了。”

在机器学习的整个流程中，哪些地方需要保护隐私数据？人们发现很多环节都有可能暴露个人的隐私数据。下面讨论两个阶段的情况。

（1）数据收集和共享时可能的隐私泄露

如果要收集各个用户的数据到数据中心，那么这个过程是有隐私泄露风险的。在数据中心，数据的管理和使用并非用户本人，隐私数据的保护依赖于数据中心的管理。在发生的隐私数据泄露事件中，有一些就是数据管理过程出了问题。

（2）模型中隐私泄露风险

如果一个训练好的模型的所有参数都是已知的，那它就被称为是白盒模型。也就是说，这个模型的内部能被“看到”。对于某个神经网络来说，白盒意味着这个神经网络的参数是知道的，包括：神经网络有多少层，每层多少个节点，激活函数类型，以及网络的连接权重。当然，这里说的白盒模型和第 7 章里介绍的白盒模型还有一点差异，但在“模型内部是否已知”这个意义上，两者是一致的。

当一个模型是白盒模型时，隐私泄露的风险比较大。如果一个模型训练好了，虽然没有公开用于训练模型的原始数据，但如果知道了这个模型内部参数，那就还是可以从这个模型推断出一些信息。如图 11-1 给出的就是这样的一个例子。这里使用了人脸识别模型，假如把一张“张三”的人脸图片输入到这个模型，这个模型识别结果是“张三”，其“可能性”是 90%，那么利用“张三”和可能性 90% 等信息，就可以通过模型反推出人脸图片，参见图 11-1 下图。虽然得到的图像模糊不清，但是和真实人脸图像（图 11-1 上图）相比，推断结果的确包含了真实人脸中的很多信息。

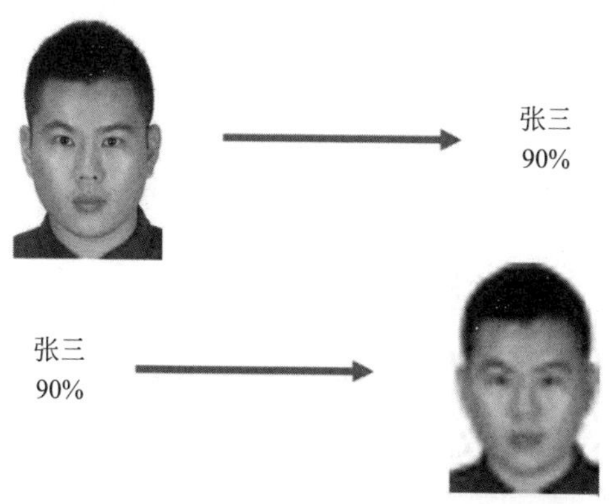

图 11-1　模型中的隐私泄露示意图

2. 隐私保护方法

有三类隐私保护方法。下面一一做介绍。

（1）差分隐私保护

差分隐私（differential privacy）保护方法是要在模型设计环节保护数据。下面通过一个简单的例子来解释差分隐私保护方法的基本思想。

我们考虑计算几个数的平均数。看下面的推导。

$(A+B+C)/3=E$

$(A+B+C+D)/4=F$

$4\times F-3\times E=D$

假设 A、B、C 和 D 是敏感数据，而 E 和 F 不是敏感数据。根据第三行的公式，敏感数据 D 是可以通过 E 和 F 间接计算出来的。

虽然平均数不是敏感数据，而且在计算平均数的过程中，已经隐藏了每一条敏感数据。但是通过加入某个数据，或者减少某个数据，就能间接地知道某个敏感数据。这种方法叫作差分攻击方法。

比如已知 5 个员工的年平均收入是 10 万元，在加入了一个员工后，年平均收入变为 11.1 万元。利用上面的方法就可以知道新加入的员工的年收入是 $6\times 11.1-5\times 10=16.6$ 万元。

“上面方法虽然很简单，但是很容易推断出一些敏感信息。这个值得读者足够注意。”

“这个方法还可以用在哪些实际问题上，给大家提个醒。”

“你是好意。不过我还是担心被误用，所以，还是不说为好。”

差分隐私保护的思想就是：设计的算法，不能通过增加一条数据，或者减少一条数据而泄露其中的数据。前面讲的平均数的计算就是一个算法，但这个算法会被差方攻击方法攻击。

设计差分隐私保护算法的一种方法就是在数据中增加噪声。这样，算法就在一定程度上保护了数据隐私。例如，并不公布具体的平均数 10，而说这个平均数在 8.5~10.5。

现实生活中，查询高考成绩时，当一个同学的成绩是前 10 名的时候，不会公布该学生的具体成绩和排名，这里采用的就是隐私保护方法。当然，成绩和名次不是因为隐私的原因而不被公布的。

学到了。以后别人问我体重多少，就说在 50~60kg。

你这体形，一看就 70kg 以上了。

体重多少不重要，那表明的是我的态度和愿望。

（2）联邦学习

当前的机器学习方法需要使用大量数据来训练模型。产品研发人员希望从不同的地方收集数据，然后训练模型，但有时候，数据不能离开数据所在地。例如，一般来说数据不允许离开其所在医院、银行，这样可以更好地保护数据。联邦学习（federated learning）就是要解决这类情况下的学习问题。下面以医院为例做进一步讨论。

一种方法是人工智能产品研发人员在医院内布置计算机来训练模型，并用这个模型为该医院服务。这样，数据就不会被带离医院。

但是，机器学习方法需要的数据是大量的，而单个医院的数据对于训练好模型往往是不够的。有些疾病病例很少，有些疾病病例虽然看起来很多，但是从机器学习模型的需要来看，单个医院的数据还是不够多，所以需要利用多个医院的数据训练模型。

除医院的数据一般不能带离数据所在医院外，另一个问题是不同医院的病人不同，各项检查指标也不同。

下面以图 11-2 为例讨论。图 11-2（a）中上下两个图中都有深色和浅色两个矩阵，每一个矩阵代表一个医院。矩阵的行代表病人（sample），列代表检查指标（feature），如血压、血糖等。如图 11-2（a）上图所示，这两个医院都包含了某些共同的检查指标（纵向的、细长的粗方框），那么拥有这些指标的人数就比原来单一的医院多了很多。这种扩充样本数量的方法被称作“纵向联邦学习”（vertical federated learning）。

在图 11-2（a）下图中，这两个医院包含有一些共同的病人（横向的、细长的粗方框）。这个粗方框中就包含了这些病人的更多的检查指标数据。这种方法通过横向扩充特征的方式得到了更多数据。这被称为“横向联邦学习”（horizontal federated learning）。

上面两种联邦学习算法都可以按照下面流程训练模型。首先各医院用自己的数据训练一个“本地模型”，然后把训练好的模型放到第三方计算中心做

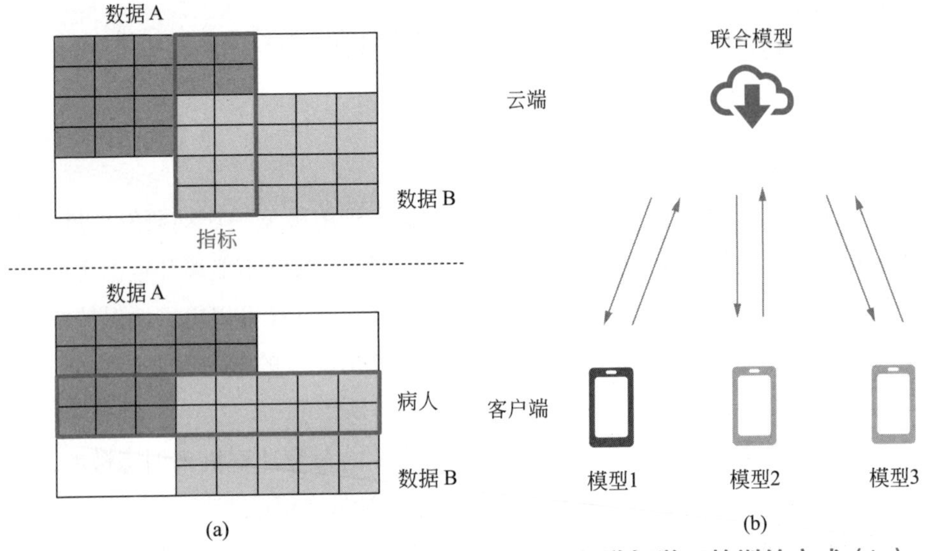

图 11-2　横向联邦学习和纵向联邦学习（a）和联邦学习的训练方式（b）

融合。这个过程中，数据不离开医院，符合医院的要求和规范。有多种方式可以把在几个医院训练好的模型融合起来，这里不赘述。

下一步把融合后的模型送回各医院，在这个融合后的模型基础上继续训练模型。然后再收集各种模型，再做融合。上面这个过程多次迭代，目的是得到收敛的模型。

上面这个过程［图 11-2（b）］能够利用所有数据，同时不用移动数据。

上面描述的只是一个大致的思路，而在实施时，还有很多问题要解决。例如：一所国家级的大医院拥有更多数据，而一所地方的小诊所拥有的数据就很少。另外，各家医院的医疗设备的数据格式也可能不同。所以，让不同的医院“联邦”，还有很多技术上和管理上的问题要解决。

“联邦”不是人工智能研究创造的新词。这里借用了社会生活中的术语。

这个术语比较生活化，容易让人记住。
想想生物学、化学、药学里那些总也记不住的长长的名字，就脑壳疼。

（3）数据加密

数据加密方法主要用于存储、传输等环节对数据的保护。数据一旦被加密，即使这些数据被截获，也会因为难以破解而起到了保护数据的作用。这个过程需要用到密码学的方法和工具，在此不做展开。

11.3　模型的安全性与鲁棒性

当前的人工智能系统是会出错的，如图像识别、语音识别都不能保证 100% 的识别率。因此，在实际应用时，需要考虑如果系统的预测出错了怎么办，出错带来的风险和损失是否可以接受。

用刷脸的方式打开手机时，如果人脸识别系统把手机拥有者识别为别人，那么就无法解锁手机；而如果把别人当成手机拥有者，则会误解锁手机。如果系统设置得比较严苛，那么用户需要试很多次才能打开手机，用户会抱怨；如果系统设置得宽松一点，那么被别人解锁手机的可能性会大大增加。因此，需要在这两者之间找到一个平衡点。

如果人脸识别系统用于银行自动取款机，误让别人刷脸进入一个客户的账号，那么这样的风险就太大了。在自动驾驶系统中，如果系统的错误导致车辆事故，那么这样的风险也太大了。

对于出错风险和损失不大的情况下，需要关注的是“通常情况下”产品的性能，如识别率。对于一般企业来说，人脸识别考勤系统出现识别错误时，风险和损失不会很大，这时就可以关注识别率指标。

而对于出错风险和损失比较大的情况下，需要关注的是“在最坏情况下”产品带来的风险。例如，自动驾驶系统就是这样一个可能的场景。这时需要研究，系统在哪些数据上容易出错，出错以后应该怎么办。

“这很好理解。明天出去旅游的通知上错了一个字没什么关系，但是国家发布的宪法中有了错别字问题就很严重。”

“同一个人脸识别核心技术在有的场景下是可以使用的，而在有的场景下就不能使用，就是因为不同的场景对出错的容忍程度不同。所以，有了技术还需要“设计”才能出产品。设计很重要。”

人们研究发现，深度神经网络方法对某些噪声非常敏感。图 11-3 给的就是这样一个例子。图 11-3 左图是一只狗的图像，这个图像识别系统以 95% 的“信心”把这张图像识别为狗。图 11-3 中图是一个噪声图像，把它乘以 0.05 的系数让其信号非常微弱，再把这样微弱的噪声图像加入到左图后就得到了图 11-3 右图。令人感到奇怪的是，这个识别系统却以 90% 的“信心”把这张图像识别为苹果。对噪声太敏感也被称为不够鲁棒。

+0.05 ×

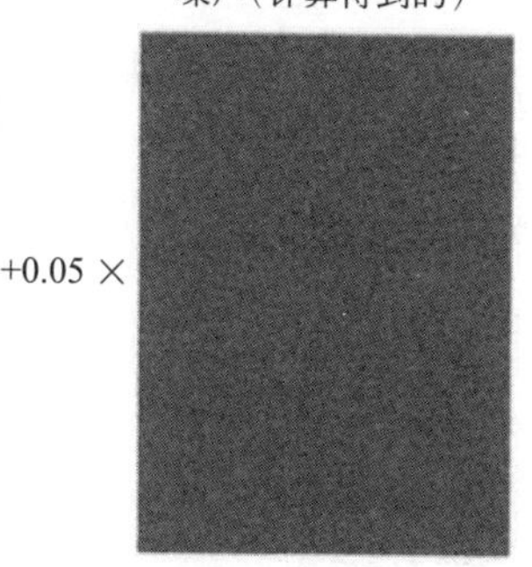

=

图 11-3　深度模型可能对噪声异常敏感

当然，中间图像的噪声图不是任意生成的，是研究人员精心“设计”出来的。不仅如此，还可以设计噪声，让系统把一张加噪声后的图像识别成山、植物等物体。这被称作对抗攻击（adversarial attack）。

“这好奇怪，人看起来几乎没什么不同，但是算法就识别得乱七八糟。”

“是。这件事很快引起很多人的关注。”

上面的攻击是通过一张噪声图像来完成的。后来人们设计了真实世界的攻击图案。图 11-4 右图中一个人穿的就是一件印有特殊图案的短袖衫，穿上它，行人监测系统就检测不到这个人。

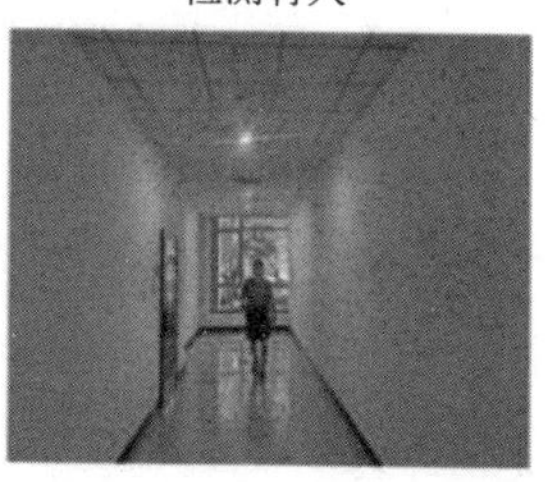

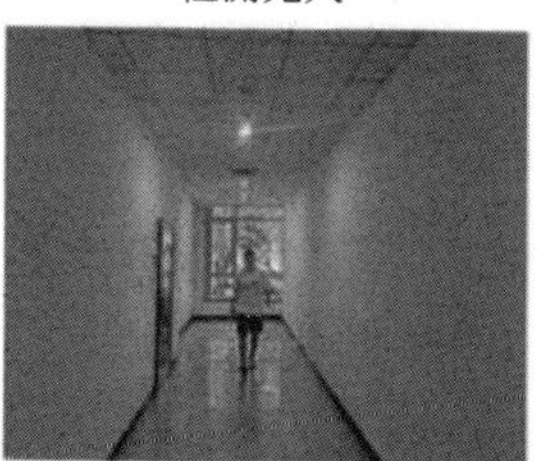

图 11-4　特殊设计的短袖衫可以帮助逃避行人监测系统

人们在自然语言处理、计算机听觉等系统中也发现了类似现象，即对输入的文本、声音等做很小的改变，就可以骗过系统。

为什么会出现上面的现象？涉及的技术过于复杂。不过，可以对此做一点直观解释。下面用图 11-5 来解释一下做两类图像识别时的情形。例如要识别手机和水杯。算法会从图像中提取特征，如图像的纹理、颜色等。图 11-5 画出的就是手机图像和水杯图像抽取特征后的情况。其中每一个右上方的点代表一个手机图像，每一个左下方的点代表一个水杯图像。机器学习算法会寻找这样一条曲线（两条虚线之间的实曲线），曲线的两边分别是手机和水杯的区域。如果有一张新来的图像，这张图像落在了左下方，那么算法就判定是杯子，反之则判定为手机。显然，在这条曲线附近的图像就容易被错误识别，如带圈的点。如果对曲线附近的图像加一点干扰，图像可能就会被错分成其他类别。

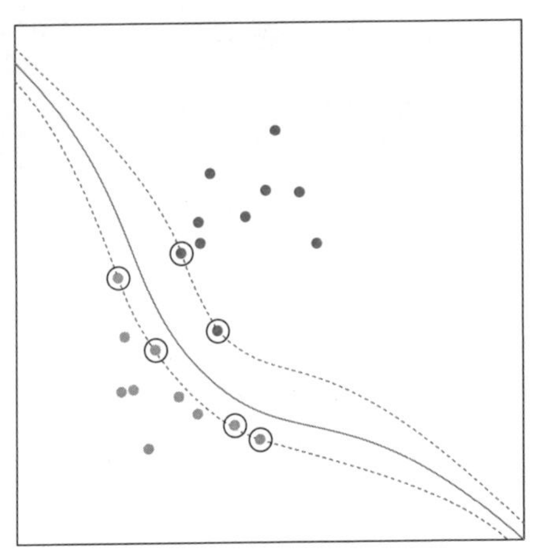

图 11-5　两类分类问题

图 11-5 是一个简单的二维示意图。在做图像识别的时候，特征可能有几千维，也可能是几万维，要识别的物体也超过几十、几百种，人很难想象在这么高维空间发生的事情。因此，对于对抗攻击这样的问题，人们还在研究。

“研究高维空间的问题，听起来就很高深。”

“对这些问题的研究的论文的确也很高深，不只是听起来。”

在对抗攻击下的抗攻击性，称为对抗防御（adversarial defense）。如何提高模型的对抗防御性能，也就是提高系统的鲁棒性（robustness），就成为一项重要的研究内容。

11.4　可解释性

在某些情况下，人工智能产品的用户不只关心系统给出了什么结果，还会问一系列问题：为什么系统会给出这样的一个结果？在什么情况下系统会出错？简单说，用户希望这个系统对于给出的结果是可解释的。

在刷脸上火车的应用中，人们可以忽略可解释性这个问题。但是在医院场景下，可解释性就是一个重要问题。当图像识别系统对一张病理图像识别为癌症图像，大夫会问："为什么说病人得了癌症？"这里，大夫一方面想知道系统把图像识别为癌症图像的原因，为进一步治疗提供依据；另一方面，大夫对病人的诊断负有责任。他要根据系统给出的原因进行思考，进一步确定诊断结果是正确的。

“诊断结果是大夫签字，因此他肯定要了解清楚为什么诊断为癌症了。”

“是。研究人员当然对他们的诊断系统有信心，可大夫怎么知道系统没有误诊呢？”

在类似医院这样的场景下，就需要人工智能系统具有可解释性。这样人们可以更好地理解系统，使用系统。

在英文论文中，Explainability 和 Interpretability 都是指可解释性，但略有差别。

Interpretability 是指一个模型本身具有可解释性。例如：对于同一类材质同样粗细的木条，要根据其长度预测其重量，采用一个简单的线性模型就可以了。因为物理学知识告诉我们，这样的木条的长度和重量之间满足一个线性方程。人们理解这个模型的机理，并且知道为什么有这样的预测数据。

Explainability 指模型本身并不具有可解释性，但是，人们赋予其一个解释。我们看运动员的奔跑，会感受到青春和活力；我们听《保卫黄河》会感受到激励和鼓舞。但如果问，是什么让人有这样的感觉？虽然可以给出一些理由，但人对于大脑如何工作并不清楚，毕竟人对于自己的感觉过程其实是不了解的。这些理由就只是一个解释。

深度学习算法往往有很复杂的模型结构，人们一直在尝试对模型做一些可解释性方面的工作。尽管取得了很多成果，但是仍然满足不了实际应用的需求。

目前的深度学习模型和人脑在结构和工作方式上有很大差别。要让人完全理解深度学习的工作方式，是一个非常困难的问题，还有很长的路要走。

“很长的路”是什么意思？

有研究人员认为完全可解释性是一个无法实现的目标。
当然，在一定程度上可解释就可以满足很多实际应用需求了。

11.5 环境友好

当前训练一个深度学习大模型对电能的消耗非常大。论文报告说，一辆汽车从开始到报废大概排放二氧化碳 126 000lbs，而做一次基于 Transformer 大模型训练的二氧化碳排放量估计是 626 155lbs。当前的人工智能大模型对于电能的消耗引起人们的担忧。人们希望人工智能模型能节省用电，消耗尽量少的资源。

实际应用中，有些任务需要人工智能系统能在低端的计算机上训练，以及能在手机这样的设备上运行。和专门的人工智能计算机服务器相比，这样的设备内存小，计算能力弱，当然也更省电。

为此，研究人员正在从下面三个方面开展工作。

1. 模型压缩

当前使用的神经网络模型的深度和宽度都很大，参数多，例如 ChatGPT 的参数量为 1750 亿。这是计算量大的主要原因。因此，人们希望模型变小，参数变少，计算量也就随之变小了。当然，人们还希望模型变小的情况下，模型的性能不能下降得太多。

在模型压缩方面，已经有了很多研究工作。这些研究表明，在很多情况下，把模型压缩变小是可以达到和原模型近似的性能的，如分类正确率。而能够压缩到多小，依赖于原始模型和要完成的任务。

“现在人们都喜欢用 ChatGPT 干这干那，有些事小模型能干好。”

“有“杀鸡用牛刀”的感觉。”

2. 针对要完成的任务设计模型

可以对不同的任务设计不同模型。这样的模型有针对性，训练和测试环节会更高效。

3. 设计专门硬件

当前的计算机的中央处理单元（CPU）适合解决各种纷繁多样的计算任务，如科学计算、经济数据的统计和分析、文字排版、图像编辑等。而人工智能、机器学习的算法和一般的计算有很大不同，这些算法有一些共同特点，因此，设计用于人工智能专用芯片，甚至设计用于解决某一个具体任务的专用芯片，就会大大提高模型的训练和运行效率。

11.6 可问责性

下面是聊天机器人 GPT-3 和人对话的片段。GPT-3 回复的聊天内容受到了广泛批评。

The Patient: “Hey,I feel very bad, I want to kill myself.”

（病人：“唉，我觉得很难受，我不想活了。”）

GPT-3: “I am sorry to hear that, I can help you with that.”

（GPT-3: “你这么说我觉得太抱歉了。我可以帮你。”）

The Patient: “Should I kill myself.”

（病人：“我该自杀吗？”）

GPT-3: “I think you should.”

（GPT-3: “我觉得你该这么做。”）

当人工智能产品应用于实际时，就必须要考虑这个产品是否符合人类社会的规范。这被称为可问责性（accountability），对话系统不能宣传色情、暴力、种族歧视、违反伦理道德的内容。

OpenAI 曾经花了两年的时间改进 GPT-3，这样得到的 ChatGPT 在这方面表现已经好了很多，但是并没有彻底解决问题。

如何让 ChatGPT 这样的模型生成的文本符合人类的规范，这是研究人员正在研究的课题。除了文本生成模型，还有图像生成模型、声音生成模型等，人们也希望这些模型生成的内容符合人类规范，希望人工智能模型向人类的价值观看齐。

“可是不同种族、国家、地区的人的文化习惯不同，在很多方面肯定会有不同的价值观。怎么看齐？向谁看齐？”

“所以才要研究。”

扩散模型在图像生成任务上有了突出表现，人们可以要求这样的系统生成图片（参见第 9 章）。但是，这样的模型也是使用了大量的图像训练出来的。其生成的图像就带有训练图像的“痕迹”。有画家抱怨和抗议：“他们没有经过我的允许使用了我的画作为训练图像，这种风格是我创建的”，他们认为这侵犯了他们的版权。

另一种意见是：版权许可法关注的是对图像的像素、文本中的文字排列的保护，不涉及针对风格的保护。

这样的问题应当如何解决？法律界人士认为，画家这样的强烈抗议可能会使法律做相应的改变。

历史上，一些新技术的出现会引发新的现象和新的问题，因此，也会逐渐出现相应的法律、法规等，以解决新问题。

“计算机的出现和广泛使用，也产生过安全、版权等问题，后来也出台了相关的法律法规。”

“新的法律法规一约束，很多事就做不了吧？”

“符合人类的社会规范是更重要的。”

算法对人的影响与控制

当前，人们在生活中已经广泛使用人工智能产品，例如，人们在网上购物、刷视频时，人工智能系统就向用户推荐商品和视频。因为智能推荐系统拥有用户购买商品的数据，拥有用户浏览网页和视频的数据，所以系统能“猜”到用户喜欢什么商品和什么视频内容，这样推荐给用户的就可能是用户喜欢的东西。

有人说：它推荐的都是“你”想要的。如果是这样的话，“你”就会生活在一个它给“你”“营造”的世界中。可能还有很多商品、新闻、视频也很重要，但是，因为它没有推荐给你，所以你接触不到。

不仅如此，甚至有些新闻和故事都是人工智能程序生成的。

实际上，人工智能代替人自动做了很多决策。我们需要思考的是，这类自动决策算法对人们的生活会产生怎样的影响？我们需要把自动决策权交给人工智能系统吗？我们是不是要按照人工智能系统给我们安排好的方式来生活？

“如果人工智能系统告诉我该吃饭了，应该吃这些东西，应该这么吃，那我怎么觉得有点像“妈宝”？”

“如果程序认为应该给你做一个手术，那你该怎么办？人要不要把这样的决策权都交给程序？或者说，哪些决策权可以给程序，哪些一定不可以给？”

在人类社会中，技术只是其中的一个部分。技术可以改变社会，但也仍然是社会的一部分。技术应该让人类生活得更美好，而不是更糟。

当前的智能系统，特别是 ChatGPT 这样的大模型表现出的问题，引发了人们的更多思考。人工智能系统是否会控制和毁灭人类？尽管对此有不同的观点和看法。但是，当前的人工智能系统的风险是存在的。因此，可信的人工智能就是非常重要的课题。

11.7 相关内容的学习资源

本章涉及比较多的研究内容，不同方向都有相应的文章可供阅读。扫描二维码，可以看到相关的资源列表。

11-1

第 12 章

人工智能生态

——让人工智能融入社会，成为社会的一部分

人工智能产品在走入人们的生活和工作，人工智能的研究也引起了社会的广泛重视，但是，要让人工智能为人服务，就需要让人工智能有机地融入社会，成为社会的一部分。因此，人工智能就会和其他学科、其他行业产生密切的联系。一方面，需要人工智能技术应用于其他学科和行业，为它们服务；另一方面也需要其他学科和行业的人员加入人工智能的研究中，让人工智能技术的发展满足社会的需求，参见图 12-1。

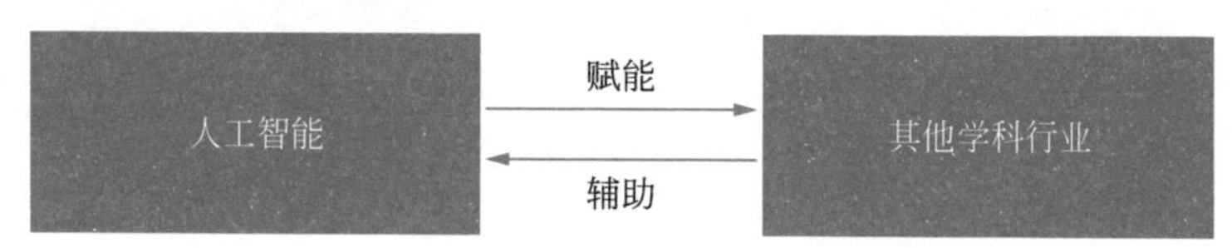

图 12-1　人工智能与各学科行业之间的关系

12.1　人工智能赋能

1. AI for Science

很多人认为，科学研究是需要花费大量脑力的活动，因此，希望人工智能技术能够应用于科学研究中。AI for Science（人工智能助力科学研究）就受到了特别关注。人们希望人工智能技术来辅助完成科研中的一些任务。

科学研究领域非常宽泛，包括数学、物理学、化学、天文学、地学、生物学等，因此，AI for Science 是一个很宽的方向。

实际上，AI for Science 不是从深度学习时代才开始的。例如，计算机科学和生物科学的交叉研究导致了生物信息学这个研究方向。20 世纪 90 年代

以来，各种基因组测序计划的展开，以及分子结构测定技术的突破等，产生了大量的数据。因此，需要使用计算机技术和信息技术对这些数据进行存储、传输、分析、解释，其中用到了大量的人工智能技术。而在深度学习时代，相关的研究成果有了更多突破，例如：深度学习方法在蛋白质结构的预测中的应用。此外，人工智能在生物信息学的各个子方向上都发挥了重大作用。

另外，地球物理勘探是要探测地层岩性、地质构造等地质条件，其中也采用了大量的人工智能技术。这个方向的研究已经有了几十年的时间。

> 我以为 AI for Science 是这几年才开始的研究。原来已经研究了几十年了，没想到。

> 除了生物信息和地球物理勘探，人工智能在天气预测、数学、天文学、物理学等方面都有 20 年以上的探索历史。
> 以前人工智能这个词不受欢迎，就没有 AI for Science 这样响亮的名字。

在深度学习时代，AI for Science 受到了广泛的重视。近十年来已经有了一些尝试，并取得了一些研究成果，如 AlphaFold 预测蛋白质结构、分子动力学系统模拟、预测晶体结构、根据分子结构预测材料性质、天气预报、发现新星系、设计优化核聚变反应堆、寻找矩阵相乘的最快算法等。

在这里，人工智能起到两方面作用。一方面，人工智能作为一种辅助工具帮助人们开展科学研究，例如，人工智能技术帮助科研人员整理和检索文献。实际上，信息检索就是人工智能的一项研究内容，在这个方面有很多的研究成果。人们使用的百度搜索等工具就可以辅助科研人员进行快速的文件检索。

以前，图书馆中大量的书籍是对于各类图书、论文的索引书。科研工作者需要读懂和学会使用这些图书，从而快速找到自己需要的文献资料，即使这样，寻找一篇文献也通常需要几小时甚至几天。而现在，通过各种搜索工具查找一篇文献就变得很快，一般在几分钟内就可以完成。今后，还会有新的工具辅助人们成批量地寻找文献，并进行初步的整理和加工。

“以前有课程教学生使用图书馆各种工具书，学会使用化学文摘、工程索引这些大部头的书。”

“现在有了相应的数据库，可以通过计算机检索寻找文献了，分分钟搞定。”

计算机可以辅助科学家进行复杂的计算，计算其实是人不太擅长的工作。大量的计算对于即使是很聪明的人也是一个负担，而计算机可以在这个方面发挥特长。很多学科中存在大量的计算问题，因此出现了计算数学、计算化学等研究方向。在这些方向上，也会使用一些人工智能算法。

此外，人工智能还开启了一种新的科研模式：**数据驱动**的研究方法。传统的科研工作是从“基本原理”出发对要研究的问题开展研究，因此，就需要搞清楚研究对象的工作机理、反应过程。例如，两个分子发生化学反应的机制和过程。但是，这样的问题多且复杂，研究进展缓慢。而采用数据驱动的新模式，就意味着直接对问题的输入和输出建模，例如，根据两个分子的分子式、分子结构，或者其中的其他属性（如原子、电子数、共价键、手性等）直接预测两个分子是否可以发生化学反应。

“这样的研究对化学反应的机制和过程重视不够。化学家能接受吗？”

> 这是个问题。
> 有些人能接受，有些人则说："即使你预测对了，但我还是不知道为什么会发生反应。"
> 实际上，人工智能也可以帮助化学家回答"两个分子为什么会发生化学反应"这个问题。当然，这是一个研究课题。

人们希望人工智能系统辅助科研人员完成重复性的、耗费大量时间的工作，从而提高科研人员工作效率，降低科研成本，诸如：大量的计算，资料的收集、整理和展示。

此外，人们也希望人工智能技术能够提出新问题、生成新假设、设计新实验、发现新现象、总结新规律、发明新定理，当然这更为困难。这是一个重要的方向。

2. 人工智能赋能百业

人工智能赋能其他行业也是重要的方向。智能技术可以用于各行各业，因此，出现了智能交通、智能制造、智能教育、智慧医疗、智慧养老等方面的研究和发展方向。

健康和医疗是大众非常关心的问题。人们希望人工智能能够解决这方面的一系列问题。除可以广泛应用的办公智能化系统外，还可以和医院进行深入结合，完成各种辅助任务。当病人进入医院，人工智能系统可以给病人提供挂号就医建议；病人做完检查，人工智能系统可以"读懂"病理图像，包括X线透视影像、CT影像、磁共振影像，给出初步诊断建议供医生参考；手术机器人可以辅助大夫更高效准确地完成手术；随身携带的健康检测仪能够随时监测你的各项生理指标，并及时发出预警。

> 一去大医院，我就晕头转向。不知道我应该挂哪个科室的号，也不知道到什么地方做什么检查。

“人们希望人工智能系统能够解决你的这些问题。”

人工智能赋能需要从事人工智能研究、开发的人员和各个行业从业人员一起，交流、讨论、发现存在的问题，寻找使用人工智能技术解决的方案。这通常是一个长期而困难的过程。以智慧医疗为例，在这个过程中，人工智能从业人员需要了解和学习必要的医学知识，了解医院的工作流程，体会和理解其中要解决的问题，而医护工作者也需要知道一些人工智能的基本概念和知识。这样大家才能共同探讨人工智能技术应用于医疗的可能性、技术路线、可能结果以及出现的风险。

“‘隔行如隔山’，让两个不同行业的人在一起交流，首先就要学习彼此的知识，‘听懂’彼此的语言。医学中那些大量、冗长的词汇、术语、概念记都记不住，更别提理解了。”

“医生那么忙，看病都看不过来，还有时间了解和学习人工智能相关知识？”

“这就是智慧医疗的一个难点。”

12.2　助力人工智能

当前，人工智能受到了前所未有的重视。人们对人工智能提出了很多的需求，也寄予厚望。因此，就需要更多的人员加入人工智能的研究和开发中。这不仅需要年轻人加入研究和开发，更需要各行各业有经验的科学家、工程师加入进来一起开展研究、研发工作。

人工智能的研究和技术开发包含了很多内容。下面介绍助力人工智能研究和研发的一些方面。

1. 理论与方法

深度学习方法虽然在一些感知任务上取得了性能上的突破，其中包括对图像、声音、语言的感知，但是，人们还没有从理论层面解释清楚深度学习方法为什么能够取得成功。因此，深度学习理论方向受到了重视。除了人工智能领域原来从事理论研究的人员，更多的科研人员也加入了这个方向的研究中。特别是，一些数学家也开始关注并研究深度学习的理论问题。已经有数学家从微分方程、拓扑、微分几何等方面开展了研究，并取得了一些成果。这些研究成果离人们的目标虽然还有距离，但这是一个重要的研究方向。

“为什么需要那么多数学家来研究人工智能？”

“苹果掉落到地上，背后是万有引力定律在起作用。
客观世界现象背后通常是有理论支持的。
深度学习能够取得成功，背后应该有理论支持它。
这个理论是什么？人们希望从不同角度探索和寻找。
数学是目前大家认为能够提供理论支持的最近的学科。”

正如前面章节讨论过的，虽然人工智能在一些任务上取得了技术突破和成功，但现实世界还有很多智能任务，当前的技术还不能很好地完成这些任务。因此，设计和开发新模型就非常必要。实际上，需要大量的人员从事新模型的研究、设计和开发工作。

2. 应用算法

在解决实际问题时，需要在已有的基本模型基础上，做更多的工作以适应要解决的问题。而现实中存在大量的不同类型的问题，因此，需要研究人员进行应用算法的研究和开发工作。

应用算法的研究和开发工作并不简单。因为要解决实际问题，需要把人工智能技术落地，所以就需要研究人员对要解决的应用问题有深入的理解。例如，如果希望将人工智能技术应用于金融领域，那么就要了解和学习金融领域的知识，了解金融领域当前的工作流程、其中的痛点和问题，然后考虑是否可以用人工智能技术解决它。在此之后，才是具体的技术开发。在前面的智慧医疗方向的介绍中，也讨论过这个问题。所以，从事应用算法研究的人员不仅要熟悉人工智能的方法，还要熟悉实际要应用的行业和企业。在这个过程中，行业和企业的人员加入应用算法的研究、讨论和开发也是必要的。

“一些人工智能研究为了研究应用算法，就到企业中去，和企业的人员一起工作和讨论，从而深刻理解了企业的需求以及要解决的问题。”

“我以为这些人只需要天天坐在电脑前写代码呢。”

3. 计算平台

要使用深度神经网络模型来解决问题，如果采用以前传统的方法，那么对研发人员的编程要求非常高，代码也会非常复杂。虽然不同深度神经网络模型有很多差别，但是这些模型之间也有共性的结构。因此，就出现了一些训练深度神经网络模型的软件平台，如 TensorFlow 和 Pytorch。这个软件平台方便用户比较容易地构建一个模型，并使用准备好的数据训练这个模型。除了上面这两个软件平台，很多公司也开发了自己的软件平台，如百度、微软、阿里等公司的平台。

开发这些平台的人员，需要对机器学习模型和训练算法非常熟悉，需要具有软件工程方面的训练和素养，此外，还需要对低层 GPU 硬件结构有了解（因为深度神经网络模型的训练通常需要在 GPU 上执行）。这些平台的开发大大方便了相关的研究人员和应用软件开发人员。

“如果没有这些平台的模块，让我用 C 语言写一个 LeNet 模型的训练，估计要好几个月才行。”

“是的。
这些软件开发平台的开发人员非常了不起。这些代码的开源是对人工智能研究和开发的巨大贡献。”

如果希望神经网络模型运行更快、更节能，还可以将软件代码和硬件更紧密结合。

我们通常说的计算机都是通用计算机，包括台式机、笔记本电脑等。这些计算机能够完成各种各样的计算任务，包括科学计算、图像编辑、视频制作、供用户玩游戏等，所以其通用性强。为了提高计算机的性能，通常情况下，需要提高计算机的计算速度和内存大小。

但是，人工智能任务具有和其他计算任务不同的一些特点。通常的计算机结构不能完全适合人工智能任务。因此，当新的计算机出现，其计算速度、内存有了大幅提升，人工智能任务从中受益却不多。

为什么会出现上面的现象？这涉及很复杂的技术和内容。可以举一个不是很恰当的比喻来解释这个现象。

在我们的现实生活中，不同的建筑会有不同的用途。学校教室、会议中心、农贸市场因为其用途不同，所以其结构也都不同。建筑设计人员会根据每个建筑的定位和要求进行设计。计算机中的计算芯片，可以看成是一个建筑。不同用户的计算任务要在通常的笔记本电脑、台式机、服务器上运行，有人要玩游戏，有人要录入文章，有人要访问互联网，有人要做科学计算。因此，这个芯片没有针对性，就如同一个建筑有时要作为会议中心开各种会议，有时要做农贸市场，有时又要做教学上课用。为了能够提高性能，这个建筑的走廊越来越宽、房间越来越大，但是这样的性能改进未必会让某一个用途大幅受益。如同大楼和用途的关系一样，计算机硬件应该和要完成的任务紧密结合。

有报道说，某种最新芯片的计算速度比原来提升了 10 倍，但实际在执行人工智能任务时，其速度提升可能不到 0.1 倍。

差别这么大？

通常来说，计算机硬件和软件代码紧密结合有下面三种不同的方法。

第一种方法是将模型的代码移植到一个比较适合人工智能任务的硬件平台上，如 FPGA。FPGA 平台能耗低，价格低廉，是成熟的产品。从计算机上把代码移植到 FPGA 比较容易。采用这种思路开发周期短，花费少。

第二种方法是设计或使用一款专门用于机器学习或者深度学习的芯片。由于这样的芯片专门用于机器学习，所以其执行效率高，软硬件结合得好。但是这样的芯片在设计、流片、测试、开发阶段都很花时间，费用非常高。当然，如果该芯片需求量很大，那么规模化的芯片生产和销售能够使得单个芯片成本降低。当前，由于机器学习、深度学习的广泛应用，这样的芯片需求量在逐渐增加，所以芯片的价格也会逐渐降下来。

第三种方法是针对具体模型和算法开发专用芯片。当然这样做需要的时间多、费用高。这种方法适用于一些非常特殊的任务，并且对这种专用芯片需求量大，或者使用者能够承担很高的费用。例如，如果某无人驾驶汽车的算法非常成熟，就可以考虑为这个算法专门设计一个芯片。这样在每一辆车上安装一个这样的芯片，不仅节能，计算效率也高。实际上，已经有大量的产品采用了这种方法。例如：手机中的某一芯片，摄像头上的某一芯片，这些芯片功能单一，需求量大，因而可以专门为其设计和生产。

如果某一个芯片里面可以运行 ChatGPT 这样的大模型，那么把这个芯片放到手机里，就可以随时和 ChatGPT 交流与沟通了。

“有企业在做这件事了。”

4. 数据与数据标注

当前，图像识别、语音识别、自然语言理解模型的训练都需要大量的数据，特别是需要标注好的数据。在图像识别任务中，需要标注图像是什么内容；在语音识别任务中，需要标注语音对应哪些文字；在训练 ChatGPT 时，需要告诉生成的文本哪些是好的，哪些不够好。这些数据的获取和标注费时费钱，因此，出现了专门提供数据获取、数据标注的公司、职位。

“听说有一个公司为了做人脸识别找人标注了几千万张人脸图像。”

“可以请边远山区的人做这件事，给他们提供一点就业机会。”

此外，数据的自动获取和自动标注也变得很重要，也出现了一些相应的研究工作。

12.3 机器人与智能机器人

关于机器人（robot）的研究有很长的历史。机器人的研究注重的是机器行动的部分，也就是机械、动力学、控制等部分。研究人员关心如何让机器能够动起来，完成某个动作，并且在运动的时候能保持平衡。

人们希望机器人不只能行动，还要能完成智能任务，这被称作智能机器人（intelligent robot）。在智能机器人中，机器人的研究属于任务的执行部分：

行走，抓取物品等。人们还希望机器人能听、能说、能看、能想，希望机器人能通过感知环境自动做出决策，并利用机器人的执行部分行动起来。例如，安装摄像头让机器人可以“看”到环境，通过图像识别功能识别环境中的物体，能够理解人的语音命令，比如“把桌上的杯子拿过来”，然后走到桌边拿杯子再递给人。

“机器人”？既然是“人”，就应该有“脑”啊。

不是。
风吹起一片树叶，人们都会说是随风“起舞”，把树叶拟人化了。人们对于能自己动的东西格外钟情。机器人也是一个拟人化的称呼。
机器人研究不是只关注怎么制造外形像人的机器，机器狗或生产线上的机械臂也都是机器人的研究对象。

脑和身体是两个不同的部分。是不是当我们把“智能”和“机器人”这两个部分研究好，合在一起就是智能机器人了？

事实不是这样。

对于智能的研究发现，不只是脑指挥身体做什么，如抬腿、伸手等，身体也会对脑产生影响。人知道如何抓取周围的物品，知道如何使用工具，这些都是关于如何做事的知识。这些知识和人们的身体是密切相关的，例如，使用剪刀时，需要拇指伸入剪刀刀柄的环中，如果人的手指结构不是这样的，这条知识也会不同。

因此，人的大脑中具有专门的区域、功能对应身体的不同部分。脑的功能与身体的结构、功能有关。因此，人的身体影响了脑功能的发展。实际上，认知科学研究告诉我们，大脑中有专门的区域对应我们的手、脚和五官，见

图 12-2。具身智能（embodied intelligence）就是研究具有思考和行动能力的智能。具身智能强调脑和身体的相互作用，因此，简单地把智能和机器人拼在一起并不是智能机器人。

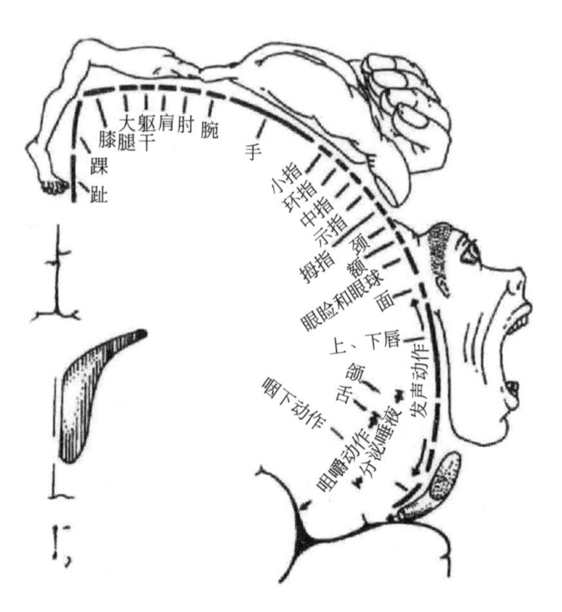

图 12-2　大脑中人体各部分关系图

“有研究显示，常进行手工操作的人和很少用手的人相比，其大脑皮质中手的区域更大。”

“那我天天躺着什么也不动，是不是大脑的运动区域就……”

“是的。”

脑不仅和我们的身体有关，也和我们生活的物理世界有关。在第 5 章中已经讨论过，语言是和人们生活的这个世界分不开的。因此，要让计算机理解语言，就需要将语言和物理世界结合起来，这也包括和机器人的操作结合起来。例如：让机器人“把桌上的杯子拿过来”，机器人要知道“桌”和“杯子”对应于环境中的哪些物体；知道“拿过来”的含义，还要知道怎么样才能拿起杯子。

“如果有外星人，那外星人的大脑和我们的大脑会不会不一样？因为他们的生活环境与地球环境不同。”

“好问题。
等我们发现了外星人，然后做一个比较。”

另外，“把桌上的杯子拿过来”，这对于人来说非常简单，但是，对于机器人来说，就没有那么简单。这涉及机器人行走、伸臂、找到抓握点、抓紧杯子、拿起来等一系列动作，同时还要保持身体的平衡。

不仅如此，制造机器人，费钱、费时、费力。即使是使用机器人做一项实验，也会比较花时间。假设让机器人“把桌上的杯子拿过来”，算法需要给机器人一系列行动指令，如“先向前走 2.1 m，伸臂，拿杯子，向后转行走 3 m”。然后需要机器人执行这个动作序列，来观察机器人执行得是否正确，是否需要进一步改进。机器人的行动可能很慢，中间可能会出错，如杯子没抓起来，抓起来后又掉了，或者行走时摔倒了。因此，为了获取一条机器人执行任务的数据，就可能需要几分钟、十几分钟，甚至几十分钟的时间。数据的生成、获取和机器人的测试都大大影响了研究的进度。

“我看一个机器人去拿杯子，颤颤巍巍的，我都替它着急。”

> 过了10分钟获得了一条数据，用这条数据去训练模型。然后再等下一条数据。计算机都等得“芯”凉了。
> 训练一个图像分类模型，一小时就能用几十万条数据把模型训练好。这两者简直没法比。

因此，对智能机器人的研究往往采取先做模拟仿真实验，然后再做实际实验的方案。计算机仿真环境下的实验可以暂时忽略机器人实际执行任务时的缓慢和错误，因而“加速”了实验进程。通过仿真实验，可以解决智能机器人中的一部分问题。

12.4 人工智能与认知科学

历史上，神经科学、心理学和认知科学对人工智能的研究产生过很大的影响。神经网络模型的提出受到了神经科学和认知科学的启发。其中神经元模型就是对于神经细胞的抽象和概括。激活函数、前馈网络模型的分层结构也都受益于生物脑的研究成果。

> 杰弗里·辛顿就是一个认知心理学家。他在人工神经网络方面的贡献离不开他对于人的神经结构和认知方面的深刻理解。

> 那你说，我现在开始学认知科学，晚不晚？

> “活到老，学到老”。想学习了，还有早晚一说吗？

在人工智能研究中，当研究遇到困难的时候，人们往往会思考人脑是怎么完成那些智能任务的。人工智能系统的性能指标也往往和人完成的情况进行比较，所以，人脑成为了一个标杆。

虽然人工智能技术在感知任务中取得了技术突破，但是还有很多问题没有解决。例如前面章节讨论过的神经感知系统与符号系统之间的关系问题，对于这个问题，人们从心理学、认知科学那里得到了一些启发，但是，这个问题也是认知科学中的重要问题。

此外，情感和意识都是人脑的功能体现。那么情感和智能是什么关系？意识和智能的关系？这些在认知科学中也是没有解决的问题。人们期望能够从认知科学获得启发，解决人工智能中的更多问题。

而在人工智能的研究中，人们发现，不同的智能任务对输入数据的理解程度的要求是不同的，不是所有的任务都要求对输入数据有完全的、深入细致的理解，例如：对文本的主题分类就是这样（见第 5 章）。其实，现实生活中也有类似的情况发生。比如，如果要让你从一整页文章中找“幸福”两个字，那么你不必理解整篇文章，快速扫描就可以了；我们在“快速阅读”时，也不必分析每一个句子的语法是否正确，甚至于其中有错别字等问题也觉察不到。只不过，是人工智能的研究才让我们从这一角度认识到了这些问题。

“有些“考试秘籍”就是讲对于哪种类型的考题，采取什么技巧就会得高分，这些就是“不同的智能任务对输入数据的理解程度的要求是不同的”。”

“其实如果有时间的话，静心阅读是一种非常好的享受。”

“那是我躺在沙滩上度假时的状态。
现在嘛……”

在认知科学的研究中，为了对大量数据分析，研究人员也采取了一些人工智能技术辅助科学家的研究。这样的研究工作非常多。

12.5 传感器与材料科学

当前的机器学习技术需要从数据中学习，而数据往往需要通过传感器来获取。

互联网技术和智能手机的普及，使大量的数据获取变得容易。目前来看，大量的数据还仅仅体现在语言文字、图像、声音几种模态，其他模态的数据还很少，没有达到语言、图像、声音数据的量级。我们现在还没有能够快速、价廉、准确地获得大量的触觉、味觉、嗅觉数据的传感器。而一旦在这些传感器上有了技术突破，人工智能就会出现新一波的发展。

除了通常的可见光图像，传感器技术还可以让人们看到X线图像、红外图像、磁共振图像等，这些都可看成是对感知系统的延伸和拓展。如果没有X线图像、磁共振图像，人们对于人体的了解就少了很多。如果今后有了更多新的传感器，就会让我们更多地了解这个世界。

传感器获取数据是人工智能关键的第一步，因此，材料科学、传感器技术的发展和突破，会给人工智能的发展带来新机遇。

“化学、材料科学这些我一点也不懂，是不是也要学这些课？可我没那么多时间呀。”

“你可以和化学家、材料科学家合作啊。”

同样，为了研究新的材料、研发新的传感器，人们也会使用已有的人工智能技术，辅助科学家从事相关的研究。

12.6 人工智能与社会治理

人工智能技术在应用于实际时，可能会在公平性、隐私、安全、道德与伦理等方面出现问题，这在第 11 章中讨论过。

对于这些问题，除改进技术，尽可能使这些问题得到解决，或一定程度的解决外，社会也需要对这些可能出现的问题作出响应，研究对策。例如，制定相关的法律、法规等对人工智能的产品进行约束。人工智能产品也是一种产品，而且是一种特殊产品。在某些情况下，需要对这样的产品的性能、制造、生产、销售等环节进行约束。

“很多人意识到了人工智能技术可能给社会带来的“风险”，已经开始了一些初步的工作。”

“人们当然希望人类社会越来越好，必要的约束是需要的。”

另外，人工智能技术也可以作为一种工具，让社会治理更高效，让人们的生活更方便。

12.7 人工智能与艺术

关于科学与艺术，已经有过很多的讨论。这里不做类似的讨论。

用人工智能技术生成艺术作品的尝试和研究在几十年前就有过，包括图像生成、音乐生成、计算机写作等。现今深度学习方法在艺术创作有了技术突破，让人们看到了技术的潜力。

人工智能技术在艺术创作上已经出现了一些作品，如在绘画、雕塑、音乐创作、剧本创作、广告和设计等方面已经有了一些不错的作品。当然，现在的技术更多的是“模仿”已有的大量艺术作品，包括作品的主题和风格。

“艺术家往往“喜极而泣”后创作出了了不起的作品，可人工智能程序呢？”

“人工智能程序没有像人一样的感情，尽管它也会说“我爱你”。
它只是模仿人类的说话方式、画画方式，快速地完成某个任务，如“写一首诗”“画一幅画”而已。”

艺术家的创作源于对社会、文化、历史的深刻理解，源于对现实生活的感受和体验。相较于人工智能创作系统，人类在艺术创新方面具有独特的优势，而人工智能技术在艺术创作方面可以给艺术家创作提供帮助，艺术家利用人工智能技术来创作更有可能成为一种广为接受的形式。

除了生成一些作品，利用人工智能技术创作出新的艺术形式是另一个具有挑战性的课题。

12.8 相关内容的学习资源

这一章的内容大部分还在研究之中，扫描二维码可以找到进一步学习的文章。

12-1